借古开今

清华大学
风景园林学科发展史料集

Historical Overview of Landscape Architecture
Development at **TSINGHUA** University

清华大学建筑学院景观学系
Department of Landscape Architecture
School of Architecture
TSINGHUA University

中国建筑工业出版社

《清华大学建筑学院景观学系十周年纪念丛书》
编辑委员会

顾 问	吴良镛　　Laurie Olin　　秦佑国　　左　川　　朱文一 边兰春　　庄惟敏
主 任	杨　锐
编 委 以姓氏笔画为序	朱育帆　　邬东璠　　庄优波　　刘海龙　　孙凤岐 李树华　　赵智聪　　胡　洁　　袁　琳　　贾　珺 党安荣
编 辑 以姓氏笔画为序	马欣然　　边思敏　　王应临　　王　鹏　　刘　畅 许　愿　　武　鑫　　杨　希　　迪丽娜·努拉力 黄　越　　崔庆伟　　廖凌云

目录

序壹 / 吴良镛		007
序贰 / 劳瑞·欧林		009
序叁 / 庄惟敏		022
序肆 / 杨锐		025
前言		029
1 大事记（1951·2003·2013）		030
2 回忆录		190
2.1	造园组师生（1951年）座谈会（摘录）	190
2.2	忆造园组创办一个甲子 / 朱自煊	202
2.3	流水年华——忆两事作为校庆五十周年汇报（摘录）/ 陈有民	204
2.4	关于清华大学建筑造园组的回忆 / 朱钧珍	207
2.5	继往开来　乘胜前进 / 刘少宗	210
2.6	中国高等教育园林教育创始情况（摘录）/ 杨淑秋	212
2.7	我的风景园林探索 / 郑光中	213
2.8	一点感想 / 冯钟平	217
2.9	为学要勇　虚心笃志——纪念景观学系成立十周年有感 / 孙凤岐	218
2.10	岁月荏苒　记忆犹存——清华Landscape Architecture发展历程 / 秦佑国	219
2.11	清华景观·风景独好——纪念清华大学建筑学院景观学系成立十周年 / 朱文一	224
2.12	略谈对景观学系的认识和期望 / 边兰春	227
2.13	人物速写 / 罗纳德·亨德森	229

2.14	拾记 / 杨锐	234
2.15	在路上 / 朱育帆	240
2.16	从国内外两个"三位一体"的学研经历到"三个多样性"学术研究体系的构建 / 李树华	241
2.17	清华景观学系创建十周年回首 / 胡洁	242
2.18	清华景观八年花絮——写于清华大学景观学系十周岁之际 / 刘海龙	243
2.19	回忆点滴事 / 邬东璠	245
2.20	忆景观学系讲席教授组期间的生态课 / 庄优波	246
2.21	回忆我在景观学系的点点滴滴 / 何睿	248
2.22	回忆清华景观系二三事 / 王劲韬	249
2.23	成长·我与清华景观的缘分 / 郑晓笛	252
2.24	大处着眼，小处着手——忆清华景观学系学习感悟，贺清华景观学系十年华诞 / 阙镇清	256
2.25	八年来，我是如此幸运 / 赵智聪	257
2.26	人生驿站 / 郑光霞	259

3 附录 ········ 260

附录A：2003年~2013年清华大学风景园林方向教师名单 ········ 260

附录B：2003年~2013年清华大学景观学系历届学生名单 ········ 261

附录C：2003年~2013年清华大学景观学系师生获奖一览 ········ 262

附录D：2003年~2013年清华大学景观学系讲座一览 ········ 268

附录E：劳瑞·欧林起草景观学系研究生项目培养方案及课程设置 ········ 272

附录F：劳瑞·欧林手稿——清华大学景观学系欧林讲谈会 ········ 278

附录G：讲席教授组及访问教授留言手稿 ········ 289

序壹

——吴良镛

清华大学风景园林学早在 1945 年梁思成提出创办建筑系的时候就有设想。1949 年，梁思成将建筑系改名为"营建学系"，并拟定了全面的教学计划。计划中明确提出要建立"造园学系"，并阐述了"造园学"的办学宗旨和课程设置，全文刊登在《文汇报》上，当时我在美国，有朋友专门寄给了我一份，印象非常深刻。1951 年，我留学回国在清华大学继续任教，当时正值讨论新中国北京规划建设，"梁陈方案"已经搁置，北京市建设局局长王明之组织了三个委员会支撑规划工作，分别是总图委员会、交通委员会和园林委员会。这三个委员会在当时都比较活跃，吸收了当时北京市各方专家代表，三个委员会我都有参加，其中园林委员会的专家除了我还有当时北京农业大学的汪菊渊、北京大学的刘鸿滨。这个委员会召开了几次大会后，大家都感到园林对于城市发展太重要，认为应该开办这个专业培养专门人才。一次会后，我和汪菊渊一拍即合，决定促成北京农业大学和清华大学合办一个园林专业。事后汪菊渊回到农大，仅几天时间就与学校谈成，我回到清华，向梁先生汇报了开办新专业的设想，经由梁先生与清华校委员会主任叶企孙沟通，也很快确定。两个学校共同成立的"园林组"很快得到落实，第一届学生是从北京农业大学园艺系三年级的学生中抽调了八人到清华进行专门学习，汪菊渊也搬到清华，在清华工字厅的一个小房间工作，清华给这些学生配备了专门的老师，还专门编写教材。1952 年院系调整我在建筑系主管教学，造园组教师阵容相当充实。

1953 年，正当一切顺利进行的时候，教育部发现苏联园林专业教学属于林学院，在全面学苏的当时，成为涉及有关"方向问题"的大事。教育部副部长韦愨、农大校长孙晓村、清华钱伟长还专门开会讨论，我和汪菊渊都参会，最后决定清华和农大合办继续，但是改回农大办。事后，农大老师回到本校，清华安排教师继续去农大开设建筑有关课程，也有一位清华老师自愿转入农大继续园林教学。后来经历"文革"，十年间学科发展停滞。"文革"后，我在 1978 年开始主管清华建筑系，当时非常希望再办风景园林专业，经历了辛苦的组建，还把第一届毕业学生朱钧珍调回清华任教，但最终由于各种原因没有建立起来。到 80 年代初，清华还有开办风景园林系的计划，期间专门派教师出国学习 Landscape Architecture 专业，回国之后也未能继续；1984 年，清华建筑学院成立，李道增任院长期间，一度和宾夕法尼亚州立大学合作开展风景园林教学，该校教授来清华讲了一些课，但也未能成立系。直到秦佑国任建筑学院院长，清华大学终于在几经坎坷之后成立了景观学系，有了更广阔的平台。回想这些年曲折的发展，根本原因还是对这个专业不够重视，不够理解。

尽管这个系的成立几经坎坷，但 60 多年来，清华大学风景园林的教学和科研工作都一直在开展，不同阶段还奠定了不同的学科基础。初创阶段：我受上世纪初美国专业设置的影响，在美国旧金山海湾的参观以及与风景园林学家的接触都让我深刻感受到城市美化运动、国家公园运动对城市建设的巨大作用，回国后又恰逢园艺学家汪菊渊的专业兴趣从植物、花卉转向了风景园林与城市建设，所以我们最初把农大的植物优势和清华的建筑优势结合在了一起，奠定了这一专业多学科的基础；1953 年到 2003 年：清华大学有关中国园林和风景名胜区的研究一直在开展，周维权、冯钟平主持了颐和园的研究、中国园林建筑研究，朱畅中、朱自煊在黄山开拓了风景名胜区规划，周维权出版了《中国古典园林史》，构建了中国古典园林发展的历史脉络，奠定了中国古典园林研究的重要基础；2003 年至 2006 年：清华大学邀请劳瑞·欧林（Laurie D. Olin）为清华大学讲席教授，并任系主任，他率领的"欧林讲席教授组"把西方风景园林教育全面引入清华，促进了清华与国际学科前沿的接轨，补充了清华大学风景园林学的西学基础。2007年之后，杨锐系主任带领的景观学系综合以往三个基础，在理论与实践探索方面有了进一步的融合与展拓，风景园林学发展蒸蒸日上。

  今年是清华大学风景园林学教育开创62周年，第一届毕业生毕业60周年，景观学系成立10周年。党的十八大已经确立了政治、经济、社会、文化、生态五位一体的建设道路，"生态文明"建设被提到前所未有的高度，国家发展已经进入了新的历史阶段。今天的风景园林学在集成和发展中西方科学、人文、艺术的基础上，将对缓解生态危机、重整山河、再造"形胜"、建设美丽中国、实现中华文化的伟大复兴产生极其重要的作用，风景园林事业及其科学发展进入到一个方兴未艾的伟大时代！

吴良镛

序贰

—劳瑞·欧林

十亿 —— 在清华大学建筑学院景观系成立10周年之际的反思

马可波罗将他在中国旅行的经历命名为Millione，在意大利语中的意思是百万。这对于他那些处于欧洲文艺复兴时期的读者们，是一个巨大的数量，无论是指中国的人口、地区、城市或者历史。如果他今天再去中国，也许会不得不将他的游记命名为十亿或者万亿，来定义中国的范围与特征，中国的民族与人民，中国人创造的令人瞩目的成就，以及他们的城市、活动、事件和问题。

众所周知，中国是世界上人口最稠密的大国，有着悠久的历史，在艺术、文学、科学、哲学、农业、城市发展、技术、政治和国际关系方面都有着举世瞩目的成就。几千年来，人们在这片广阔、多样的土地上生活和劳作，在某些时期与其他区域文化相融合，其他时期则是隔离的。19、20世纪给中国带来了巨大的变化和破坏，常常是剧烈的动荡与不幸，但是这种变化却将中国推向了一个新的时期，就目前而言，中国已成为世界舞台上一个重要的经济、科技、政治、文化力量。在过去一个世纪的变化过程中，亿万人民的物质和社会生活得到了改善，从一种辛苦劳作的农业生产生活状态转变为城市工作生活状态。而与此同时，其他地区的人民，特别是西欧和北美地区，早已经历了从古代农业社会到工业社会的转变，这种转变同样伴随着巨大的破坏和社会动荡，但这些变化是在较小的地区经历很长的时间完成的。而中国曾经（现在仍然）经历的则是在世界历史上规模空前的一个更为快速的发展时期。

在西方，这种转变曾经带来对自然环境、历史景观与城市的破坏，而这种情况还将持续。并且由于财富与福利的悬殊，这还会带来巨大的社会动荡。这一状况部分由资本主义自由经济体系所导致，部分则归因于政府和政治组织的许多实验性措施。虽然西方的社会组织、机构、产业等曾带来显而易见的巨大效益，在过去的200年间也的确为美国和欧洲带来了创造力与活力，但毫无疑问它们也造成了许多的问题。如战争、贫困、犯罪、污染与疾病等都持续存在着。一些著名大学在持久地研究这些问题，并且输送优秀的青年人进入社会，采取规划、设计、法律、科学和技术等手段，设法通过政府和私人部门去解决这些问题。作为这些努力的成果，一些卓越的公园系统被建立起来，伟大的建筑和城市空间也得以建成，广阔的荒野和栖息地得到保护，产业发展受到调控，空气和水的质量也得以改善，这使得数以百万计的人的健康和生命得到保障。然而，西方社会依然挣扎在多重问题当中，如财富和住房分配的不平等、环境污染和各种有毒物质的普遍存在、能源的消耗和浪费、湿地的丧失、水源地及必需的清洁水的减少，以及清洁能源、二氧化碳排放、气候变化（一个用于描述全球变暖问题效应的更有用也更准确的词汇）、海平面上升等问题。

在了解这些后，中国的现状似乎对我来讲具有了挑战性和危机感，更重要的是我对此很感兴趣。2002年，我协助世界文化遗产基金会（World Monument Fund）修复清乾隆皇帝退位后在紫禁城西北角兴建的花园。借助这个项目，我开始研究北京，参观了清华大学及其建筑学院，会见了那里的一些老师和北京市城市规划设计研究院的官员。他们的雄心、学识，对其环境与城市问题的坦率评价，以及人口状况等棘手问题，都给我留下了深刻的印象。这年之后，在2003年的春天，托尼·阿特金（Tony Atkin）教授和我带领着宾夕法尼亚大学建筑和景观专业的研究生来到北京，参加一个联合规划设计课。一天晚上，秦院长和其他老师带着我和阿特金教授到颐和园内吃晚饭。那是一个美妙的月夜，在某一时刻秦院长转身问我是否愿意帮忙，特别是帮助他在清华大学创建一所面向研究生层面的景观学系。这个问题最初对我来说有些好笑。我能够怎样帮助？我不会说中文，甚至连一个符号都不认识，更不用说读懂一篇专业论文或者学生作业。我立刻打消了这个念头。秦院长接着解释说宾夕法尼亚大学两个著名的毕业生——梁思成和他的妻子很大程度上开启了清华大学建筑和规划专业的建设。他们和一批19世纪30年代曾就读于宾大的中国学者和设计师们一起，回到中国后建立了现代意义上的建筑、规划、建筑历史的研究。新中国成立以后，他们为国家和北京做了相当多的规划，并设计了中国的国徽。以他们的设想为蓝本，秦院长希望参照哈佛大学和宾夕法尼亚大学的模式，设立三个系：建筑、规划和景观。在梁先生的努力下，前两个系（即建筑学和城市规划）得以建成，但由于各种原因，景观专业的建设被迫中断。像许多艺术和人文科学方面的知识分子一样，梁先生也遭到红卫兵的指责。作为一个老人，疾病、衰老和死亡，使得他没能实现建立这样一所学院的理想。秦院长决心完成梁先生的愿望，他认为宾夕法尼亚大学、哈佛大学、加利福尼亚大学伯克利分校和其他美国大学建筑学院三个专业的模式是必不可少的。他敦促我思考这件事对于中国和中国大学教育的重要意义。

　　后来，我回到美国，开始考虑这件事。景观学这个领域在美国和欧洲过去的100年间不断发展，专门解决有关人类自身健康福祉及其生存环境改善方面的种种问题。但这一领域有时又会复杂散乱、宽泛得有些不合理。比如这个领域试图去制定面向区域生态环境与资源管理方面的规划，在城市和地区规划方面又涉及公园与校园，包括交通和自然系统的城市基础设施，以及大型与小型花园。美国和欧洲的现代城市规划和城市设计学术和职业领域皆发端并成长自景观专业。但由于规划已经越来越多的涉及公共政策、经济与社会模式中，而越来越少从事物质空间层面的规划设计，这使得美国景观学在大规模资源管理和公园规划层面取得了巨大的跨越式发展。这也就再一次将大量关注的焦点转向城市和城市环境，其中一些方面被称之为景观都市主义（Landscape Urbanism）或者城市生态景观（Urban Ecological Landscape）。这一部分是GIS技术和其他数字化制图程序方法发展的结果，这些领域于十几年前开始发展，现在得到了广泛的传播和应用。在某种程度上与此相对应的事实是，近几十年来，所有的建筑师、工程师、经济学家和规划者们在世界各地正处于发展之中的城市从事规划、设计和建造活动，而由此产生的环境却缺乏质量的保障，事实上环境往往变得更不健康，更低效，危险，不利于居住、工作和生活。

　　关于这一点，我想起我们宾夕法尼亚大学小小的景观系在伊恩·麦克哈格（Ian McHarg）的领导下，为美国做出了巨大的贡献。他的著作《设计结合自然》、他的一代代学生不知疲倦地工作、他所建立起来的会议及私人关系，连同一个更广泛的环保运动，影响着政府在地方和国家层面上的政策。以水管理方面为例，包括水资源的获得、净化、蓄存和再利用等方面的一些工作，都奠定了现行标准的基础。另外，从发展、保护和保存角度，他也影响了政府土地利用和生态规划方面的政策。我在宾大三十多年的执教生涯已经培养了一大批毕业生，这些学生遍布全世界，有的在政府和私人企业从事开发、规划、设计等方面的工作，还有一部分人在分布于全球的许多高校中担任教师。然后，我想到中国正急速地迈向市场经济，这种如火如荼的建设热潮、混乱的现状，我在北京和上海都曾目睹——混乱的交通、污染的天空与河流、连片的房屋建造在不适宜且难以利用的土地上。我从空中飞过时，可以看到这些建成区与大片山脉、森林、农业区相连，不禁要问——究竟我们该如何来帮助中国？中国目前花费如此巨大的能源与力量去复制一种对西方而言最令人失望且最具破坏性的历史发展过程，这种状况究竟该如何被扭转？一个可能的答案或许是协助创建一个景观学系，这个系不用很大，但却是思路清晰且富有智慧的。它能够深入研究现状，并且训练新一代专业领导人才，以帮助政府机构和开发商、企业家与政治家、建筑师和规划师等向着更可持续、更人性化、更生态和更经济的工作方式和效果转变，当然这将是一个长期的过程。在我看来，这将比每年输送一批聪明的年轻中国研究生出国来学习我们（通常是错的）的习惯和方法更可取，因为后者对于解决这个国家的问题而言，并非对症下药，且杯水车薪。也许在清华，人们同样可以分享美国高校主流的技术、科学与方法，也可以持一种生态学的观点看待管理和土地伦理，而不带那些贪婪的房地产开发和管理实践所背上的包袱。

　　我带着宾大的学生回到北京，在合作一个项目时与清华的老师们有了更深一步的探讨。我认为这里有许多杰出的人，包括学生、老师、政府官员，但在政治和经济方面我们仍然面临着一个困难的局面。已有不少学校开始授予以景观学命名的不同品质和性质的学位，但这些似乎都是按照欧美本科学校的模式，或者着重于场地设计或者着重于准科学的规划或修复。他们的毕业生所做的工作在很大程度上是服务于正统的规划师和政府人员，或不能做大尺度场地设计的建筑师，其结果是造成了更多相同的环境贫乏的蔓延式混乱，这种情况从这个国家的每座城市的历史中心向外扩散。我断定，帮助清华创建景观系是一件值得尝试的事情。这件事不同于往常，将挑战现状，却又是安静平和且很具专业性的，训练出一批有着理想主义精神又训练有素的景观设计师，这些人可以清醒地看到自己国家的问题，并寻求一种新的、更好的可代替方式来塑造现有政策，他们可以规划和设计任何一种尺度的景观，从自然地理区域和流域，到城市地区和社区，再到国家或城市公园与花园。

我接受了秦院长让我做系主任的邀请，前提是我每个学期可以访问或在此居住一段时间。鉴于我在宾大的责任、我的办公室和家庭，全职在中国工作对我来说是不现实的。2003年的秋天我开始着手协助创建景观系。令我感到十分幸运的是，一个才华横溢的年轻教授——杨锐负责协助我。有几项紧急的任务需要我们立即去做：写一个课程计划，建立一个教师团队，招收一批学生。我们两个经常在学校附近的咖啡馆讨论研究工作的细节，其中一个我没有过多考虑的问题是，我们需要办公空间：办公室、教室和报告厅，那时我们在学校甚至没有一间房间用来开会。我对中国以及中国大学的经济情况知之甚少，因此后来发生的事情对我来说是惊人且偶然的。杨教授在建筑馆较高层的部分发现了一个部分废弃的空间，并设法说服院领导给予我们使用，接下来他开始设计办公室、会议室和一个很大的工作空间，并找到人和材料开始装修，当时需要有砖瓦工、电工、水暖工和抹灰工。我们并没有拿到用于装修建筑的资金，因此当我问他我们如何支付这些开支时，他愉快地告诉我这是用他一部分的研究基金支付的，而且这是行得通的，因为他会把他的研究团队带到这里一段时间。从这儿，我开始明白在当时的中国如何把事情做成。我了解到学院的这套制度是由教授和政府官员共同创建的，在近年的市场经济和商业化阶段到来之前，全中国都是如此。而在西方，大量诸如此类的工作通常是由私人公司和专业公司完成的。所有的中国老师过去（我相信现在也是如此）都在各种各样的研究院中做他们的研究工作或者专业性创造工作，更重要的是这可以补贴他们常常很微薄的大学工资。最终，我们有了一个崭新、优雅的办公室，对于我们的事业起航绰绰有余。

在学习一些课程之后，所有在校的研究生必须按要求去选一系列基础但十分重要的课程，覆盖了某些关键性的生态和技术内容，这些课程我认为是景观专业研究生必须学习的最低标准。有一个课程我没有找到令人满意的解决方案，就是历史。我觉得，任何一个学生进入这个课程体系之前都需要对历史已有一些了解，或许是建筑、艺术或民族历史。但我认为，他们若还能了解关于景观及其设计和规划方面的历史，就更为重要了。这部历史，是处理人与居住地、农业、都市生活、公园和花园的历史。在某种程度上是生态史（人类与自然的历史）。我还认为其范围应该包括印度、泰国、柬埔寨、老挝、印尼、越南、韩国、日本以及中国。我不知道该如何找到一个或几个人来教授这样的课程，但我认为具有开创性的工作是，应建立一个能使下一代学者和实践者走上对中国和亚洲都有益的道路的广泛视角，并且允许他们发展出自己在景观规划和设计方面的独到见解和做法，这些见解和做法区别于西方景观规划学科的发展轨迹，并可能避免出现我们出现过的错误和问题（部分是因为社会、国家和土地的差异而产生的不同历史观与哲学观）。一个学期之后，我觉得他们可以上一个学期的西方景观史，包括常规的讲述——从埃及、古典主义遗迹，穿过文艺复兴、启蒙运动到现代主义的崛起。这门课除了可以展示生态规划的伟大作品及其历史演变，也可以诚实地展现西方一些失败的景观政策，以及对解决全球污染、温室效应、气候变化所应承担的责任。

在这里，我们发现从事其他领域课题研究的教师们总是有一点神秘感。教师团队中有一些非凡的人士，其中有一些曾经是景观设计师、建筑师、城市设计师、规划师，但是有相当的老师即将退休或已经退休，或者还在建筑系全负荷地上课，或者在某个规划设计院从事重要的项目工作。一个是备受敬仰的吴良镛教授，中国最杰出的建筑师/规划师，也是一位天才艺术家。另一个是孙教授，建筑师/景观设计师，教授基本的设计和场地规划。他们都曾游历欧洲和亚洲，在美国学习，也都曾忙于专业的实践项目。张杰教授曾给予建议、支持、鼓励和帮助，但他也忙于自己的研究、教学和咨询工作。杨锐教授介绍给我两个年轻的、富有才华并充满活力的老师——胡洁和朱育帆，他们正在从事一些教学工作。他们都拥有学位并且也是职业景观设计师，在规划设计单位积极从事实践，但在不同设计尺度有着不同的兴趣点。朱育帆对历史持深厚的兴趣，包括西方和东方园林史，尤其关注诗意的园林和其建造工艺，及其含义与创作等方面；胡洁则是更大尺度的城市设计、公园和基础设施，他曾帮助美国著名的设计公司佐佐木联合公司（Sasaki Associates）赢得了一个大型公园的设计，该公园是位于北京北部的奥运会场的一部分。还有杨锐教授，建筑学院有史以来最年轻的正教授，他有着巨大的能量、出色的才华和智慧，接受过良好的教育，曾在国外旅行和学习，有着广泛的专业咨询实践工作经验，包括这个国家丰富多样的城市和巨大而敏感的生态区域。他有着出色的能力，在不同层面政府和大学之间建立了一个网络，使信息沟通更加通畅，这也具有改善政治管理的好处。这里有三个理想的青年教师，如果系里能帮助给他们足够的时间。但即使这样，他们三个再加上定期访问的我，也无法组建一个全面的系，特别是在撰写专业性材料、保证足够数量的班级与讲课，以及设计课评图时，都需要更多的人。

　　所以，我决定从国外，例如美国引进一些人，和这些人达成协议，每个学期过来一段时间，为我们当时正在为第一届研究生进行的准备提供帮助，如果其中一两个人足够好可以留下来作为青年教师，从而逐渐发展成为一批有着同样的愿景、价值观、专业和学术能力的核心骨干。我确信，在某种程度上，这个想法已经并且正在成为现实。但我的一个重大失败，就是学院反对我关于历史的想法。回想起来，我对于设立历史课程的愿望可以将中国放置到一个包含各种想法和事件的更广阔的背景之中，通过亚洲不同的人群、文化、哲学和建成环境，了解到是否有一种来源不同的规划和设计模型，可以帮助应对现代化增长或者避免西方一些不良事件的发生，实现不同或者更好的增长。

　　除了这件事，景观系的申请被批准，组建了一个骨干教师团队，在一个夏天的入学申请和考试之后，杨锐教授和其他清华老师选出了第一届的学生。我肯定在中国会有一些人会成为我们教师的理想人选，但我和杨锐那时都不认识他们。所以，我呼吁一些大学和我在美国的朋友开始帮我们搜索。生态学方面，我请了哈佛大学的理查德·佛曼（Richard T.T. Forman）教授。理查德在第一年不能马上过来，他过去、现在都是美国最主要的景观生态学家，我曾于80年代早期邀请他到哈佛任教。所以第一年，杨锐和我试图借助各种教科书、来自北大一位生态学教授的一系列讲座及他的一位博士生的帮助，设法教授景观生态学的基本原理。第二年福尔曼和他的妻子一同来了，第三年我从俄勒冈州请到了巴特·约翰逊（Bart Johnson），他同福尔曼的门生——克里斯蒂娜·希尔（Kristina Hill）一同出版了一本非常好的关于生态和景观规划设计的书。他们密集而激动人心的讲座，鼓舞几个年轻的博士生转了系，因为他们非常认可我们力图使景观规划师和设计师们获得生态学方面的坚定信念和坚实知识基础的理念。

　　对于景观规划方面，为了补充杨锐教授的工作，我邀请了位于奥斯汀的得克萨斯大学建筑学院院长弗雷德里克·斯坦纳（Frederick Steiner）。斯坦纳毕业于宾大景观与区域规划系，在他作为伊恩·麦克哈格的学生时我就认识他了，那时我还是个年轻的助理教授。他写了很多书，组织了不少会议，多年来在美国和欧洲做景观方面的教育与咨询，因此他是个完美的人选。我将他来中国的希望寄托在他高度的求知欲和对景观的热情上，这个希望最终实现了，他充满热情地来清华多次，在景观系里教了很长一段时间课，无论从专业还是私交方面都奠定了持久的联系。

　　对于场地尺度的设计和工程方面，以及我们感兴趣的文化和艺术领域，我认为需要为胡洁和朱育帆提供一些支持，他们当时已经在超负荷地工作了。我邀请了罗纳德·亨德森，我从前的一位学生，他作为职业设计师曾短暂地为我工作过一段时间，之后他顺利地在罗得岛设计学院（Rhode Island School of Design）和罗杰·威廉姆斯大学（Roger Williams University）开始教学。虽然他很忙，在普罗维登斯·罗得岛（Providence Rhode Island）开设了一个小事务所，虽很小但获过奖。我在知道他的才华和他早期在亚洲的经历后，我相信如果我邀请他，他会很高兴来到清华。亨德森教授不仅接受了我的邀请，而且在这里蓬勃发展，他与胡洁一起工作、教学，完成了许多重要的专业项目并且赢得奖项，他同样专注于自己的研究，最近他在宾大出版社出版了一本精美而简洁的苏州园林指南。

　　因为我只能在清华待一段时间，当我不在时可能需要其他人保持这种热情继续工作。另外，从政治层面，我发现我对历史的观点不能被学院接收，我还发现对设计课的重视程度远不及我的期望。一个解决方案是，尽量使列入学生课程的设计课题目更紧凑、更生动有趣、讲解效果更好，且更引人入胜。要做到这一点，需要使这些杰出的实践家与课题题目之间有一个稳定的轮回关系。除了亨德森和斯坦纳，我还邀请了一位有才华的建筑师／景观师／规划师／设计师——科林·富兰克林（Colin Franklin），协助设计课教学并做专题讲座。富兰克林，受训于英国的建筑师，曾在宾大景观系学习，在华莱士（Wallace）、麦克哈格（McHarg）、罗伯茨（Roberts）和托德（Todd）手下工作了很长时间，完成了许多重要项目。他的妻子卡洛琳（Carol），曾和我同事8年，是安德鲁伯根（Andropogon）公司的创始人，这个公司迅速发展成世界上首屈一指的生态规划和设计公司。他在艺术上的天赋与精湛的专业技艺，以及他对亚洲的兴趣，使我相信他会成为一名优秀的教师，这一点现在已经得到证实。

在我担任系主任的第一年，我对学校、学生、老师们和管理人员发表演讲，内容如下：

"景观同建筑一样是为了满足多方面的需求，它是一种技术和实用艺术。就像建筑也是一种艺术，景观学的伟大之处在于其包括了建筑和自然环境的所有元素。超越对于实用的需求而将美带到我们的生活。超过几个世纪而产生的文化景观，则位于最伟大的文明创造之列。

……

中国的需求是巨大的。一个有着14亿人口的国家不能将创造宜居环境的需求仅通过选送少量留学生到国外或者几个本科专业来满足。几乎每个城市的每条河流都遭受了不必要的污染，与住宅区接壤的数千公顷的土地被废弃，既不实用也不美观。然而通过设计，这一切可以改变的。这一代的学生和中国的大学都渴望改善这一状况，通过教育这是可行的。中国必须以自己的方式培养自己的景观师。在这激动人心的时刻，清华可以设定方向。

众所周知，美国的环境政策有许多问题。我们大部分的农村和城市是非凡的、健康的、多产且美观的。不同于建筑和道路，景观需要花费数年的时间来营造和培育。这是好的现象。中国正在进行自我重建和转变，切不可盲目地从其他地方复制发展模式和流程，而是应该仔细思考什么是对中国最有利的。这个国家有机会选择他希望构建的世界。

我在中国的亲身体验是新近而短暂的，但我从童年时期和中国就是朋友。我追随着你在"二战"中的抗争，跟随你不断学习。因为这是一个伟大的国家，她的艺术和环境观可以追溯到几千年以前。今天中国可能是世界上最有活力的国家，有着许多的可能。我很荣幸被邀请到清华大学景观系。我盼望着与你们的教师、学生和人民一起工作。"

三年来每次持续数周往返于费城与北京之间，在两个学校担任主要的教学工作，在高度紧张的欧美开展专业化的工作，使我非常疲惫。虽然我热爱我的学生和我在中国的同事，但我决定不再继续下去。当时的景观系已经建设得相对完善，尽管财政还是一个问题但这个问题无处不在。一个学校、系和专业只有不断引进人才能保持良好。这是一个古老的格言，一个人应该总是去聘请比自己更聪明的人。在这一点上我很幸运。

在中国我有着许多美好的回忆。一些成长的经历始终激励着我：例如一天下午，杨锐教授带着我和理查德·福尔曼夫妇坐在一段空旷的长城上；带我们的学生到北京西山上参观埋葬成吉思汗女儿的寺庙，在那里我们看到了七叶树，这棵树已经800岁了，旁边的银杏树已经超过900年的树龄，在后海享用晚餐，在月色下看着船和浮动的烛光；让学生测量老胡同，了解居民们在公共空间中社会化的过程；晚上和学生们在工作室里，一边喝着啤酒吃着野餐一边观看关于自然和设计的影片；进入教室希望能看到8个注册的学生却发现有40个从其他院系和学校来专程学习的学生；以及我们一起做梦、工作和欢笑的时光。每当我试图解决所有的工作问题和需要时，不知怎地，总是被杨锐教授解决了，我常常想他应是真正的系主任，而我只是他的顾问和朋友。

祝贺景观系成立10周年！

Billion: Reflections upon the 10th Anniversary of the Department of Landscape Architecture, Tsinghua University, Beijing, China

Marco Polo entitled his account of his travel and experiences in China Millione. In Italian it means thousands, and to his readers in Renaissance Europe it suggested a vast quantity, whether of humans or regions, cities, and experiences. If he went today he would have to change the title to Billione or Trillion to evoke the nature and extent of China, the nation, its people, their remarkable achievements, their cities, activities, issues and problems.

Everyone knows that China is the most populous large country in the world and that it has a long history of great accomplishment in art, literature, science, philosophy, agriculture, urban development, technology, national politics, and international relations. For many thousands of years people have lived and worked in the vast and varied terrain of this portion of the earth, in some periods engaged with other regions and cultures and at other times isolated. The 19th and 20th centuries brought enormous change and disruption, often violent and unfortunate, but change that has for the moment brought China back onto the world stage as a major economic, technological, political, and cultural force. In the course of the changes of the past century hundreds of millions of people have had their physical and social lives improved from a condition of agricultural servitude to one of urban life and work. While other portions of the world's population, primarily in the Western Europe and North America, have previously undergone a transformation from ancient agricultural societies to urban industrial ones, also with considerable disruption and social turmoil, such changes took place in smaller territories and occurred over longer periods of time. In China it has been (and still is) occurring in a much more accelerated period and at a scale unprecedented in world history.

In the West this transformation was and continues to be disruptive of natural environments, historic landscapes and cities, and has generated considerable social turmoil due to disparities in wealth and amenities. In part this is due directly to the capitalist free enterprise economic system, and in part due to numerous experiments in governance and political organization. For all the enormous obvious benefits of the institutions, industries, and organization of western societies, for all of the unquestionable creativity and energy present in America and Europe over the past two hundred years, there is no question that there are serious problems as well. Wars, poverty, crime, pollution and ill health persist. The great universities have continued to study these problems and to send brilliant young people out into the world to grapple with these issues through planning, design, law, science, and technology both in government and in the private sector. As a result remarkable park systems have been created, great architecture and urban spaces built, vast tracts of wilderness and habitat have been protected and preserved, industries have been regulated, air and water quality standards have been improved, and the health and lives of millions have been improved. Yet still, the West struggles with issues of inequities in wealth and housing, pollution and contamination, of energy consumption and waste, of loss of wetlands and diminished sources and needed volumes of clean water, of clean energy, emissions, climate change – a more useful and accurate term for the effect of global warming -- and sea level rise.

It was knowing all of this that the situation of China seemed to me as challenging and critical as it was interesting when I first came to assist the World Monument Fund in their work on the restoration of the private retirement garden of the Qiang Leong Emperor in the northwest quarter of the Forbidden City in 2002. While working on this project I began to explore Beijing, visited Tsinghua and its Architecture School, and met several faculty members and officials in the Beijing Municipal, Institute for City Planning & Design. I was impressed by their ambition, knowledge and candid assessment of the daunting problems facing the nation regarding its environment and cities, and therefore the situation of the populace. Also later that year, in the spring of 2004, Professor Tony Atkin and I brought graduate architecture and landscape architecture students from the University of Pennsylvania to Beijing for a joint planning and design studio. One evening Dean Qin and several other faculty members took Professor Atkin and I out to dinner within the Summer Palace. It was a lovely moonlit night, and at one point the Dean turned and asked if I would help – specifically I would help him to start a graduate level Department of Landscape Architeture at Tsinghua University. It seemed ridiculous to me at first. How could I possibly help? I didn't even speak the language and couldn't read a sign, let alone a professional paper or a student essay. I dismissed the idea. Qin then went on to explain how two famous graduates of the University of Pennsylvania, Leong Siachong and his wife had largely started Tsinghua's School of Architecture and Planning. They had been part of a group of Chinese scholars and designers who had attended Penn in the 1930s, had returned to China, and had helped to establish the modern fields of architecture, planning, as well as architectural history and research. After World War II and the Communist Revolution, he had done considerable planning for the nation and the City of Beijing, as well as creating the design for China's national emblem. Part of his plan, according to Dean Qin was to produce a school modeled upon those of Harvard and the University of Pennsylvania that had three key departments: Architeture, Planning, and Landscape Architecture. He managed to get the first two in place, but for several reasons, landscape architecture was prevented from being established. Like many intellectuals and those in the arts and humanities, he was denounced by the Red Guard, and as an elderly person when he became ill, declined and died without completing his ambition for the school. Dean Qin was determined to do so, and felt that the model of Penn, Harvard, Berkeley and other American Universities was essential. He urged me to consider how important this would be for China and the School.

    Later, back in America I began to reflect upon the situation. Landscape Architecture is a field that has developed in the past 100 years in America and then in Europe that specifically addresses many of the issues regarding planning for health and well being of both people and their environment. It is a messy and at times unsuitably broad field that attempts to plan for regional ecological and resource management as well as for urban and district plans for cities down to parks and campuses, infrastructure that engages transportation and natural systems, to gardens large and small. In both America and Europe the modern academic and professional fields of City Planning and Urban Design both began and grew out of Landscape Architecture. As Planning has become more and more involved in public policy and economic and social modeling and less engaged in physical planning the field of Landscape Architecture in America having made enormous strides in large scale resource management and park planning, once again, has turned a significant amount of focus and attention upon cities and the urban situation, some aspects of which have come to be referred to as Landscape Urbanism, or Urban Ecological Landscape. In part this has been a result of the development of GIS and other digital mapping processes that occurred within the field several decades ago and is now widely disseminated and used by others as well. In part it is a response to the fact that for all the architects, engineers, economists, and planners that have been engaged in recent decades in the planning, design and production of the majority of the growth of cities around the world, the resulting environments have been deficient in quality, and in fact have often become unhealthy, inefficient, dangerous and undesirable places in which to live, work and have families.

I thought about this and about how our small department of Landscape Architecture at the University of Pennsylvania had made an enormous contribution to America under the leadership of Ian McHarg. His book Design With Nature, and the tireless work of a generation of his students, conferences and personal connections, in conjunction with a broader environmental movement, influenced government policy at both the local and national level regarding water and its management: the capture, cleansing, detention and reuse of water that is now standard; as well as land use and ecological planning for development, conservation, and preservation. I thought about how in my 30 plus years at Penn we had sent a generation of graduates out all over the country and world who had taken positions in government and private practice, in development, planning and design, as well as supplying teachers for colleges and Universities around the globe. And then I thought about China's headlong rush toward a market economy, its rampant construction boom, and the mess I'd seen in Shanghai and Beijing – the traffic tangles, the polluted skies and rivers, the miles of housing standing in unsuitable and unusable land, in conjunction with the vast terrain of mountains, forests, and agriculture as one flies over it – and how on earth it could be helped. How such energy and momentum to copy all the most disappointing and destructive aspects of Western history could be redirected. One possible answer might be to help create a Department of Landscape Architeture that was not large but nimble and intelligent, a place that could study the situation and train a generation of leaders that would be able to redirect agencies and developers, corporations and politicians, architects and planners toward methods and results that are more sustainable and humane, more ecological and economical – in the long term, not short term. It seemed to me that it would be preferable that rather than sending a cohort of bright young Chinese graduate students abroad each year to learn our (often bad) habits and methods was inadequate and inappropriate to the problems of the nation. Possibly at Tsinghua one might share as much technology, science and methods prevalent in the better schools in America, along with an ecological and point of view that leads to stewardship and a land ethic, without the unfortunate baggage of our rapacious real estate and development management practices.

I returned to Beijing with students from the University of Pennsylvania and while working on a studio project with them had further discussions with faculty members. I concluded that there were a number of wonderful people – students, faculty, government officials – and that it was a difficult situation in terms of politics, and economics. A number of Universities had begun offering degrees of varying quality and nature under the heading of landscape architecture, but all seemed to be in the mold of European or American undergraduate schools with an emphasis either upon site design or quasi-scientific planning and restoration. The work that their graduates were doing was largely in service of preordained plans by orthodox planners and politicians or architects who shouldn't be doing large site planning, with the results being more of the same environmentally poor sprawling mess that had been spreading out from the historic center of all the cities in the country. I concluded that it would be worth trying to help Tsinghua create a department that would be different from business as usual, one that would challenge the status quo, but quietly and professionally, producing a group of idealistic and well trained landscape architects who could see the problems of their country clearly and would seek to find new, and better alternative ways to shape policy, and to plan and design landscape at any of several scales, from physiographic regions and watersheds, to urban districts and communities, to national and urban parks and gardens.

I accepted Dean Qin's offer of the Chairmanship on the basis that I would visit and be in residence for periods of time each semester for a number of years, as it was impossible for me to move to China full time due to obligations at the University of Pennsylvania, my office and with my family. In the fall of 1974 I set about attempting to help create the Department. In what was something of a miracle a brilliant young professor, Yang Rui, was assigned the task of assisting me. There were several pressing tasks that I knew we needed to do: write a curriculum; find a faculty; and recruit some students. The two of us met frequently in one or another of several coffee houses near campus to discuss and work out the details, one of which I hadn't thought much about was that we needed space for the department: for offices, for classrooms, and lectures. For the moment we didn't even have a room to meet at the University. I knew nothing about Chinese economics or those of the University. What happened was both astonishing to me and fortuitous. Professor Yang found an abandoned portion of an upper floor in the Architecture building, managed to persuade the Administration into giving it to us, and then he proceeded to prepare a design for offices, a conference space and a large work space, and find the men and materials to build it, which required masonry, walls, electrical work, some heating and painting. When I inquired how we were paying for it as the budget I'd received had no funds for architectural renovation. In his most cheerful manner he explained that he'd paid for it with a portion of the operating funds from one of his research funds, and that it was OK, as he would put part of his research team there for a time. It was the beginning of my education about how things were done at the time in China. I learned about the system of institutes set up by faculty and government officials throughout the country prior to more recent commercial market developments to do much of the sort of work that is generally done by private companies and professional firms in the West. All of the faculty were, and I am sure still are, working extensively in various institutes they'd invented to do their research or professional creative work, and importantly to supplement their University salaries, which were often quite small. The result was a fresh and handsome office, ample for our beginning.

After learning about several courses that all graduate students in the school were required to take I proposed a sequence of classes that would cover some of the fundamental ecological and technical topics that I believed to be the minimum any graduate in landscape architecture should study. The one subject that I didn't reach a satisfactory solution for was that of History. Any student coming into the program would have had some history I felt, probably architectural, art, or national history. I felt it was important that they also have a history of landscape and its design and planning, one that dealt with settlement, agriculture, urbanism and parks and gardens. It should be to some degree as well an ecological history (human as well as nstural0. I also felt that it should include India, Thailand, Cambodia, Laos, Indonesia, Vietnam, Korea, and Japan as well as China. I had no idea where to find someone or even several individuals to teach such a course but I thought it would be revolutionary and help to establish a broad perspective that could ground the next generation of scholars and practitioners in a way more helpful for China and Asia, and might allow them to develop their own vision for landscape planning and design that could take a different trajectory from that of the west and might avoid some of our mistakes and problems, in part because of different historical and philosophical attitudes toward society, nature and land. After a semester of this I felt that they could then have a semester of Western landscape history that would include the usual narrative from Egypt and classical antiquity through the Renaissance to the enlightenment and the rise of modernism, and which in addition to presenting great works and the evolution of ecological planning would honestly present the serious failures of western landscape policies, practices, and values, not the least of which were contributing significantly to global pollution, warming and climate change

Where we would find the teachers for the different topics was a bit of a mystery. There were some marvelous individuals on the faculty, several of whom were landscape architects, architects, urban designers or planners, but a couple were either retired or about to retire, and were already either teaching a full load in the Architecture Department or heavily engaged in projects at one or another institute. One who was sympathetic and encouraging was Professor Wu Leong Jeong, one of the most distinguished Architect/planners in China, and a gifted artist. Another was Professor Sun, and architect/landscape architect who taught basic design and site planning. Both had travelled widely through Europe and Asia, had studied in America, and were busy with professional practice projects. Another who was encouraging and helpful with advice and collegial support but was tied up in his own research, teaching and consulting was Professor Zhang Jie. Yang Rui introduced me, however, to two young, talented and energetic men who had been doing some teaching: Hu Jie and Zhu Yu Fang. Both had degrees but were also landscape architects and were actively engaged in practice through one or another of the Institutes, but usefully at different scales and with different interests. Zhu was deeply interested in history, both Western and Eastern and in the poetics and craft of gardens, their meaning and composition; Hu, working at a large scale on urban plans, and public parks and infrastructure, had recently helped the prominent American firm Sasaki Associates win a competition for a large park that was to create a considerable portion of the Beijing Olympic Games site on the north of the city. There was also Professor Yang Rui, the youngest person ever to become a professor at the School of Architecture, Tsinghua University. He had enormous energy, talent, and intelligence, was well educated, had traveled and studied abroad, and had an extensive professional consulting practice that included cities and vast sensitive ecological regions in diverse parts of the country. He had enormous skills and was developing a network of contacts and politically useful connections at several levels of government and the University. Here were three ideal young teachers if the Department could get enough of their time. Even if we did, these three combined with my periodic visits wouldn't make a full faculty, especially for some of the technical material, number of classes, lectures, and studio critiques needed.

So, I decided that in order to get going we would have to bring several other people from outside China, probably the US, that I knew and might be able to talk into coming for periods of time to teach and help out while the department was preparing its first graduates, one or two of whom if they were good enough could then be brought on as junior faculty to help, thereby gradually growing a cadre of individuals who shared a vision, values, and professional and academic skills. It is my belief that to some significant degree this has actually been and is continuing to being accomplished. My one significant defeat was that the school was absolutely opposed to my ideas about history. In retrospect I realize that my desire that there be a history course that placed China in a broader context of ideas and events (without diminishing any of its history or accomplishment) and that attempted to see if in the various people, cultures, philosophies, and built environment of Asia there weren't sources for different planning and design models that would help to cope with modernization and growth better or differently from those with such deleterious effects as in the West.

Despite this one thing, the Department was approved and launched with a skeleton staff and a first small group of students that Professor Yang and several Tsinghua faculty members selected from entry applications and exams one summer. I was certain that there had to be several individuals in China who would be ideal members for such a faculty as I envisioned, but neither Yang nor I knew them at the time. So, I called upon several colleagues and friends in America to help us start. For Ecology I invited Professor Richard T.T. Forman from Harvard. Richard, who couldn't come on short notice the first year, was and still is the leading landscape ecologist in America whom I had recruited to Harvard for our faculty there in the early 1980s. So for the first year Yang and I managed to teach the rudiments of landscape ecology with the help of various texts, a series of lectures by an ecologist from Beda, and one of his PhD students. The next year Forman came with his wife, and the third year I invited Bart Johnson from Oregon, who has since written a superb book on ecology and landscape planning and design with Kristina Hill, a protégé of Foreman's. Their intensive lectures and inspiration helped several young doctoral students move the department toward our intention to give landscape planners and designers a solid belief and grounding in ecology.

For landscape planning, in an attempt to supplement the work of Professor Yang, I invited Professor Frederick Steiner, the Dean of the School of Architecture at the University of Texas in Austin. Fritz, as he is known, is a graduate of the Department of Landscape Architecture and Regional Planning at Penn, and I had known him since he was a student there of Ian McHarg's and I was a young assistant professor. Having written a number of books, organized conferences, taught and consulted professionally for years in America and Europe, Steiner was a perfect person to bring. I was counting upon his intellectual curiosity and landscape ethic to want to come to China to help, which turned out to be true, as he enthusiastically came and taught effectively several times within the department, forming professional and social contacts that endure.

For site scale design and engineering, as well as an interst in culture and the art of our field I felt I needed for a time to supplement Hue Jie and Zhu Yufang, as they were already nearly overloaded with work. I invited Ron Henderson, one of my former students, who had worked professionally for me briefly before he began successfully teaching at the Rhode Island School of Design and Roger Williams University. While he was rather busy, having opened a small but award winning firm in Providence Rhode Island. Knowing of his talents and of his earlier involvement in Asia, I believed he would enjoy the opportunity to come to Tsinghua and would fit in if I could get him to come. Not only did Professor Henderson accept my invitation, but he flourished in the situation, teaching, working in the Institute with Hu Jie on a number of important professional projects that subsequently won design awards, but also commencing upon research and study of his own that has recently led to a superb compact guide to the gardens of Suzhuo published by the University of Pennsylvania Press.

While I could be at Tsinghua for periods of time, I worried about having others there to keep the excitement and work in the studios going when I wasn't there. In addition to my discovery that my view of history wasn't politically acceptable to the school, I also found that there wasn't as much emphasis upon studio projects as I believed to be normal and necessary. One solution was to have the studios we were allowed to schedule into the students' careers be intense, interesting, well taught, and engrossing. To do so it seemed that it would be useful to have a steady rotation of excellent practitioners and problems. In addition to Henderson and Steiner, I invited another gifted architect/landscape architect/planner/designer, Colin Franklin, to assist in studio teaching and to lecture. Franklin, an English trained architect, had been a student in our department at the University of Pennsylvania and had worked for a number of years at Wallace McHarg Roberts and Todd on a number of major projects. With his wife Carol, who I taught with for 8 years, Colin was one of the founders of Andropogon Associates, a firm that rapidly became one of the premier firms in the world doing ecological planning and design. Gifted artistically as well as professionally superb, I knew he was fond of Asia and would be an excellent teacher, which proved to be the case.

In my first year as Chairman I was expected to give an inaugural talk to the School, its students, faculty and administrators. Among the things I said were the following:

"Landscape Architecture, like Architecture serves many needs, and is a technical and practical art. Like Architecture it is also an art, and at its best is one of the greatest, encompassing all the elements of the built and natural environment. Beyond utility it can also bring great beauty into our lives. Cultural landscapes created over centuries are among the greatest creations of civilization.

….

The needs of China are great. A nation of 1.4 billion people cannot meet its needs in creating a fitting environment for the future by sending a handful of students abroad to study each year, nor with a few undergraduate programs. Nearly every river in every city is polluted unnecessarily. Thousands of hectares of land adjacent to residential buildings are left over, and are neither useful nor beautiful. Yet through design, this could all be changed. A generation of students is now in and approaching China's universities who are eager to improve this situation, and with education can and will. China must educate its own landscape architects, and in its own way. At this exciting moment Tsinghua can set the direction.

It is common knowledge that there are many problems with environmental policies in America. Large portions of our countryside and urban regions are marvelous, healthy, productive and beautiful. Much, however, it is also badly designed and abused. Unlike buildings and roads, landscapes take years to create and develop fully. This is good. As China rebuilds and transforms itself it must not blindly copy development patterns and processes from elsewhere, but consider carefully what is good for China. This nation has the opportunity to choose the world it wishes to build.

My first hand experience of China has been recent and brief, but I have been a friend to China since my childhood. I followed your struggles in World War II, and have followed your course since. This is a great nation with an artistic and environmental tradition of its own stretching back many thousands of years. China today is probably the most dynamic nation on earth. So much is possible. I feel privileged to have been invited to participate in Tsinghua University's new Landscape Architecture program. I look forward to working with your faculty, students, and people."

After three years of commuting back and forth for weeks at a time from Philadelphia to Beijing, teaching heavily in two schools, and practicing professionally at an intense level in America and Europe, I had become very tired. While I loved the students and my colleagues in China, I decided that I couldn't continue. By then the Department seemed established and relatively healthy – although financing was and probably always will continue to be an issue, as it is everywhere. A School, Department, and Profession are only as good as the people within them. It is an old axiom that one should always try to work for and hire people smarter than oneself. In this I was fortunate. I have fond memories of my time in China. It was a period of growth and stimulation for me: sitting on a wilder portion of the Great Wall one afternoon with Richard Forman and his wife that Yang Rui took us to; of taking our students into the mountains west of Beijing to visit the monastery where Genghis Khan's daughter is buried where we saw horse chestnut trees that were 800 years old and ginko trees that were over 900 years old; of dinners beside Ho Hai lake eating superb food with great company and watching boats and floating candles in the in the moonlight; of having the students measuring streets in one of the older hutongs and studying how the residents socialized in the public spaces; of drinking beer and having picnics while watching movies about nature and design that we decided should be seen with the students in the evening in their studio; of entering a classroom expecting to find the 8 students registered in the class only to find 40 who had turned up from other departments and other universities eager to learn; of long and enjoyable hours with Yang and his family in their home, and many days of sitting together dreaming, working and laughing giddily, as we tried to figure out how to get all the work done that was needed. Somehow it mostly got done, almost always because of Professor Yang Rui, who I always considered the actual chairman with me as his advisor and friend.

Congratulations to the Department of Landscape Architecture on it's 10th birthday.

序叁

——庄惟敏

本套书是清华大学建筑学院为纪念景观学系成立十周年所出版的一套纪念集,全套书共三本:《借古开今——清华大学风景园林学科发展史料集(1951·2003·2013)》、《树人成境——清华大学风景园林教育成果集(1951·2003·2013)》、《融通合治——清华大学风景园林学术成果集(1951·2003·2013)》。

事实上,清华大学建筑学院景观学系从初期建制的萌芽到今天完整学科体系的建立,迄今已经走过了近七十年的发展历程。

梁思成先生1945年3月在给梅贻琦校长建议清华大学成立建筑系的信中写到:"一俟战事结束,即宜酌量情形,成立建筑学院,逐渐分添建筑工程,都市计划,庭院计划,户内装饰等系",已经提到要成立"庭院计划系"(景观学系前身)。1949年梁先生又在论述清华大学营建学系办学框架时明确提出了造园学的办学宗旨。1951年吴良镛先生和汪菊渊先生在清华成立了我国第一个"造园组"。此后,吴良镛院士在他的"广义建筑学"和"人居环境学"理论中,提出了Architecture、Urban Planning和Landscape Architecture三位一体的思想,并在他的支持下,建筑学院在1997年1月29日向学校提出恢复景观建筑学(Landscape Architecture)专业和成立研究所的报告。2002年4月27日,建筑学院前院长秦佑国先生在"面向21世纪的清华建筑教育"的报告中,正式提出清华大学建筑学院要成立景观建筑学系。2003年7月13日经清华大学第20次校务会议讨论通过,清华大学建筑学院景观学系(Department of Landscape Architecture)正式成立。

在本书付梓之际,我从心里感到喜悦和欣慰,不仅是因为在景观学系成立十周年之际我们能够向学界和同行推出这套丛书,更因为梁思成先生早年主张的造园学能在今天依旧持续昂扬的发展,而倍感欣慰。

说是为本书作序,其实是谈谈自己的感想。这里只想扼要地谈三点:

一、本书的意义

景观学是一门建立在广泛的自然科学和人文艺术学科基础之上的应用学科。我们今天已经无需再去讨论它是由德国近代地理学家拉采尔(F.Razel)提出还是施吕特尔(O.Schlter)所倡导的地理学中心论,抑或是由帕萨格(S.Passarge)创造了景观地理学一词,还是后来的美国地理学家索尔(C.O.Sauer)发表的《景观形态学》所倡导的文化景观论,以及上个20世纪30年代苏联地理学家所述的景观学原理,直到美国近代园林学家奥姆斯特德(Olmsted)将它定义为:用艺术的手段处理人、建筑与环境之间复杂关系的一门学科。毫无疑问,今天的景观学(Landscape Architecture,教育部颁布名称为风景园林学,可授工学、农学学位)已经成为一门正式的一级学科为学界所认可,而且与建筑学和城乡规划学共同构成人居环境科学的核心学科。

这套丛书就是将清华建筑学院的风景园林学科依照时间的进阶,进行一次学科发展、专业教育、科研实践及人才培养的全方位的梳理和记录,因此,它不仅仅是一套纪念文集,它更是一部清华建筑学院景观学系发展历史的记录,是风景园林学作为人居环境科学核心学科系统发展的回顾,是清华风景园林学科架构和教学探索尝试的阶段性小结，当然也是自 1951 年以来对清华风景园林教学与科研成果的检阅。

二、本书的成果

这套丛书，以史料整理、教学成果和学术研究为三大部分，全面地展现了清华风景园林学的发展历程和现状。

《借古开今——清华大学风景园林学科发展史料集（1951·2003·2013）》整理了自 1951 年至今与清华风景园林相关的大事记。从 1945 年梁思成先生"庭院计划系"的构想，1949 年梁先生首提造园学系课程体系，阐释造园学系的办学目的，到 1951 年吴良镛先生和华北（北京）农业大学的汪菊渊先生在清华成立我国第一个造园组，标志着我国现代风景园林学科的创立。在这本书里，我们能够看到 1951 年 ~1953 年"造园组"的课程和师资一览表。从当时表中一个个熟悉的名字后来在业界耳熟能详也足以证明当时这是一个多么豪华的师资阵容。62 年，半个多世纪的巡回，"史料集"以珍贵的照片和史料文献，随着岁月的流逝，点点滴滴地发掘、整理、汇编和梳理了清华风景园林学的成长历程，有些史料也是第一次被编纂成书，展示公众。那些多少有些模糊的黑白照片，那些集中国画皴染和西洋水墨渲染等技法于一体的设计画稿，那些徒手描摹和誊抄的文字笔记都让我们能够透过这书的每一页，看到我们的学长和前辈的身影。从创立之初的梁思成、吴良镛先生到 2003 年成立景观学系的第一位外籍系主任美国艺术与科学院院士、宾夕法尼亚大学教授、哈佛大学景观建筑学前系主任、2013 年美国国家艺术金奖获得者劳瑞·欧林（Laurie D.Olin），再到今天的系主任杨锐教授，清华建筑学院有 50 余位教师参与和投入到景观学的学科建设和人才培养之中，教学、实践成果突出，国际和国内获奖众多。迄今我们已经有 114 位研究生毕业，为国家培养了大批优秀的专业人才。

《树人成境——清华大学风景园林教育成果集（1951·2003·2013）》讲述了清华风景园林教育历史的发展历程、"东西融通，新旧合治"的办学理念、以及致力于培养"中国职业景观规划设计师和景观规划、设计、管理和研究方面的领导型人才"的办学思想与坚持时空观、学术观和实践观的发展战略思考，概述了学科体系和办学特色。以学生作业为主体，分别对本科生教育体系和研究生的培养进行了论述。书中通过硕士生毕业设计、博士生论文等内容，全面整理了自 1951 年以来所开设的课程及教学的基本情况，有些课程可作为案例供国内同领域参考借鉴。"教育成果集"详细地描述了清华大学景观学系几乎所有的课程，重点地罗列和分解了各门主干课的授课目标、授课内容、授课计划、课题时间安排、知识点和相关讲座。其中对于教育思想、办学体系论述和主干课教学大纲的梳理和归纳，对我国风景园林教育有很强的借鉴价值和示范意义。

《融通合治——清华大学风景园林学术成果集（1951·2003·2013）》将清华风景园林半个多世纪的研究与实践，分为风景园林历史与理论、园林与景观设计、地景规划与生态修复、风景园林遗产保护、风景园林植物应用、风景园林技术科学等六个方向，分别就科研、论文和重要实践项目展开论述，以教师的科研、实践作品为主体进行整理，并就每个方向撰写了研究综述。从国家自然科学基金重点项目的承担研究，到教材与专著的编著，清华风景园林方向已经开展了 20 余项国家重点课题的研究，出版了 30 余部专著，发表了 320 余篇论文，完成了 30 余项著名景观规划设计项目，在国际和国内取得了巨大影响，其中一些获得大奖的项目堪称当今景观学界的经典作品。

三、本书的特点

本书的特点之一，是有很强的史料性。它以尊重历史史实的严谨的态度，整理和编纂相关的素材，并依据时序的进阶论述其发生、发展和演变。书中涉及的史料，均以影印和照片的方式呈现出来，所有的事件、文字和话语均注明出处和索引。所以，它是一部很有参考价值且资料性很强的专著。

本书的特点之二，是内容的丰富性、示范性。大量研究成果和实例的呈现及分析，专业教育的课程体系大纲的罗列，学生优秀作业的展示，研究专著和论文综述，实践项目的图片汇集，都以图文并茂的方式，全方位地展现了清华大学作为国内一流大学其景观学专业教育在科研、人才培养、教学和实践方面的整体概貌。这对于相关院校、研究机构和规划设计公司都有直接的借鉴价值。所以，它又是一部对同行具有参考意义的专著。

本书的特点之三，是紧密结合中国的国情。其教学、科研和实践项目中大部分都涉及当下中国人居环境科学领域的重大课题。阅读本书也能使读者方便地了解中国现阶段关于环境、建筑和人的一些热点问题及可能的解决方案。

四、面临的挑战

在 2012 年教育部的学科评估中清华大学风景园林学一级学科全国排名第二，这是一个让人喜忧参半的结果。喜的是我们在师资紧缺、资源相对匮乏的现实背景下取得第二的成绩证明了我们的实力；忧的是我们和排名第一的北京林业大学的风景园林学科相比，在师资数量和资源投入方面差距巨大，尤其在人才资源规模方面，由于学校整体师资规模的控制，教师数量的缺口在短时间内不可能有明显的改善。所以，如何用有限的资源去创造更多的成果，使学科发展得以提升，就成为当下我们面临的最重要的课题。

所以，本书的完成只是一个阶段性的小结，是一个承上启下，承前启后的阶段性成果，我们不仅要为已有的成绩击掌，更要以此鞭策自己。我们有理由期待着它的下一个飞跃。

谨以上述文字贺本书出版，并谨祝清华大学建筑学院景观学系成立十周年。

清华大学建筑学院 院长　庄惟敏
2013 年 8 月 20 日于清华园

序肆

—— 杨锐

2013年是清华大学建筑学院景观学系成立十周年，是1951年"造园组"第一届学生毕业60周年，也是"造园组"联合创办人汪菊渊先生诞辰100周年。在这个特别的年份，景观学系师生齐心协力编撰了这套纪念丛书，目的有三：收集整理60多年来清华风景园林发展的史料文献；分析总结清华风景园林教育、研究和实践中的经验教训；构筑夯实清华风景园林持续发展的思想、文化和团队基础。丛书内容涵盖1945年至2013年共约68年的历史阶段。其中包括两个关键性时间节点，即1951年——清华大学和北京农学院联合设立新中国第一个风景园林专业"造园组"和2003年——清华大学建筑学院设立景观学系。今年6月，在向"造园组"另一联合创办人吴良镛先生汇报系庆筹备工作时，吴先生建议以"借古开今"作为系庆主题。系内师生经过热烈讨论，又补充了"树人成境"和"融通合治"等2个主题，并以此分别命名纪念丛书中历史、教育和学术等3本专集：《借古开今：清华大学风景园林学科发展史料集（1951·2003·2013）》、《树人成境：清华大学风景园林教育成果集（1951·2003·2013）》和《融通合治：清华大学风景园林学术成果集（1951·2003·2013）》。

《借古开今：清华大学风景园林学科发展史料集（1951·2003·2013）》由3个部分组成：大事记、回忆录和附录。大事记以纪年方式，梳理了自1945年梁思成先生首倡"庭院计划系"以来的重要事件、重要学术研究和实践成果，配以丰富、珍贵的历史照片。回忆录收集了26篇纪念文章、访谈笔录和座谈记录。作者和访谈、座谈对象包括吴良镛先生，"造园组"时期的教师朱自煊、陈有民先生，第一届学生郦芷若、朱钧珍、刘少宗等先生，原北林园林系系办教学秘书杨淑秋先生，长期进行风景园林研究和实践的郑光中、冯钟平、孙凤岐先生，讲席教授组成员罗德·亨德森教授，对景观学系建立和发展做出重要贡献的历任院领导秦佑国、朱文一和边兰春先生。左川先生在景观学系建立、发展，甚至在这套丛书编撰过程中默默地做了很多事，发挥了重要作用。系内众多师生也撰写了回忆或纪念性文章。首任系主任劳瑞·欧林教授寄来了生动细致、热情洋溢的纪念文章和在清华期间的速写绘画。鉴于欧林教授在清华风景园林事业中的重要地位和杰出贡献，我们决定将他的文章以"代序"的形式辑入纪念丛书，速写绘画收录于大事记中。7个附录收集整理了清华风景园林历任教师和历届学生名单，重要实践项目、获奖以及学术讲座一览，还有欧林教授的珍贵手稿以及讲席教授组成员及部分访问教授的留言。

清华风景园林的历史大体分为3个阶段：初创阶段、延续阶段和建系阶段。初创阶段起于1945年终于1953年，大约8年。1945年梁思成先生将"庭院计划系"作为计划中的"建筑学院"4个系之一，为清华风景园林的发展播下了思想的种子。1951年吴良镛和汪菊渊先生在清华大学联合开办"造园组"，首创建筑院校和农林院校联合办学的先河，其远见卓识令人感叹！以吴良镛、汪菊渊、朱自煊和陈有民先生为代表的不同学科背景教师联合授课，其在学科融合方面的努力和成就，即使在60多年后的今天看来理念依然那么先进，场景令人向往。1953年首届"造园组"8名毕业生标志着清华风景园林结出了第1批硕果。郦芷若、朱钧珍、刘少宗、王璲等先生后来都成为中国风景园林界的重要人物。遗憾的是，清华"造园组"由于国家"院系调整"政策于1953年戛然而止，令人唏嘘不已。1953年至2003年的50年是清华风景园林的延续阶段。梁思成、吴良镛、莫宗江、朱畅中、汪国瑜、朱自煊、周维权、陈志华、楼庆西、赵炳时、刘承娴、朱钧珍、姚同珍、郑光中、冯钟平、郭黛姮、单德启、孙凤岐、左川、纪怀禄、王丽方、章俊华等先生在不同阶段，以不同方式护持传递着清华风景园林的明灯，在学术著述、研究生培养和工程实践方面均取得了令人瞩目的成就。吴良镛先生发表的《人居环境科学导论》为清华风景园林学科的发展建立了坐标；朱畅中先生在中国风景名胜区制度建设和规划实践上做出了贡献；周维权先生的经典著作《中国古典园林史》、朱钧珍先生主编的《中国近代园林史》、陈志华先生的《外国造园艺术》和冯钟平先生的《中国园林建筑》是清华风景园林历史与理论研究的标志性成果；郑光中先生等人在风景园林教学、旅游游憩规划和国标制定等方面的开拓性工作成为清华风景园林发展的宝贵财富；孙凤岐、郑光中先生分别领导的"景观园林研究所"和"资源保护与风景旅游研究所"为景观学系的最终建立打下了良好基础。根据吴良镛先生的回忆，改革开放后清华共有4次建系努力，为此还将第一届毕业生朱钧珍先生调回清华任教。前三次因为各种原因，均未成功，直到2003年10月8日在秦佑国先生担任建筑学院院长时才终于实现。此时距梁思成先生提出"庭院计划系"58年，距"造园组"成立52年，距"造园组"结束50年。

建系十年来清华风景园林学科的发展取得了一些成绩，也有很多不足需要认真总结。成绩主要表现在4个方面：第一，初步确立了"新旧合治，东西融通；尺度连贯，知行并举"的学科发展思想。第二，建立了结构清晰完整、富有前瞻性的硕士学位课程体系。第三，组织了一支多层次、多背景，结构基本合理，人人方向明确的教师团队，同时形成了以"活力"和"合力"为特征，生机勃勃、开放、包容的系内文化。第四，在一级学科申报、风景园林教指委建立、首届中国风景园林学会（综合性）年会召开等全国性学科发展重大事件上发挥了清华应有的作用。上述成绩的取得是清华本校教师和劳瑞·欧林讲席教授组（前后共9位成员）共同努力的结果，其中2003至2006年，作为首任系主任的劳瑞·欧林教授和他领导的讲席教授组发挥了主导性作用。清华硕士学位课程体系就是在劳瑞·欧林教授起草的文件基础上结合清华实际逐步修改完成的。讲席教授组所带来的新理念、新信息、新动态成为清华风景园林学科发展的重要养分。劳瑞·欧林教授尤其令人感动。他在来华前已经是美国首屈一指的景观设计大师和风景园林教育家。70年代曾任哈佛大学景观学系主任。以他的地位，在迈向古稀之年，在语言不通、文化陌生、饮食不太习惯的情况下决定来华任教，需要多么大的勇气和信心！劳瑞·欧林教授和讲席教授组其他成员为清华景观学系所作出的巨大贡献是不会磨灭的。建系以来的不足和遗憾也有4个方面：第一，教师数量没有达到门槛规模；第二，与校内和院内兄弟学科的合作进展不理想；第三，与实践单位的合作和联系没有形成系统的框架和有效的机制；第四，清华大学风景园林本科设立尚未成功。

《树人成境：清华大学风景园林教育成果集（1951·2003·2013）》的内容分为4章。第1章概括回顾了自1951年至2013年清华风景园林教育的发展历程，阐述了景观学系的教育理念、办学思想、发展方向和发展战略。第2章介绍了由景观学系开设的学士、硕士和博士课程，课程体系和特色。第3、4两章展开详述了研究生课程和本科生课程。附录部分全面收集了研究生培养计划，以及博士、硕士学位论文目录，博士后出站报告目录等内容。初创阶段清华风景园林教育规模虽小，时间虽短，但理念和课程先进，影响深远。延续阶段清华在建筑学和城市规划专业内涌现了很多风景园林方向的优秀学位论文，如张锦秋完成的《颐和园后山西区的园林原状、造景经验及利用改造问题》（莫宗江指导，1965年），李敏完成的《生态绿地系统规划与人居环境建设研究》（吴良镛指导，1997年）、刘宗强的《我国山岳风景资源的保护与开发利用》（朱畅中指导，1987年），袁牧的《东京"历史文化散步道"与北京"历史文化散步道"规划设想》（朱自煊指导，1993年），徐扬的《生态旅游区域规划初探》（郑光中指导，1998年），蔡宏宇的《美国高校传统校区景观更新研究及其启示》（孙凤岐指导，2000年），杨锐的《建立完善中国国家公园和保护区的理论与实践研究》（赵炳时指导，2003年）等。改革开放前清华很多毕业生在中国风景园林事业中发挥了重要作用：如曾担任中国风景园林学会理事长的周干峙先生、曾任建设部园林局副局长并组织建立了风景名胜区管理体系的甘伟林先生、曾任建设部风景名胜处及园林绿化处处长的王秉洛先生、曾任风景名胜区协会副会长的马纪群先生、曾任中国风景名胜区协会会长的赵宝江先生等。

景观学系的建立使清华风景园林教育完成了系统化、正规化、可持续化的任务，培养规模也逐步扩大。

迄今，景观学系可培养的硕士学位有 5 个。同时在学院统筹下参与建筑学学士的培养工作。截至 2013 年 9 月，已毕业学生 9 届，114 人，其中博士 8 人，硕士 106 人；在读学生 146 人，其中博士生 22 人，硕士生 124 人。建系后景观学系抱着初生牛犊不怕虎的态度，"吃过两次螃蟹"。第一次是设计专题型硕士培养。即通过 1 个景观设计 Studio，1 个景观规划 Studio，和 1 个综合型方案设计（而非毕业论文）的方式培养专业硕士，这是国际上通行的建筑类院校培养模式。9 年坚持下来，取得了一些经验。国务院学位委员会建筑学评议组联合召集人朱文一教授评价这一方案"成功实施应该是中国建筑教育领域'第一个吃螃蟹'的先行者"，"也为建筑学和城乡规划学专业实施全日制专业型硕士研究生培养模式和国家'卓越工程师教育培养计划'提供了宝贵的经验"。与日本千叶大学联合培养双学位是由景观学系承担的另一项"先行者"任务。千叶大学同事们严谨认真、一丝不苟的作风给我留下深刻印象。

《融通合治：清华大学风景园林学术成果集（1951·2003·2013）》按照一级学科所确定的 6 个学科方向——风景园林历史与理论、园林与景观设计、地景规划与生态修复、风景园林遗产保护、风景园林植物应用、风景园林技术科学——全面收集整理了清华风景园林 62 年来，尤其是建系 10 年来的学术研究成果，其中包括重要科研项目、重大工程实践、主要专著和论文等。清华在风景园林历史研究方面的积淀是深厚的，成果也是持续的。建系前的成果在上文中有所提及，2003 年以后的成果包括朱钧珍先生份量很重的《中国近代园林史》、《南浔近代园林》和贾珺教授的《北京私家园林志》。风景园林学理论研究和建构将是景观学系未来的重要工作之一。清华园林与景观设计方向的学术带头人是朱育帆教授，他的"三置论"及许多获奖实践项目，如上海辰山植物园矿坑花园和青海原子城纪念园用心微细，功力深厚，影响甚广。以奥林匹克森林公园为代表，胡洁老师在不同尺度上进行了广泛的景观规划设计实践，同样是清华园林与景观设计方向的宝贵财富。"地景规划和生态修复"是清华风景园林的重要学科生长领域。从 90 年代初开始，清华在旅游度假区的规划设计实践和国家标准制定方面做出了成绩，郑光中先生、我本人和邬东璠都曾参与其中。景观水文和棕地修复是这个领域其他两个潜力巨大的生长点，刘海龙和郑晓笛正深耕其中，成果令人期待。风景园林遗产保护是清华传统优势领域，朱畅中、周维权、郑光中先生在风景名胜区方面进行了很多研究和实践。建系以后，我和庄优波、邬东璠又先后承担了众多世界遗产地的规划、研究和申报工作，包括梅里雪山、黄山、老君山、千湖山、五台山、华山、五大连池、天坛等等。作为专家起草组组长，我还和刘海龙一起完成了《国家文化与自然遗产地保护"十一五"规划纲要》的起草工作，这是新中国第一部文化与自然遗产保护方面的综合性国家五年计划。2009 年中国农业大学观赏园艺和园林系主任李树华教授加入清华景观学系，成为清华风景园林植物应用方面的学术带头人。李老师很快在植物景观规划设计、城市绿地生态效益研究、园艺疗法等方面做出了成绩，并与北京园林科学研究所一起成功申报了"园林绿地生态功能评价与调控技术北京市重点实验室"。Ron Henderson 教授长期以来教授的"景观技术"课程深受同学们的喜爱，他更是将清华的影响带到了美国。由于在中国园林研究、风景园林教育和景观设计实践方面的贡献，他于 2012 年被美国宾夕法尼亚州立大学景观学系聘任为系主任和正教授，距他在清华开始任教只有短短的 8 年时间。虽然这也许是一个偶然个例，但想到景观学系在短短数年间就开始向专业领先的"美国"输出"人才"，还是让人由衷高兴。党安荣教授领导的团队在智慧景区、3S 技术应用方面的工作，以及郭黛姮、胡洁教授在"数字再现圆明园"和"乾隆花园数字化模拟"方面的工作是清华风景园林技术科学领域的重要成果。

"借古开今"、"树人成境"和"融通合治"12 个字意义深远，它们凝练了清华风景园林教育哲学："融合东西"、"通治古今"以"立人成境"。景观学系系徽（下图）是这一哲学的形象展示。系徽选用半圆形战国齐树纹瓦当为原型，图案左右两半阴阳相合，代表古与今、东与西、人与自然、理论与实践、科学与艺术、理工与人文、逻辑思维与形象思维等诸多对立关系相辅相成、和谐合一。中国人说"十年树木，百年树人"，系徽正中部不仅是具象的大树，更是茁壮成长中的学生。人物采用跪姿表达对自然的敬畏、对文化的尊重和对教育的虔诚。初春的绿色代表着无限的活力和生命力，与之相应的留白则预示了无限的希望与可能。

是为序。

杨锐

前言

开始"史料集"的工作,感觉到一种厚重、沉甸甸的责任,六十余年,一个甲子的岁月磨砺,三代人的执着与梦想,都要浓缩在薄薄一本书中。

尘封的档案虽然零散,但从20世纪50年代的学生作业,到60年代的研究生毕业论文,再到80年代结合本科毕业设计的规划项目和结合科研课题的园林研究……这些收存在老式档案柜中的教学档案、科研档案,依稀如昨,像散落的珍珠,等待一条线索串联。为了这条线索,我们找到了1951年"造园组"时代的部分老师和学生,吴良镛、陈有民、郦芷若、朱钧珍、刘少宗,他们都已是耄耋之年的老者,重新坐在一处追忆60多年前的往事,仍然能够看出他们是多么的兴奋。这次座谈会给我们提供了很多"源头"上的故事。在"造园组"解散到景观系成立之间这段历史中,清华人并未停滞在风景园林方面的教学、研究与实践,比如自50年代一直持续到90年代中期的"城市绿化"课以及后来不断添设的"中国古典园林"、"园林植物"等教学课程;再如古建筑测绘和建筑初步设计等课程中经常涉及的园林建筑及其环境的测绘和设计;另如规划教研组在风景名胜区方面、建筑设计教研组在景观设计方面、历史教研组在古典园林方面的科研和实践等。风景园林作为吴良镛先生提出的人居环境科学三大支柱之一,早已融入清华建筑学院的血脉中。为了整理这段历史,我们单独访谈了曾经任教的朱自煊、朱钧珍、楼庆西、郑光中、冯钟平、郭黛姮、纪怀禄,还访谈了朱畅中先生的学生甘伟林和生前好友谢凝高,翻阅了周维权先生后人捐赠的周先生遗稿,梳理了60年来的培养方案。各方线索串接在一起,终于可以大致勾勒出清华风景园林学科早期历史的一幅简单轮廓。2003年景观学系建系以后的历史似乎在每个清华风景园林人的脑海中都依稀可见。我们搜集整理了每年的大事记,包括教学、科研、交流、获奖、系里的各种活动等等。即使在景观学系成立之后,清华建筑学院的建筑学、城市规划、建筑史乃至建筑科学等方向仍然有很多教师会涉足风景园林方面的工作,本书仅遴选了其中少量作品,作为景观学系成立后三大学科融合的代表。

编写这本"史料集"的过程,不仅让我们回顾了清华风景园林如何从"造园组"发展到"景观学系",也真切地感受到了为清华大学风景园林学科发展贡献力量的一代代人如何身体力行"厚德载物、自强不息"的清华校训,如何在建筑学院"匠人营国"的信念中兢兢业业地育人与研究,修业无倦、呕心沥血;更能看到一个始终凝聚着精兵强将的团体中充盈的生生不息的活力和沁人心田的温暖记忆。

吴良镛先生专门为本书题名"借古开今",勉励我们以史为鉴、继往开来,循着老一辈清华风景园林人的足迹,走出一片新天地。感谢老先生们、院系老师及同学们撰写回忆录。感谢在本书编辑过程中提供过大力支持的老师和同学们。

时间仓促、史料芜杂,信息来源有限,难免错漏。仅期望此书能够抛砖引玉,获得大家的批评指正,以备日后完善更新。

1 大事记 （1951・2003・2013）

▪1950 之前

　　1945年3月9日身在李庄的梁思成写信给清华大学梅贻琦校长建议清华成立建筑系。他在信中写道，"为适应将来广大之需求，建筑学院之设立固有其必要。然在目前情形之下，不如先在工学院添设建筑系之为妥。……一俟战事结束，即宜酌量情形，成立建筑学院，逐渐分添建筑工程，都市计划，庭院计划，户内装饰等系。"——秦佑国《从宾大到清华——梁思成建筑教育思想（1928—1949）》

　　1949年7月10日~12日，梁思成先生在《文汇报》连载《清华大学营建学系（现称建筑工程学系）学制及学程计划草案》，提出了营建学系的办学框架包含建筑学、市乡计划学、造园学、工业艺术学和建筑工程学，并在草案中具体拟定了造园学系的课程分类表：

　　甲、文化及社会背景

　　国文、英文、经济学、社会学、体形环境与社会、欧美建筑史、中国建筑史、欧美绘塑史、中国绘塑史

　　乙、科学及工程物理

　　生物学、化学、力学、材料力学、测量、工程材料、造园工程（地面及地下洩水、道路、排水等）

　　丙、表现技术

　　建筑画、投影画、素描、水彩、雕塑

　　丁、设计理论

　　视觉与图案、造园概论、园艺学、种植资料、专题讲演

　　戊、综合研究

　　建筑图案、造园图案、业务、论文（专题研究）

■ 梁思成（清华大学建筑学院资料室提供）

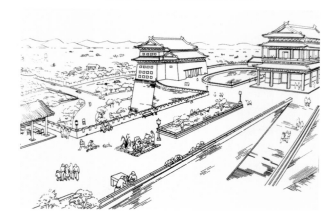

■ 1950年梁思成先生提出利用北京城墙改造为"环城公园"的设想（清华大学建筑学院资料室提供）

■1949年7月10日~12日在《文汇报》连载的《清华大学营建学系（现称建筑工程学系）学制及学程计划草案》中，梁思成阐述了造园学系（现称建筑工程学系）的办学目的如下："造园学系——庭院在以往是少数人的享乐，今后则属于人民。现在的都市计划学说认为每一个城市里面至少应有十分之一的面积作为公园运动场之类，才足供人民业余休息之需，尤其是将来的主人翁——现在的儿童，必须有适当的游戏空间。在高度工业化的环境中，人民大多渴望与大自然接触，所以各国多有幅员数十里乃至数百里的国立公园之设立。我国如北平西山、北戴河、五台山、天台山、莫干山、黄山、庐山、终南山、泰山、九华山、峨眉山、太湖、西湖等等无数的名胜，今后都应该使成为人民的公园。有许多地方因无计划的开发，已有多处的风景、林木、溪流、古迹、动物等等已被摧残损坏。这种人民公园的计划与保管需要专才，所以造园人才之养成，是一个上了轨道的社会和政府所不应忽略的。"
（清华大学建筑学院资料室提供）

1951

　　1951年教育部批准由北京农业大学园艺系与清华大学营建系联合试办造园专业（三四年级驻点于清华大学上课），在汪菊渊（北京农业大学）及吴良镛（清华大学）的共同努力下，新中国培养全面园林专业人才的第一个园林教育组织"造园组"在清华大学成立，开创了我国现代风景园林学科。

　　1951年秋季学期开学前，教育部的批文尚未正式下发，为不耽误课程，汪菊渊、陈有民在农大园艺系选派了10名（后有2名退出）有"艺术感受性"的学生先行住进清华学生宿舍，陈有民作为助教常驻清华。开课不久，教育部正式批准试办造园专业。清华大学先后拨出水利馆和营建系的房间作为造园组专用办公室，为造园组学生拨出专用教室，学生的团组织并入营建系三年级团组织，并派年轻助教朱自煊参加造园组活动，两校学生逐渐融为一体。另外在北京市建设局的经费支持下，还在清华"荒岛"开辟了花圃并建五间改良式温室。

　　造园组成立之初，清华大学派老师单独为学生开设了绘画、制图（设计初步）、城市规划、测量、营造学、中国建筑等课程。汪菊渊和陈有民参照苏联的教学计划拟定了造园组的教学计划。

■ 1951年9月8日北京农业大学发往清华大学的函，拟送园艺系三年级学生十名前往清华借读，合办造园组（左川提供，清华大学档案馆藏）

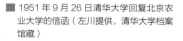

■ 1951年9月26日清华大学回复北京农业大学的信函（左川提供，清华大学档案馆藏）

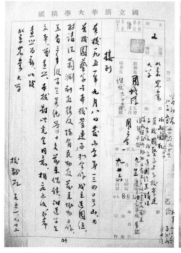

■ 造园组创办人：汪菊渊

■ 造园组创办人：吴良镛

■ 造园组第一届学生（前排左起：水利系同学、吴纯、朱钧珍、郦芷若、刘承娴；
后排左起：张守恒、富瑞华、水利系同学、刘少宗、王璲；朱钧珍提供）

部分造园组教师（按姓氏笔画排序）

朱自煊

刘致平

华宜玉

李宗津

李嘉乐

吴冠中

张守仪

陈有民

胡允敬

郝景盛

莫宗江

中国造园史讲义（朱钧珍提供）

园林艺术讲义（朱钧珍提供）

1951 年~1953 年"造园组"主要课程和师资一览表

序号	课程	师资	单位
1	城市规划（含城市绿化）	吴良镛	清华大学营建系
2	造园设计	吴良镛，朱自煊	清华大学营建系
3	建筑设计	朱自煊	清华大学营建系
4	中国造园史	汪菊渊	北京农业大学园艺系
		刘致平	清华大学营建系
5	西方造园史	胡允敬	清华大学营建系
6	建筑概论	张守仪	清华大学营建系
7	制图学·透视	莫宗江	清华大学营建系
8	绘画·素描	李宗津	清华大学营建系
9	绘画·水彩	吴冠中，华宜玉	清华大学营建系
10	植物分类	崔友文，康寿山	中国科学院植物研究所
11	森林学	郝景盛	中国科学院植物分类研究所
12	测量学	褚老师	清华大学土木工程系
13	营造学	刘致平，陈文澜	清华大学营建系
14	观赏树木与花卉	汪菊渊，陈有民	北京农业大学园艺系
15	园林艺术	汪菊渊，陈有民	北京农业大学园艺系
16	造园工程	—	清华大学土木工程系
17	园林管理（讲座）	李嘉乐，徐德权	—
18	中国建筑	刘致平	清华大学营建系

■ 基于陈有民《纪念造园组（园林专业）创建五十周年》、朱钧珍《关于清华大学建筑造园组的回顾》、林广思博士论文《中国风景园林学科和专业设置的研究》及相关回忆访谈内容整理而成。

1952

　　1952 年暑期实习，汪菊渊、陈有民两位老师带领 8 位造园组学生去南京、无锡、苏州、杭州、上海等地实习。

　　1952 年秋，第二班造园组的 10 名学生从北京农业大学来到清华大学学习，并比第一班增学了投影几何课。学生名单如下：

陈兆玲　华佩峥　黎永蕙　陈佩衡　耕　欣
陈树华　刘玉丽　胡浙星　杨承熏　梁永基

■ 1952 年 10 月，第一届造园组部分同学摄于清华大礼堂（前排左起：富瑞华、朱钧珍、张守恒、郦芷若；后排左起：吴纯、刘少宗、王璲；朱钧珍提供）

■ 1952 年，第一届造园组部分同学与营建系其他同学在卧佛寺前的合影（后排左起：刘少宗、富瑞华、王璲、朱钧珍、郦芷若、吴纯；朱钧珍前为刘承娴）

■ 1952 年 10 月，第一届造园组部分同学在清华西操体育馆前的合影（左起：王璲、水利系同学、朱钧珍、刘承娴、郦芷若、吴纯；朱钧珍提供）

■ 朱钧珍誊写的近3万字的1952年暑期造园组江南实习笔记(朱钧珍提供)

1952年暑期,汪菊渊、陈有民带领第一届造园组学生到江南的南京、上海、苏州、杭州和无锡实习,调查研究了南京的五洲公园、中山陵园;苏州的留园、拙政园、狮子林和沧浪亭;上海的中山公园、跑马厅、花圃、儿童公园和运动园。

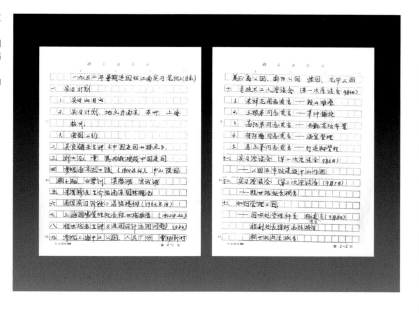

■ 1952年夏,江南实习期间,第一届造园组同学与汪菊渊、陈有民两位老师在南京中山陵的合影(左起:汪菊渊、郦芷若、张守恒、吴纯、刘少宗、刘承娴、富瑞华、朱钧珍、王璲、陈有民;清华大学建筑学院资料室提供)

"当时汪先生和我与学生同吃同住,条件虽然比较艰苦,但收获很大,如在南京与朱有玠先生、在上海与程世抚先生均交谈了有关园林建设问题,参观了上海将跑马场改成广场和人民公园等工程以及曹杨新村住宅绿化工程;后汪先生回京,我继续带学生赴苏州,在杭州余森文局长组织学生参加了杭州市城建局召开的座谈会;在苏州,请来了清华著名研究民居的刘致平教授指导对苏州园林的考察。"——陈有民《纪念造园组(园林专业)创建五十周年》

1953

1953 年夏,"新中国有造园专业名称的第一届毕业生"毕业。由于新中国以园林命名的专业尚属初创阶段,园林人才十分缺乏,8 位毕业生中一半分配到教学工作岗位,刘承娴与朱钧珍留清华,郦芷若与张守恒回北京农业大学园艺系,刘少宗、王璲和富瑞华分配在北京园林局(后来王璲又被调去包头支边),吴纯被分配到十分缺乏园林人才的建筑工程部城市设计院。

建筑系历史教研组带领建五班学生(二年级)测绘颐和园,其后每年持续进行,直至"文化大革命"时期。

1953 年暑假,汪菊渊与陈有民带领返回农大的造园组学生分别赴承德行宫和小五台山实习并作为其毕业设计。

1953 年后教育部因发现苏联绿化专业设在林业院校,召集两校领导协商,将造园组转到北京农业大学园艺系;清华建筑系仍派教师上课支援。

■ 1953 年夏,第一届造园组同学温室小院内毕业前留念(左起:刘承娴、朱钧珍、富瑞华、刘少宗、郦芷若、吴纯、张守恒,前蹲者王璲;郦芷若提供)

■ 1953年，建五班二年级学生齐立根所绘颐和园"云松巢垂花门"测绘图（清华大学建筑学院资料室提供）

■ 1953年8月建五班二年级学生黄传福所绘颐和园"排云门"测绘图（清华大学建筑学院资料室提供）

第一届造园组毕业生简介

按姓氏笔画排序

王璲

男，1953 年毕业于清华大学与北京农业大学合办的造园专业，毕业后分配在北京市园林局，1954 年 6 月赴内蒙古包头市支援边疆建设至今，曾任包头城市规划局规划科副科长、园林处副处长、处长、城市建设局总工室副总工程师、规划处总工程师、内蒙古自治区建设厅城市规划组专家成员等职，为包头市城市建设做出突出贡献；热爱摄影，从 1955 年开始拍摄城市照片 3 万多张，成为记录包头城市发展的重要史料；荣获包头市委市政府颁发的老有所为"精英奖"以及中国老年协会组织颁发的"老骥伏枥、志在千里"奖；主持编撰两本画册《包头城市规划 40 年》和《迈向二十一世纪的包头市城市规划建设》，策划、撰稿、编辑、录制了《走向辉煌》电视专题片；目前正在整理编撰《让历史告诉未来》、《镜头记忆、思念情怀》两本资料画册。

刘少宗

男，1953 年毕业于清华大学与北京农业大学合办的造园专业，毕业后一直在北京市园林系统做设计工作；曾任北京市园林局副总工程师，北京市园林古建设计研究院院长、总工程师，中国风景园林学会常务理事，1997 年退休；编著有《公园设计规范》（第一起草人）、《中国园林优秀设计集（1~4 集）》、《中国园林设计优秀作品集锦（海外版）》、《北京园林优秀设计集锦》、《园林植物造景·上》、《说亭》等；主持和参与的园林设计作品包括北京陶然亭公园、紫竹院公园、天安门广场绿化、毛主席纪念堂绿化等，其中，陶然亭华夏名亭园、香山饭店庭院绿化和天安门观礼台前绿化等工程设计曾获国家金质奖、银质奖和地方优秀设计奖；参加主持的《北京城市园林绿化生态效益的研究》获国家科学技术进步三等奖；1991 年北京市政府授予北京市有突出贡献专家称号，1992 年经国务院批准享受政府特殊津贴。

刘承娴

女，1953 年毕业于清华大学与北京农业大学合办的造园专业，毕业后留校任清华大学建筑系"城市规划教研组"助教、讲师，开设"城市绿化"课程至 60 年代初，参与翻译《绿化建设》和设计北京玉渊潭公园；后任清华大学党委统战部副部长，1968 年 6 月去世。

朱钧珍

女，1953 年毕业于清华大学与北京农业大学合办的造园专业，曾在清华大学建筑系、中国建筑科学院、建工部建筑科学研究院及北京市环境保护科学研究所任工程师、副研究员、教授等职；曾任中国风景园林学会理事、名誉理事、学术委员、顾问等；退休后曾任香港大学建筑系兼职教授；曾主持参与多项城市风景园林规划设计工作；著有《街坊绿化》、《居住区绿化》、《香港园林》、*Chinese Landscape Gardening*、《园林理水艺术》、*The Art of Chinese Pavilions*、《中国园林植物景观艺术》、《香港寺观园林景观》、《中国近代园林史》等；合著作品有《绿化建设》、《北京西郊地区环境质量评价》、《国外城市公害及其防治》、《杭州园林植物配置》、《居住区规划设计》及《南浔近代园林》等。

吴纯

女，1953年毕业于清华大学与北京农业大学合办的造园专业，分配到建筑工程部城市设计院工作，1964年调到建工部城建局，主要参与了武汉市城市总体规划和近期建设规划、西南地区区域规划、四川绵阳城市总体规划及近期建设规划、福州市和泉州市总体规划等项目，调研和总结了南京、上海、吉林、沈阳、鞍山等城市及北海公园、陶然亭公园的园林绿化建设和管理工作。1972年调到河北省邢台市城市建设局、市建委工作，参与编制邢台市城市总体规划及近期建设规划，参与恢复唐山市地震后城市规划建设工作；为河北省城市规划培训班编写城市近期建设规划教材并教学。1984年调回原单位（已改称中国城市规划设计研究院），聘为高级城市规划师（副），参与了贵州市红枫湖风景区的规划设计，并任《国外城市规划》杂志编辑部主任。1996年离院，被评为中国城市规划设计研究院"资深职工"。

张守恒

男，1953年毕业于清华大学与北京农业大学合办的造园专业，毕业后先后任教于北京农业大学园艺学系、北京林业大学园林学院园林绿化专业，其间曾参与《北京清代宅园初探》一书的调研与编写；1979年移居香港，1981年~1995年在英商太古集团旗下的太古地产公司所属东方环境服务有限公司任职园景设计师。在14年期间完成工程达数十项，其中以高层住宅和商业大厦屋顶花园为主；1997年移民美国，2000年~2012年在洛杉矶、圣马利诺市汉庭顿植物园做义工，参与该园的中国园兴建工程和花卉、苗木繁殖栽培等工作。

郦芷若

女，1953年毕业于清华大学与北京农业大学合办的造园专业。毕业后留在北京农业大学园艺系造园组任助教，1956年夏通过留苏研究生入学考试，于1956年夏至1957年冬在北京俄语学院留苏预备部学习，1957年冬至1961年夏在苏联莫斯科林学院城市及居民区绿化专业学习，获副博士学位。1961年夏回国后在北京林学院（现北京林业大学）园林系任教直至退休，曾担任园林设计、园林史、园林艺术原理等课程的教学工作；"文化大革命"后曾担任系副主任及主任职务；与朱建宁合著《西方园林》，与唐学山合著《中国园林》，参与翻译及校对《世界园林》。

富瑞华

男，1953年毕业于清华大学与北京农业大学合办的造园专业，毕业后在北京市园林局工作，后因病去世。

■ 城市规划教研组教师与苏联专家阿凡钦科合影，朱钧珍、刘承娴曾在阿凡钦科指导下做公园设计，第二排右二为刘承娴（清华大学建筑学院资料室提供）

1954-1960

  1953 年后，吴良镛多次尝试在清华恢复园林专业（1958 年、1980 年、1985 年），由于种种原因均未能落实，但对研究生的培养、对风景园林的研究与实践从未间断。

  1953 年后，刘承娴与朱钧珍留建筑系"城市规划教研组"担任助教，并从事苏联园林绿化著作的翻译工作，其中包括与中科院研究北京植物的同行共同合译出版了勒·勃·卢恩茨的俄文著作《绿化建设》一书。

  1954 年～1956 年，在苏联来华讲学的阿凡钦柯教授的指导下，刘承娴完成"北京玉渊潭公园设计"，朱钧珍完成"杭州城隍山文化休息公园设计"。

  1954 年，1952 级（建八）、1953 级（建九）学生在老师指导下对故宫乾隆花园、颐和园做了详细测绘，之后也陆陆续续有补测。

  "造园组"停办后，营建系的课程中仍然保留了少量必要的风景园林方面的内容。刘承娴给建筑学专业本科开设"城市绿化"课程，带领学生在校园内进行植物实习；赵正之开设"中国古代建筑史"课程中将古典园林作为重要组成部分（主要包括江南园林及北京园林），并邀请陈从周举办关于江南园林的讲座；由陈志华开设的"外国建筑史"包含少量外国古典园林的知识。

  1956 年，研究生熊明完成硕士论文《文化休息公园的规划设计问题》，这是清华大学建筑学院最早的一篇研究公园的硕士论文。

■ **主要论文：**
周维权发表《略谈避暑山庄和圆明园的建筑艺术》、《圆明园与避暑山庄》

■ 1954年7月,建九郑光中所绘故宫乾隆花园"遂初堂前垂花门"测绘图(清华大学建筑学院资料室提供)

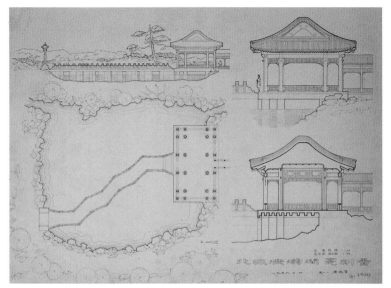

■ 1956年7月,建一唐迦音所绘北海"濠濮涧"测绘图(清华大学建筑学院资料室提供)

■ 1956年5月，朱钧珍、刘承娴等合译勒·勃·卢恩茨的俄文著作《绿化建设》由中国工业出版社出版。这是一本内容翔实、理论系统的园林专著，对当时我国的园林建设影响巨大。

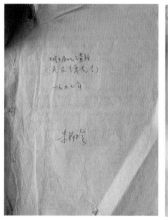

■ 1957年，朱钧珍记录吴良镛的城市绿化（包含在城市规划课中）讲稿（朱钧珍提供）

■ 1959年建一房金生的苏州园林实习报告（清华大学建筑学院资料室提供）

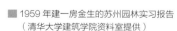

■ 1959年苏州园林实习报告（清华大学建筑学院资料室提供）

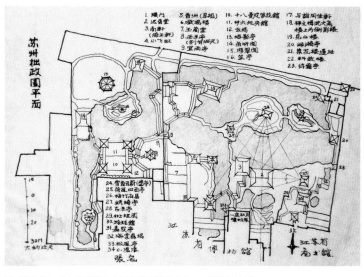

■ 1957年，建九谢若松的中国建筑史绘图作业——拙政园（清华大学建筑学院资料室提供）

■ 1957年中国建筑史——城市与园林学习报告（清华大学建筑学院资料室提供）

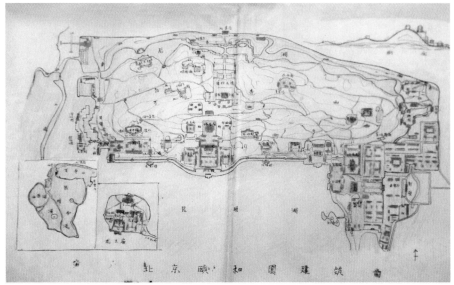

1961-1966

　　1961年,吴良镛、郑光中主持负责清华大学校园总体规划和详细规划,对全校功能分区进行调整,并做主楼广场规划设计。1963年,颐和园测绘工作由一年级学生参与改为高年级学生参与,开始不满足于仅仅测绘园林建筑,而是拓展到建筑与周边环境的关系,关注区域景观问题,成果除测绘图外还增加了不少手绘图,学生收获颇大。

　　莫宗江开始对颐和园进行研究;1965年,他指导研究生张锦秋完成毕业论文《颐和园后山西区的园林原状、造景经验及利用改造问题》,这是清华大学第一篇研究颐和园的硕士论文。

■ **主要论文:**

周维权在《建筑学报》发表《避暑山庄的园林艺术》;郭黛姮、张锦秋在《建筑学报》发表《留园的建筑空间》;张锦秋在《建筑学报》发表《颐和园风景点分析之一——龙王庙》;齐铉在《建筑史论文集》(第一辑)发表《试论形成苏州园林艺术风格和布局手法的几个问题》;戴志昂在《建筑史论文集》(第一辑)发表《红楼梦大观园的园林艺术》。

■ 1965年张锦秋硕士学位论文封面(清华大学建筑学院资料室提供)

■ 1961年,李文宝、李多夫毕业设计作品——清华大学主轴广场设计平面图(清华大学建筑学院资料室提供)

■ 1961年，李文宝、李多夫毕业设计作品——清华大学主轴广场设计鸟瞰图（清华大学建筑学院资料室提供）

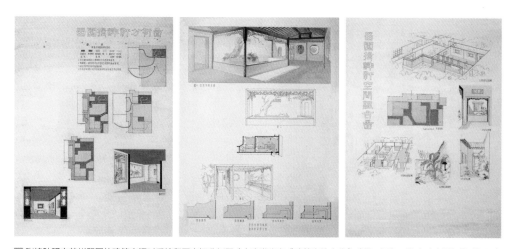

■ 张锦秋研究苏州留园的建筑空间时手绘留园空间分析图（文章发表在《建筑史论文集》（第一辑），发表时改绘为线稿插图）（清华大学建筑学院资料室提供）

■ 1963年7月袁莹所绘颐和园测绘图（清华大学建筑学院资料室提供）

■ 在风景园林方面有较大贡献的建筑系"文革"前毕业生简介

（按毕业时间排序）

周维权

男，1951年毕业于清华大学建筑系，后担任清华大学建筑学院教授，中国风景园林学会常务理事，北京园林学会常务理事，建设部风景名胜专家顾问，长期从事建筑教育、设计工作，以及中国园林和中国建筑的研究工作，孜孜以求、勤耕不辍，为我国城市规划、建筑设计和风景园林事业作出了重大贡献，在业内也享有极高的声望，发表过园林、风景、古建筑、建筑理论方面的论文三十余篇，主要学术著作有《颐和园》、《中国名山风景区》、《中国古典园林史》，曾参编《园林建筑设计》等。

朱自煊

男，1951年毕业于清华大学建筑系，清华大学建筑学院教授，曾任城市规划教研组主任。参与的重要项目有"北京什刹海历史文化旅游风景区保护与整治规划"（1984年开始）和"黄山市屯溪老街历史街区保护整治与更新规划"（1985年开始），这两个项目跟踪实施20多年，如今什刹海成为北京古都保护的一张名片，屯溪老街也作为建设部历史街区保护方面的一个试点。《黄山风景区规划》（1981年）对黄山风景区的保护与发展做了有益的探讨等。朱先生长期从事城市规划和城市设计方面的教学、理论研究和实践工作，培养了大量的建筑和城市规划专门人才，为我国的建筑和城市规划教育做出了重要的贡献。

周干峙

男，1952年毕业于清华大学建筑系，中国科学院院士（学部委员），中国工程院院士，清华大学建筑学院兼职教授、博士生导师，曾任建设部副部长、中国城市科学研究会理事长、中国风景园林学会理事长、中国城市规划学会副理事长、中国房地产和住宅研究会会长，世界屋顶绿化协会名誉主席。任职建设部期间分管园林绿化方面的行政管理和政策制定等工作，退休后仍然持续着城市园林绿化方面的研究。

陈志华

男，1947年入清华大学社会学系，1949年转营建系，1952年毕业于建筑系，后担任清华大学建筑学院教授，讲授过外国古代建筑史，苏维埃建筑史，建筑设计初步，外国造园艺术，文物建筑保护等。自1989年开始与楼庆西、李秋香组创"乡土建筑研究组"，在对我国乡土建筑进行研究保护的同时，也为乡村景观的研究做出了贡献，与园林有关的代表作有《外国造园艺术》、《楠溪江中上游乡土建筑》。

郑光中

男，1959年毕业于清华大学建筑系，清华大学建筑学院教授，建设部风景园林专家，曾任城市规划系系主任，获国务院突出贡献专家特殊津贴，北京清华城市规划设计研究院总规划师，中国风景园林学会理事，国家一级注册建筑师，国家注册城市规划师；主持设计了大批风景园林规划和名城保护项目：北京什刹海历史文化风景旅游区保护与改建规划研究、黄山风景区规划、三亚亚龙湾国家旅游度假区规划、三峡大坝风景旅游规划、西藏自治区旅游规划、北京颐和园—什刹海·玉渊潭水系规划设计、清华大学校园总体规划和详细规划等，曾编著《北京城市规划论文集》、《长安街过去•现在•未来》、《郑光中建筑速写》等，并主持编制了国家标准《旅游规划通则》。

冯钟平

男，1960年毕业于清华大学建筑系，后留校任教。历任系主任，建筑学院副院长等职。主要从事建筑设计及理论方面的教学和科研，建筑设计实践，发表建筑设计、城市设计、风景园林方面的论文30多篇，园林方面代表著作有《中国园林建筑》、《颐和园》。

甘伟林

男，1960 年毕业于清华大学建筑系本科，1960 年~1965 年师从朱畅中先生攻读硕士学位。1978 年组织筹建国家城建总局下设的园林局，次年任副局长，主要负责城市绿化建设及自然风景区的保护和建设工作，参与制定国务院 1985 年颁布的《风景名胜区管理暂行条例》，为建立中国风景名胜区管理体系做出重要贡献；1981 年，组织成立中建园林公司任经理，专门负责国外的中国园林建设项目，包括纽约大都会博物馆的中国庭院"明轩"、1983 年慕尼黑国际园艺展"中国园"等；1989 年参与成立中国风景园林学会，1998 年~2008 年任学会副理事长，期间推动学会加入国际风景园林师联合会（IFLA）。

马纪群

男，1960 年毕业于清华大学建筑系，曾任中国风景名胜区协会副会长，建设部风景园林专家组成员，曾出版《中国风景人》、《中国风景名胜大全（综合卷）》。

王秉洛

男，1960 年毕业于清华大学建筑系，长期在建设部从事风景园林规划建设管理工作，曾任风景名胜处、园林绿化处处长，中国公园协会副会长兼秘书长等职，现任建设部风景园林专家委员会委员，中国风景园林学会副理事长，《中国园林》杂志社社长、副主编；发表大量与风景名胜区及自然遗产相关的论文，主要有《为了人民的幸福保护好风景名胜区》、《风景名胜区规划的若干问题》、《文化自然遗产所处环境的保护和管理》、《国家自然遗产及其所处环境的分类价值》等。

张锦秋

女，1960 年毕业于清华大学建筑系，1961 年~1966 年师从莫宗江先生攻读硕士学位，中国工程院首批院士，中国建筑西北设计研究院总建筑师，2001 年中国建筑学会副理事长、1999 年中国城市规划学会常务理事，清华大学建筑学院兼职教授、博士生导师。其硕士论文题目为《颐和园后山西区的园林原状、造景经验及利用改造问题》，毕业设计为《颐和园后山西区的园林原状及造景经验》。1966 年至今在中国建筑西北设计研究院工作，多年来，她的设计思想始终坚持探索建筑传统与现代相结合，其作品具有鲜明的地域特色，并注重将规划、建筑、园林融为一体，代表作品有西安钟鼓楼广场、大唐芙蓉园和南湖。

郭黛姮

女，1960 年毕业于清华大学建筑系，清华大学建筑学院教授、博士生导师，国家一级注册建筑师，师从中国建筑史学大师梁思成先生。园林方面的主要著作有：《乾隆御品圆明园》、《远逝的辉煌——圆明园建筑园林研究与保护》等。参与文物建筑保护和建筑设计的工程实践有：杭州六和塔、雷峰塔重建设计、珠海圆明新园设计、登封少林寺扩建、北京恭王府修缮、嵩山历史建筑群保护规划等，近年来致力于"数字圆明园"项目的研究与实践。

孙凤岐

男，1965 年毕业于清华大学建筑系，1968 年起在清华大学建筑学院任教，曾任建筑学院建筑系副系主任、院长助理、景观园林研究所所长，2003 年~2009 年任中国风景园林学会理事，2003 年~2010 年任北京风景园林学会常务理事，研究方向为建筑设计理论、城市公共空间设计理论，开设课程"景观设计"、"建筑与风景绘画"（研究生），1994 年~1998 年国家自然科学基金支持项目"我国城市中心广场的再开发研究"负责人。

赵宝江

男，1966 年毕业于清华大学建筑系，历任武汉市建筑设计院副院长、院长、代理党委书记，武汉市城乡建设委员会副主任兼市规划局局长，中共武汉市委秘书长，武汉市市长，建设部副部长；现任全国政协委员，中国城市规划协会会长、中国风景名胜区协会会长，领导风景园林工作。

1977

　　1977年，应安徽省委书记万里同志邀请，清华大学（吴良镛等）、东南大学（杨廷宝等）和同济大学（冯纪忠等）做合肥科技大学规划。在规划汇报会上，万里将黄山规划任务交给了清华大学。会后吴良镛、朱畅中、郑光中、周逸湖和同济大学冯纪忠、邓述评、张振山等一行人到九华山、太平湖、黄山等地参观考察，为清华大学日后开展黄山总体规划奠定了基础。

■ 九华山调研合影（张振山（左二）、冯纪忠（左三）、郑光中（左四）；郑光中提供

■ 安徽调研合影（左起：张振山、邓述平、郑光中；郑光中提供）

■ 在九华山月身堂前合影（第一排：张振山（左二），郑光中（左四）；第二排：周逸湖（左一），吴良镛（左二），朱畅中（左六），冯纪忠（左十）；郑光中提供）

1978

1978年，北京林学院园林组调回北京，吴良镛先生参与筹备园林系回归清华大学建筑系未获得成功。

朱畅中、朱自煊、周维权、徐莹光、郑光中、冯钟平等开始黄山风景区调研。

规划教研组吴良镛、朱畅中、郑光中等教师编制《圆明园保护总体规划》，并印制了内部资料，有效阻止了当时欲将圆明园建成一个现代化皇家宾馆的提议。

■ 参加黄山规划的部分教师留影于莲花峰顶（左起：徐莹光、郑光中、朱自煊、苏五九（黄山管理处）、周维权；郑光中提供）

■ 1978年10月，郑光中黄山调研写生——石笋峰（摘自《郑光中建筑速写》）

■ 1978年10月，郑光中黄山调研写生——黄山云海（摘自《郑光中建筑速写》）

■ 1978年清华大学建筑系绘制的恭王府花园鸟瞰图（清华大学建筑学院资料室提供）

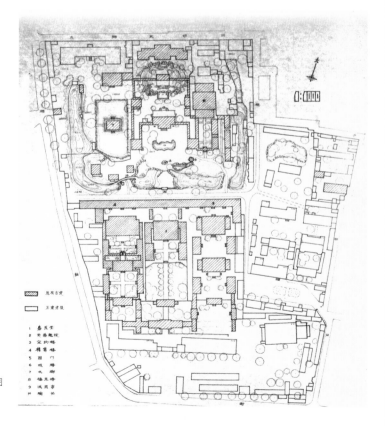

■ 1978年清华大学建筑系测绘的恭王府平面图
（清华大学建筑学院资料室提供）

1979

1979年，邓小平同志在中共安徽省委第一书记万里同志的陪同下游赏黄山，对如何开发建设黄山做出了重要批示。(《黄山园林大事记》)

同年，清华大学建筑学院朱畅中、朱自煊、郑光中、徐莹光带领最后一班工农兵学员开始编制黄山风景区总体规划（1979—1983）。

1979年，在吴良镛的努力下，朱钧珍由北京市环境保护科学研究所调回清华大学，专职讲授"城市绿化"课，并担任汪菊渊先生的副手，参与编写《中国大百科全书》中"园林绿化"分支学科的工作，并继续完成和出版了"文革"前与杭州市园林局等合作的"杭州园林植物配置"的课题研究。

"文革"后，周维权开始研究颐和园。1979年，他指导研究生金柏苓完成了硕士论文《清漪园后山景区的原貌、艺术成就及颐和园后山建设的规划设想》。

朱畅中将研究方向转向风景园林，1979年指导研究生赵红红完成了硕士论文《苏州城市景观研究》。

朱自煊指导研究生田国英完成硕士论文《北京六海园林水系的过去、现在与未来》，为其后30多年对什刹海的持续研究奠定了基础。

■ 主要论文：
曹汛在《建筑史论文集》（第二辑）发表《张南垣的生卒年考》；周维权在《建筑史论文集》（第二辑）发表《北京西北郊的园林》；陈志华在《建筑史论文集》（第三辑）发表《中国造园艺术在欧洲的影响》。

■ 20世纪70年代末开始由朱钧珍开设"城市绿化"课。图为1991年该课试卷（朱钧珍提供）

■《黄山风景区总体规划（1979—1983）》——总体规划图
（项目人员：朱畅中、朱自煊、郑光中、徐莹光）
这是国内最早的几个风景区规划之一。本次规划是我国风景名胜区事业开展之初最早的几个风景名胜区总体规划之一，有很多方面的探索值得肯定，许多规划原则在今天仍具有现实意义。

■《黄山风景区总体规划（1979—1983）》图纸——近期建设规划图

1980-1981

北京市颐和园与清华大学建筑系编著的《颐和园》由台湾朝华出版社出版，周维权、冯钟平、楼庆西是该书的主要作者。朱钧珍的《居住区绿化》由中国建筑工业出版社出版。周维权的《魏晋南北朝园林概述》初稿完成。

1981年开始周维权给建筑学专业本科生开设"中国古典园林"课。

1981年3月冯钟平向国家城建总局园林局提出"中国园林建筑"的研究申请，同年4月园林局在杭州召集了同行评议会，通过了该课题立项。由此冯钟平先后对我国的风景区与园林进行了大量的调查研究，并对其中的优秀建筑实例作了测绘与摄影、速写，共完成了200余张测绘图与速写稿，收集了丰富的科研资料。

学生朱少宣、李傥、刘小明的作品"阿卡汉：中庭规划设计"在《MIMAR》杂志举办的国际竞赛中获得一等奖。

■ 主要论文：
李道增、单德启、田学哲等在《建筑师》（第4期）发表《峨眉山旅游区及其建筑特色》、《名山风景区发展旅游建筑的设想》；汪国瑜在《建筑师》（第4期）发表《北海古柯庭庭院空间试析》；朱自煊、郑光中在《建筑师》（第4期）发表《黄山、白岳规划初探》；冯钟平 周维权在《建筑史论文集》（第四辑）发表《山东潍坊十笏园》；冯钟平在《建筑史论文集》（第四辑）发表《中国园林中的亭》；冯钟平在《建筑史论文集》（第五辑）发表《谐趣园与寄畅园》；傅克诚在《建筑史论文集》（第四辑）发表《颐和园霁清轩》；周维权在《建筑史论文集》（第五辑）发表《颐和园的前山前湖》；周维权 在《科技史文集》发表《颐和园和避暑山庄》；周维权 发表《以画入园，因画成景——中国园林浅谈》、《圆明园的兴建及其造园艺术浅谈》、《圆明园的兴建及其造园艺术浅谈》。

■ 1980年 北京市颐和园与清华大学建筑系合作编著的《颐和园》由台湾朝华出版社出版（冯钟平提供）

■ 1980年周维权园林考察手稿——拙政园小飞虹（清华大学建筑学院资料室提供）

■ 1980年周维权园林考察手稿——平湖秋月（清华大学建筑学院资料室提供）

■ 冯钟平手绘《颐和园》插图：前山前湖鸟瞰（冯钟平提供）

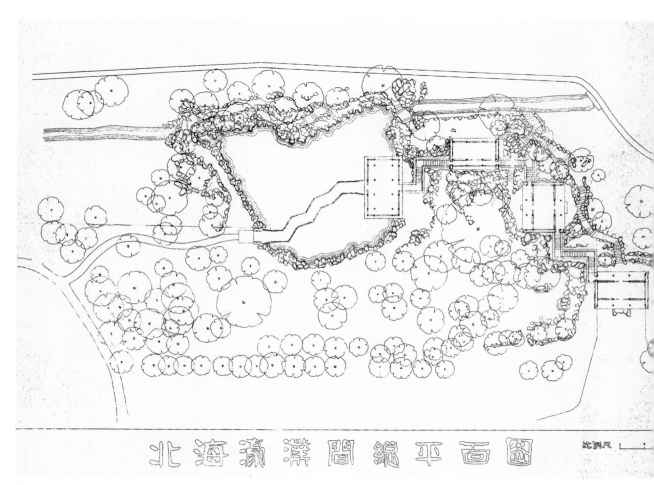

■ 1980年测绘北海濠濮涧总平面图（清华大学建筑学院资料室提供）

1982-1983

■ 主要论文:

吴良镛在《城市规划》（第5期）发表《"锦上添花"与"雪中送炭"——园林建设断想》；朱畅中在《城市规划》（第1期）发表《自然风景区的规划建设与风景保护》；朱畅中在《城市规划》（第5期）发表《风景区管理数题》；冯钟平在《城市建设》杂志1982年~1983年发表连载十篇文章《中国园林装饰集锦》；汪国瑜在《新建筑》（83.1）发表《风景·建筑·人》；冯钟平在《China Construction》1983发表《中国园林建筑艺术》；周维权在《圆明园学刊》发表《圆明园的兴建及其造形艺术》；周维权在《美术》发表《以画入园，因画成景》。

中国城市规划学会风景环境规划设计学组于1982年5月19日，在武汉东湖宾馆成立，朱畅中任副组长。

1982年，徐伯安、郭黛姮完成沈园复原的方案设计。

20世纪80年代初，纪怀禄与殷一和共同编导了电视教学片《颐和园——她的园林艺术与建筑》，片长2.5小时，面向全国建筑院校、建筑设计与研究单位等发行。

1983年初，历经两年的基础资料收集之后，冯钟平开始《中国园林建筑》写作，同年10月完成了25万字的初稿，并邀请本系的几位教授初审。

1983年6月10日~15日，兼任中国城市规划学会风景环境规划设计学组副主任委员的朱畅中教授应中国建筑学会邀请参加了中国建筑学会在武夷山召开的"风景名胜区规划建设学术讨论会"，并作了大会学术演讲。

1983年，朱畅中、徐莹光带领78级学生王蒙徽、孟伟康、李勇（"文革"后恢复高考的首届学生）完成广东肇庆七星岩风景区总体规划项目，并结合项目指导学生在总体规划、详细规划和传统造园手法应用方面进行了专题研究，完成了研究型设计作为毕业论文。

1983年，冯钟平完成密云水库游船码头设计，主持烟台牧云阁风景建筑规划。

1983年，朱畅中的《风景名胜区的保护、建设和管理》讨论稿完成但未出版。

■ 1983年78级学生王蒙徽、孟伟康、李勇结合广东肇庆七星岩风景区总体规划项目的毕业论文（清华大学建筑学院资料室提供）

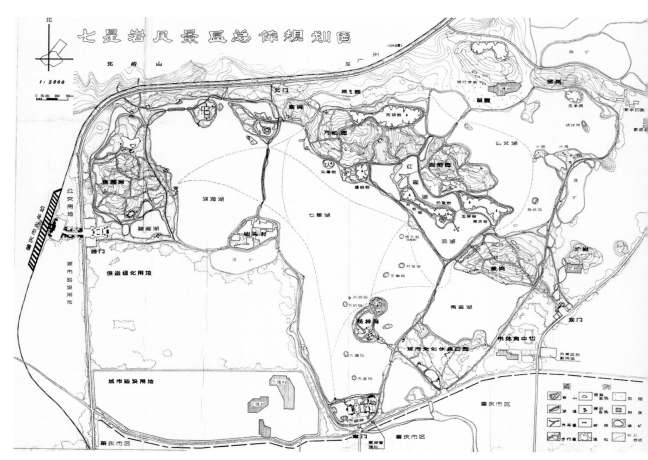

■ 1983年朱畅中指导学生设计的广东肇庆七星岩风景区总体规划图（清华大学建筑学院资料室提供）
（项目人员：朱畅中、徐莹光、王蒙徽、孟伟康、李勇等）

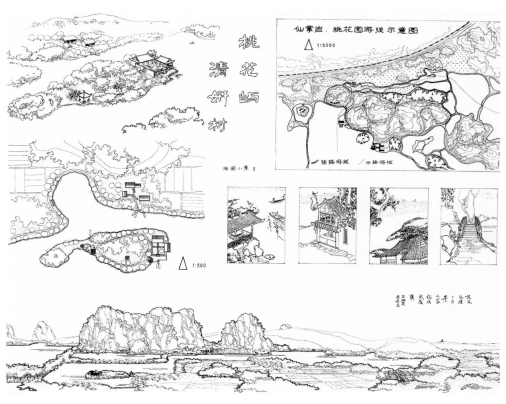

■ 广东肇庆七星岩风景区仙掌岩、桃花园详细规划图（清华大学建筑学院资料室提供）

■ 广东肇庆七星岩风景区荫梓岛景观设计（清华大学建筑学院资料室提供）

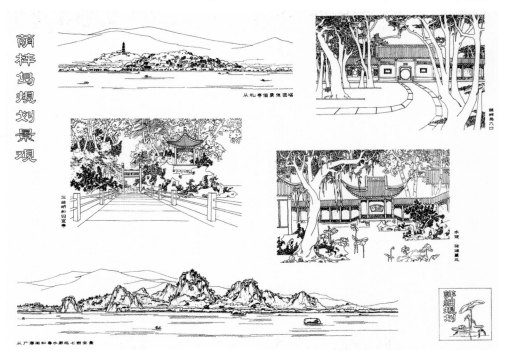

1984

　　朱自煊、郑光中、朱钧珍、黄常山等主持的"北京什刹海历史文化旅游区规划"获得城乡建设环境保护部"1986年度优秀规划设计二等奖",1989年10月又被评为"北京市迎接建国40周年百项科技贡献活动优秀项目";什刹海历史文化风景游览区是北京旧城北中轴上重要文物古迹历史地段,历来是民间活动和风景游览中心。该项目结合本科生毕业设计进行了什刹海区域绿化、水景、商业街、游园、交通专题研究,形成了丰富的研究型设计成果。

　　1984年冬,朱钧珍应承德解放军第24军邀请进行绿化调查和规划,郑光中带领学生随同前往;徐伯安完成河南开封菊园的方案设计;徐伯安设计并建设完成清华大学晗亭;周维权、郑光中主持完成普陀山风景名胜区规划。

■ 主要论文:
朱畅中在《圆明园》学刊(第3期)发表《黄山风景名胜区规划探讨》;
周维权在《建筑史论文集》(第六辑)发表《魏晋南北朝园林概述》。

■ 结合北京什刹海规划研究项目的本科毕业设计论文
　（清华大学建筑学院资料室提供）

■ 普陀山规划项目调研合影（郑光中（前排左一），廖慧农（前排左二），周维权（前排左四），沈惠身（前排右一），金柏苓（后排右一）；郑光中提供）

■ 普陀山规划项目调研合影（左起：廖慧农、沈惠身、郑光中、周维权；郑光中提供）

■ 清华大学校领导张孝文、李传信、方惠坚、黄圣伦、张绪潭等到建筑系规划设计的北京什刹海历史文化风景区视察（清华大学建筑学院资料室提供）

■ 什刹海历史文化风景区保护开发规划项目在"迎接建国40周年百项科技贡献活动"中被评为优秀贡献项目。

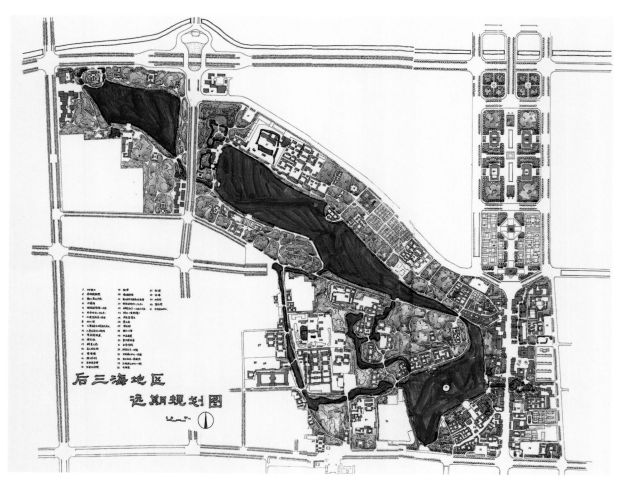

■ 北京什刹海历史文化风景旅游区保护与改建规划研究（1984—2004）（清华大学建筑学院资料室提供）（项目人员：吴良镛、朱自煊、郑光中、朱钧珍、黄常山）规划对什刹海区域的古城风貌保护、文物保护与维修、环境治理与绿化美化等具有重要的指导意义。在规划实施上与西城区和三海整治指挥部及什刹海管理处紧密配合，贯彻保护、整治、开发与管理相结合的方针，逐步改变这一地区的面貌，并注意综合效益，以取得一定资金来源，使保护整治开发计划有一个良性循环。

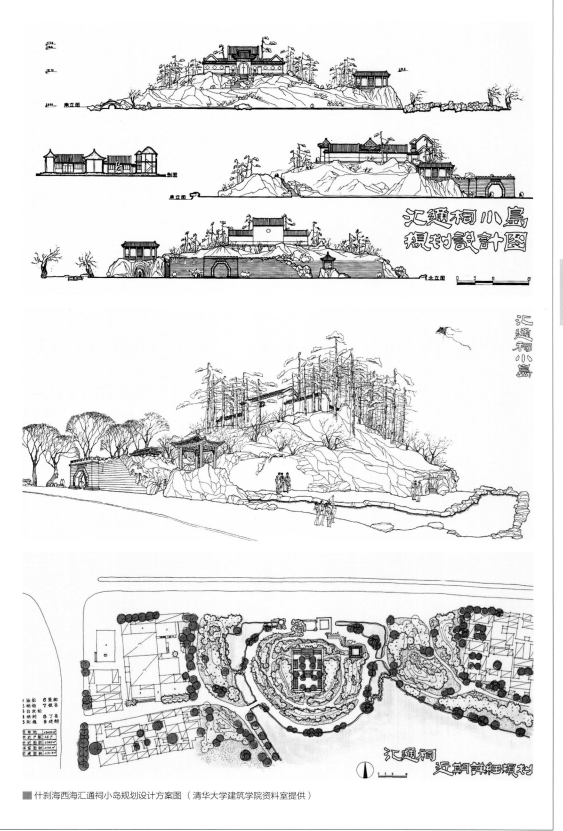

什刹海西海汇通祠小岛规划设计方案图 (清华大学建筑学院资料室提供)

■ 1984年承德绿化调查合影（朱钧珍提供）

■ 1984年承德绿化调查合影（第一排左起：王引、刘燕、朱钧珍，第二排左起黄常山、陈李健、郑光中、王燕；朱钧珍提供）

■ 1984年承德绿化调查合影（朱钧珍提供）

1985-1986

1986年部分造园组师生返校参加纪念梁思成诞辰85周年、建筑系建系40周年大会（左至右：郦芷若、汪菊渊、吴纯；郦芷若提供）

1985年4月11日至12日，冯钟平所著《中国园林建筑》科技研究成果评审会召开，会议由吴良镛教授主持，肯定了该成果具有较高学术水平。

1985年，周维权、冯钟平、姚同珍、楼庆西等完成《颐和园》文稿，受国内出版条件所限未能及时出版。该文稿即是其后1990年台湾建筑师公会出版社出版的《颐和园》及2000年中国建筑工业出版社出版的《颐和园》的初稿。1985年开始，为建筑学专业增开"园林植物"课。

1985年，郭黛姮、徐伯安、吕舟完成山西五台山风景区的台怀镇杨林街设计方案；郑光中、庄宁投标保定火车站前广场规划项目并获奖；纪怀禄在80年代中期主持设计和建造完成了清华校园内多处清华校友纪念雕像的环境设计，包括：闻一多雕像环境、马约翰雕像环境、朱自清雕像环境、施晃雕像环境、吴晗雕像环境（已经建成，但后来位置与设计被改变）。1985年，郑光中、胡宝哲主持完成北京白龙潭风景区规划。1985年～1987年，建筑系城市规划教研组联合四川省自贡市风景区规划办公室编制《自流井——恐龙风景名胜区总体规划》。1986年，郑光中、庄宁主持完成太原晋祠—天龙山风景名胜区规划。

■ 主要论文：
周维权在《建筑史论文集》（第七辑）发表《玉泉山静明园》；陈志华在《建筑史论文集》（第七辑）发表《法国造园艺术》。

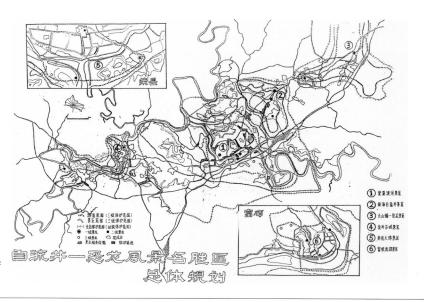

自流井—恐龙风景名胜区总体规划平面图（清华大学建筑学院资料室提供）

■《中国园林建筑》完稿评审会议。评议认为"本专著能从中国园林和园林建筑的进程作了系统的叙述；能对中国文化、艺术、宗教与园林建筑相关联的角度进行分析；能以自然风景环境、人与建筑相对应的关系作了剖析……，该科研成果达到了较高的学术水平。"——清华大学科学研究技术档案：《中国园林建筑》科研成果评议书（1985年5月21日）。

■《中国园林建筑》完稿评审会议（左起：张开济、关肇业、周维权；清华大学建筑学院资料室提供）

■《中国园林建筑》完稿评审会议（左起：甘伟林、张开济、关肇业；清华大学建筑学院资料室提供）

■《中国园林建筑》完稿评审会议（左起：冯钟平、李道增、齐康；清华大学建筑学院资料室提供）

1987

1987年由朱畅中等主持的继1979年之后第二次《黄山风景区总体规划》得到国务院批准。

■ 主要论文：
周维权在《建筑史论文集》（第八辑）发表《承德的普宁寺和北京颐和园的须弥灵境》；陈志华在《建筑史论文集》（第八辑）发表《意大利的造园艺术》、《伊斯兰国家的造园艺术》。

■ 黄山规划调研（右朱畅中，左黄山管理处苏五九；清华大学建筑学院资料室提供）

朱畅中，1945年毕业于重庆中央大学建筑系，毕业时获"中国营造学社桂辛奖学金"第一名。1947年受聘到清华大学建筑系任教，协助梁思成先生为清华大学建筑系的初创、发展和壮大做了大量工作。1952—1957年留学于莫斯科建筑学院城市规划系，获副博士学位。1957年继续在清华大学任教，历任清华大学建筑系副教授、城市规划教研组主任及清华大学建筑学院教授、中国城市规划学会风景环境规划学术委员会主任委员、建设部风景名胜专家顾问。1985年，受清华大学委派，朱畅中兼任烟台大学建筑系第一届系主任，为烟台大学建筑系的筹建和发展奠定了基础。1950年，清华大学建筑系参加中华人民共和国国徽设计竞赛中奖获选，朱畅中是国徽设计小组的主要成员之一。
1980年开始，主持黄山风景区总体规划，1992年，在"风景环境与建筑学术讨论"中，朱畅中组织起草并正式制定了《国家风景名胜区宣言》，成为保护风景名胜区的重要文献。

1988

1988 年~1990 年,陈志华主持清华大学科学基金项目"外国造园艺术及中外造园艺术比较",并出版专著《外国造园艺术》。

冯钟平主持的"中国园林建筑"研究项目获得"1988 年建设部科技进步二等奖";清华大学出版社于 1988 年 5 月出版的《中国园林建筑》一书荣获"1988 年度中国图书奖荣誉奖"及 1988 年度"全国优秀图书",该书系统地阐述了中国古代园林建筑的历史发展及其与时代美学思潮,文化背景的渊源,并结合国内的大量实测进行分析。

1988 年~1991 年,朱自煊、郑光中多次主持中国人民抗日战争胜利纪念地规划设计研究。

1988 年~1997 年,朱钧珍先后在开封、广州、杭州、无锡、苏州、北京举办了七次"香港园林图片展览",受到观众的热烈欢迎与好评。

■ 主要论文:
陈志华在《建筑史论文集》(第九辑)发表《勒诺特和古典主义园林艺术》;
杨洪勋在《建筑史论文集》(第十辑)发表《略论中国古典江南造园艺术》;
周维权在《建筑史论文集》(第十辑)发表《日本古典园林》;曹汛在《建筑史论文集》(第十辑)发表《戈玉良家世生平材料的发现》。

《中国园林建筑》获"中国图书奖"(清华大学建筑学院资料室提供)

中国园林建筑研究获"科技进步奖"(清华大学建筑学院资料室提供)

■ 浙江省人大常委会委员、浙江省旅游协会副会长董光华等人为朱钧珍在杭州西湖举办的"香港园林图片展览"留言

■ 1988 年 5 月,冯钟平著《中国园林建筑》由清华大学出版社出版

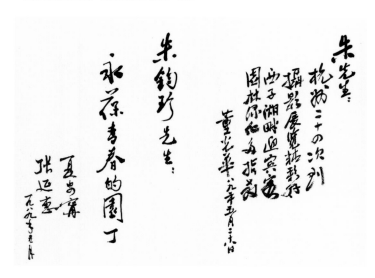

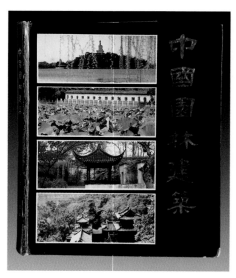

1989

陈志华所著的《外国造园艺术》由台湾明文书局出版，该书结合社会、文化的大背景介绍西方主要的造园艺术类型，分析它们的哲学—美学基础、艺术风格、布局技巧、文化生活内涵以及历史意义等。

4月，冯钟平的《中国园林建筑》在台湾明文书局再版。

■ 1989年4月，冯钟平《中国园林建筑》台湾明文书局再版（冯钟平提供）

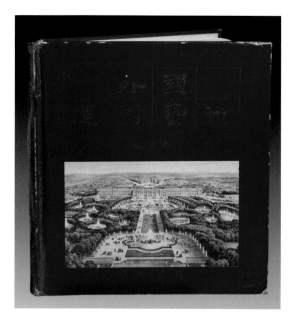

■ 1989年，陈志华著《外国造园艺术》由台湾明文书局出版

1990

1990年5月，朱钧珍编著的《香港园林》由香港三联书店出版发行，填补了有关香港园林的研究空白，被誉为"拓荒之作"。该书系统介绍了香港园林的类型、分布与基本特点，并对其设计问题进行了别出心裁的阐析。朱自煊在该书序言中强调"对于专业工作者来说，这也是很有价值的参考资料。"

12月，周维权的《中国古典园林史》（第一版）出版，该书将中国古典园林史分成生成期、转折期、全盛期、成熟期、成熟后期，介绍了中国古代园林的发展历程。多年后，在追忆周维权先生的文章中，孟兆祯认为该书是"论从史出，但充分论述了自己的学术观点，特别是在划分发展阶段方面的独到见解。周先生的划分理论和方法是比较客观的"；陈有民认为该书"为我国璀璨的古典园林文化作了相当深入全面的论述"；刘家麒写道，"这本著作的出版，适时地填补了这一个空档，对于我国风景园林如何对待历史，创新发展，是具有影响力的"；金柏苓则评价该书为"第一部系统全面的中国园林史学的经典专著"。

1985年清华大学建筑学院完成的《颐和园》书稿由于经费原因未能及时在大陆出版，1990年先行由台北建筑师公会出版社出版《颐和园》（上下两册）。

钱学森致信吴良镛讨论"山水城市"（1992年朱畅中、谢凝高、董黎明等致信钱学森进一步讨论了在海南岛通什市开展建设山水城市实践）。

1990年~1991年，朱自煊、郑光中、邓卫完成北京香山地区规划研究；郑光中、庄宁完成海南三亚湾旅游度假区规划。

1990年~1997年，朱钧珍受邀在香港大学建筑学院开设选修课程"中国园林"（中有间断，共计五年时间）。此外，朱钧珍在港期间还多次受邀在香港中文大学校外进修部（面向社会）及后来的进修学院、香港城市大学、香港文化促进中心等地进行课程教授和演讲；并受邀香港政府建筑署担任香港寨城公园植物景观设计顾问，参与香港南莲园池初期植物景观设计等。

朱畅中[10]、谢凝高、董黎明[12]给钱学森的信

钱老：您好！

我们正在规划设计一座山水文化旅游城——海南岛通什市。初步方案已于元月十五日在当地完成，现正在北大作正式总体规划设计。欣闻您对山水城市深有研究，十分高兴，如果您对通什市规划感兴趣，在您方便时，拟给您作详细汇报，以求指导。

通什市地处特区，自然、社会条件好，市委和市政府十分重视规划设计，投资者也多，规划建设速度快，这就有可能作为山水城市的样板进行建设。这样，其意义就更大了。未知尊意如何，盼赐教，顺颂

大安！

通什市总体规划组
顾问：朱畅中（清华大学建筑学院教授）
组长：谢凝高（北京大学城市与环境学系教授）
　　　董黎明（北京大学城市与环境学系教授）

1993年2月27日

■ 朱畅中等致信钱学森

■ 钱学森致信吴良镛探讨山水城市

关于山水城市给吴良镛的信
（一九九〇年七月三十一日）

吴良镛教授：

我近日读到7月25日、26日《北京日报》1版，7月30日《人民日报》2版，关于菊儿胡同危旧房改建为"北京的'楼式四合院'"的报道，心中很激动！这是您领导的中国建筑大创举！我向您致敬！

我近年来一直在想一个问题：能不能把中国的山水诗词、中国古典园林建筑和中国的山水画溶合在一起，创立"山水城市"的概念？人离开自然又要返回自然。社会主义的中国，能建造山水城市式的居民区。

如何？请教。

此致

敬礼！

钱学森
1990年7月31日

四時香島境如仙
——賀首部香港園林畫冊問世

海賜

這是一本園林專家用了一年多的努力，為極有特色的香港園林所作的具體描繪和攝影的畫冊。同類的圖冊，前所未有。作者朱鈞珍女士，現仍被聘為清華大學建築系園林專業教授，雖然她已定居香港，可見學界對她的重視。她曾經考察過神州大地上的幾乎所有名園，又參加過中國大百科全書園林卷的編寫工作。因此，當她踏上我們生活的這一塊土地，"職業病"驅使她再作一次"尋幽探奇"。然而，使她感到驚異的是，向有關部門的職員查詢資料時，人們居然反問她：香港有園林嗎？

這種反問也許正好又證明了"不識廬山真面目，只緣身在此山中"的道理。其實，朱教授經過仔細調查、鑑定，發現香港園林以其現有設計構思的別出心裁，以其相當完善的發展計劃，以其"見縫插條"的特殊方法，是完全可以在世界園林領域中佔有一席地位的。從這一個角度來看，一九九二年國際公園管理聯會決定假本港舉行，一點也不奇怪。她認為，香港發展園林的經驗，必足為世界同行所借鑒。專家斯言，不啻是一種獎策。

《香港園林》全書分圖文兩部分，從四、五千張照片精選出來的圖片共三五三幅，全是彩色，另有示意綠圖二十一幅。文字凡五萬言，以淺易的文筆、豐富的數據，從新穎而獨特的角度，先綜論園林概念，後分述香港園林的類型、分佈與特點，對香港園林的設計問題尤多精闢的闡析。作者認為"園林"應予更新的定義，才能適應園林建築日新月異的形勢。在作者眼裏，香港園林包括：（一）市內公園、花園（例如：海洋公園、彭福公園、香港動植物公園、九龍公園、維多利亞公園、遮打花園、爛鬼道界限街休憩處、皇后像廣場、黃大仙祠九龍壁花園、沙田中央公園、作為禁閉的香港總督府花園、作為私園的朝文虎花園、作為古蹟的宋王臺公園等等）；（二）居住區鄰園林（例如：公共花園、宅間花園、平台花園、兒童遊樂場、小住宅庭園等等）；（三）街道前庭園林（包括校園如港大、中大、演藝學院園林等等）；（四）郊野公園及遊覽地（如：宋城等）。其可謂多姿多采。至於園林設計，則着重介紹環境設計、理水、植物配置、建築及小品等，這些文字，皆是作者以專家身份所作的總概括，算得上是一家之言，在本港園林建築界，這一項工作亦為破題兒第一遭。讀者憑藉本書提供的上述圖文資料，一方面可以領會造園者的匠心，日後逛園之際，玩賞之餘，或能兼享一份求知的快樂和品味的情趣。另一方面，也可以更清楚地認識我們居住環境的可愛之處，誠如王世襄教授為本書所撰題詩說的"四時香島境如仙"，這本畫冊使我們有機會親覿本港獨特的園林之盛，慶幸自己身在優境，並增強維護它永葆青蔥的決心。

■ 1990年4月29日香港《文匯報》圖書版關於《香港園林》的專題報道

■ 1990年12月，周維權著《中國古典園林史》（第一版）由清華大學出版社出版

■ 1990年，清華大學建築學院著《頤和園》由台灣建築師公會出版社出版

■ 1990年5月，朱鈞珍著《香港園林》由香港三聯書社出版

1991

1991年10月22日，中国城市规划学会风景环境规划设计学术委员会在桂林成立（前身为中国城市规划学会风景环境规划设计学组），朱畅中担任副主任委员。

孙凤岐主持设计的南宁民族广场方案获设计竞赛一等奖；1998年又承南宁市政府的邀请对此方案进行建设实施，建成后成为深受南宁市民喜爱的新型城市空间。

9月，由朱自煊、郑光中负责，带领学生在北京市海淀区规划局和海淀区四季青乡人民政府的支持下完成了北京市香山地区规划研究。

自贡市市长王海林向孙凤岐颁发政府顾问证书（孙凤岐提供）

由孙凤岐设计的南宁民族广场建成照片（孙凤岐提供）

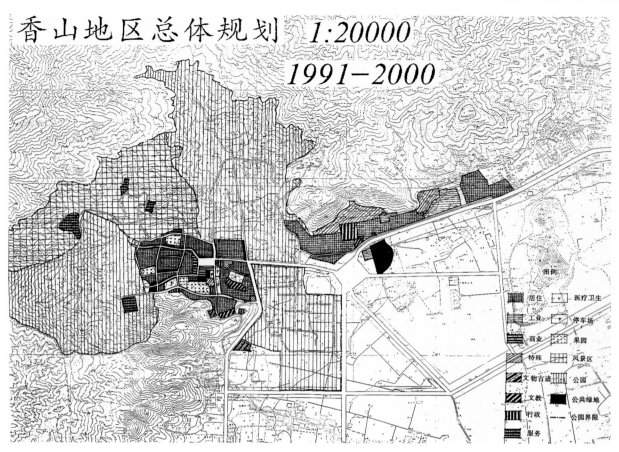

■ 香山地区总体规划（项目人员：朱自煊、郑光中、邓卫、陈志杰、钟舸、赵焱、饶鹰、李军、杨锐、高宏志、李东、王亦兵）

■ 香山规划买卖街空间分析图

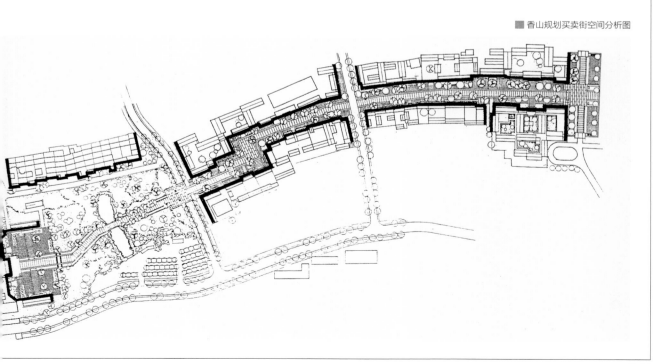

■ 1992

1992年郑光中、边兰春、杨锐、邓卫承担的海南三亚亚龙湾国家旅游度假区规划设计，是我国探索度假区规划设计的较早案例。为做好此规划，规划组与亚龙湾公司负责人等考察了夏威夷、迈阿密及东南亚几处国际滨海旅游度假地，并考察了国内滨海旅游区，于次年撰写了《中国滨海风景旅游区调查研究报告》。

郑光中、杨锐、朱自煊等承担北京颐和园—什刹海·玉渊潭水系规划设计项目；郑光中、庄宁承担海口火山口荔枝园规划设计；郭黛姮、吕舟、廖慧农、马利东开展广东珠海圆明新园设计，该项目于1997年建成，是以圆明园为蓝本的主题公园，该公园设计是当时最大的一座"仿古园林"，其中建筑等第分明、尺度合宜，与山水配合得体，在园林植物配置设计中，将皇家园林原有植物与地方树种相辅相成，取得了很好的景观效果。

朱畅中担任中国城市规划学会风景环境规划设计学术委员会副主任委员。

■ 亚龙湾国家旅游度假区总体规划——旅游景区规划图
（项目人员：郑光中、边兰春、杨锐、钟舸、朱纯航、梁伟、韩林飞、陈首春、莫力生、徐扬、梁坚、刘伊宏、杨帆、林尤干、谢文惠、邓卫）
亚龙湾是中国最早确定的十二个国家旅游度假区之一，清华大学受三亚市规划局委托承担亚龙湾度假区的规划工作，旨在通过规划促进亚龙湾的保护与开发，建设为国际一流的旅游度假胜地。

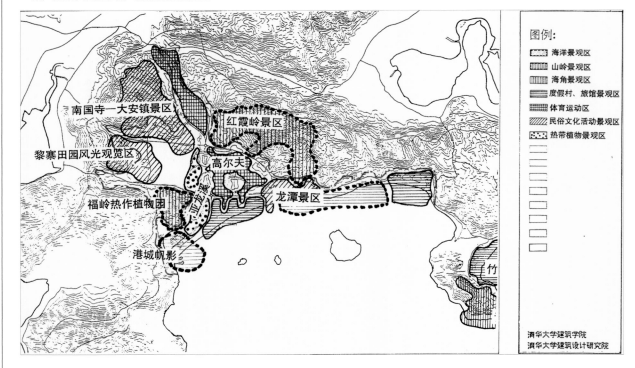

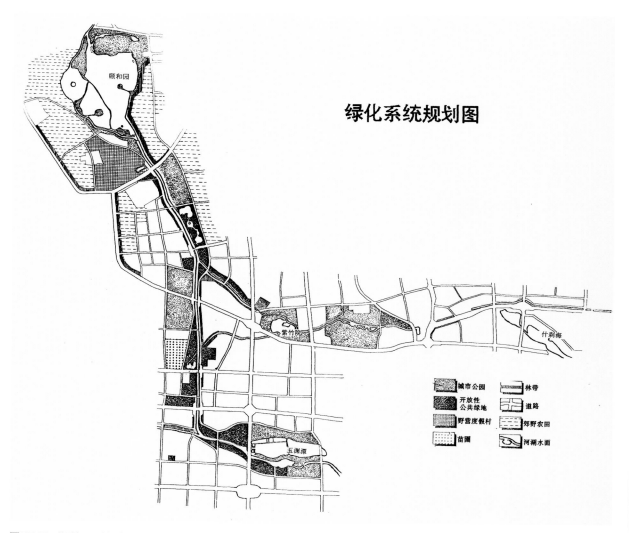

■ 颐和园—什刹海·玉渊潭水系规划设计——绿化系统规划图（项目人员：朱自煊、郑光中、杨锐、黄蕾、钟舸、周东光、吕絮飞、魏小梅）
规划旨在充分保护这一珍贵水面的基础上，统筹利用沿河风景空间为市民提供休憩场所，同时加强城市与西北郊风景园林区的空间联系。

广东珠海圆明新园于1997年建成，是以圆明园为蓝本的主题公园，该公园设计是当时最大的一座"仿古园林"，其中建筑等第分明、尺度合宜，与山水配合得体，在园林植物配置设计中，将皇家园林原有植物与地方树种相辅相成，取得了很好的景观效果。

■ 广东珠海圆明新园（郭黛姮提供）（项目人员：郭黛姮、吕舟、廖慧农、马利东）

1993-1994

■ 主要论文：
吴良镛在《建筑学报》第6期发表《"山水城市"与21世纪中国城市发展纵横谈——为山水城市讨论会写》；郑光中、邓卫在《93'中国房地产研讨会论文集》发表《关于滨海旅游度假区房地产开发问题的探讨》；郑光中、边兰春、杨锐在《城市规划》发表《亚龙湾国际旅游度假区规划初探》；朱畅中在《规划师》（第3期）发表《风景环境与"山水城市"》。

1993年，郑光中、杨锐承担完成海南尖峰岭国家森林公园规划以及海南五指山百花岭风景区规划等项目；1993年，徐伯安主持设计的颐和园后湖买卖街（苏州街）重建工程，获国家教委、建设部优秀设计三等奖和国家旅游局"七五"期间旅游基本建设先进工程奖；1994年~1997年，孙凤岐申请并完成了国家自然科学基金《我国城市广场的再开发研究》，该项目借鉴国内外的先进理论与实践，密切结合我国国情，对一些大中型城市有代表性的城市广场的改建与开发提出有效对策；1994年~1996年，郑光中、杨锐等编制"三峡大坝坝区风景旅游总体规划"、"三峡水利枢纽地区风景旅游可行性研究与总体规划"。为做好该项目，1996年郑光中、杨锐随同三峡公司代表团赴美国、委内瑞拉、巴西三国考察了当时世界上最大的三个水坝（大古力水坝、古里水坝和伊泰普水坝）。该项任务包括可行性研究与总体规划两个部分。

■ 1994年，《中国大百科全书》荣获第一届"国家图书奖荣誉奖"；汪菊渊、朱有玠、朱钧珍负责主编其中的园林分支学科部分（朱钧珍提供）

■ 黄山规划调研合影（第一排左起：尹稚、郑光中、中科院植物所李勃生，第二排：杨锐（左二）、王彬汕（左三）、陈志杭（左四）；郑光中提供）

■ 1994年在"长江公主号"客轮上向以李鹏总理为首的国务院三峡水利枢纽建设委员会汇报长江三峡大坝国家公园总体规划（左起：郑光中规划系主任、李鹏总理、杨家庆副校长；郑光中提供）

■ 三峡大坝国家公园总体规划图（清华大学建筑学院资料室提供）
（项目人员：郑光中、杨锐、张永刚、刘杰、王鹏、董珂、冯柯、卜冰、陈长青、何鑫、李本焕、何天澄）
1994年10月，为配合举世瞩目的长江三峡工程建设，中国长江三峡工程开发建设总公司正式委托清华大学建筑学院城市规划系编制《长江三峡工程坝区风景旅游开发建设可行性研究报告》及《长江三峡工程坝区总体规划》。1996年2月，郑光中、杨锐在此工作基础上编制完成《三峡大坝国家公园总体规划》。

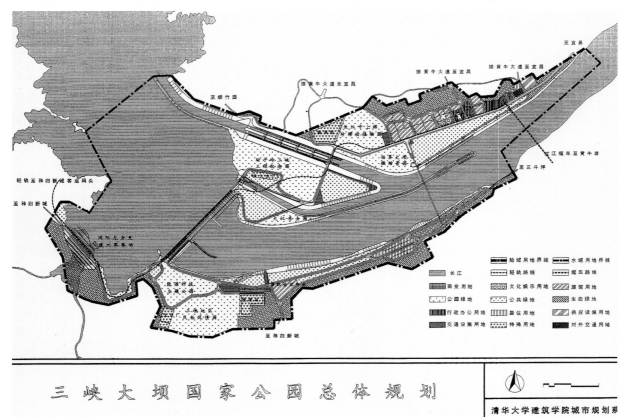

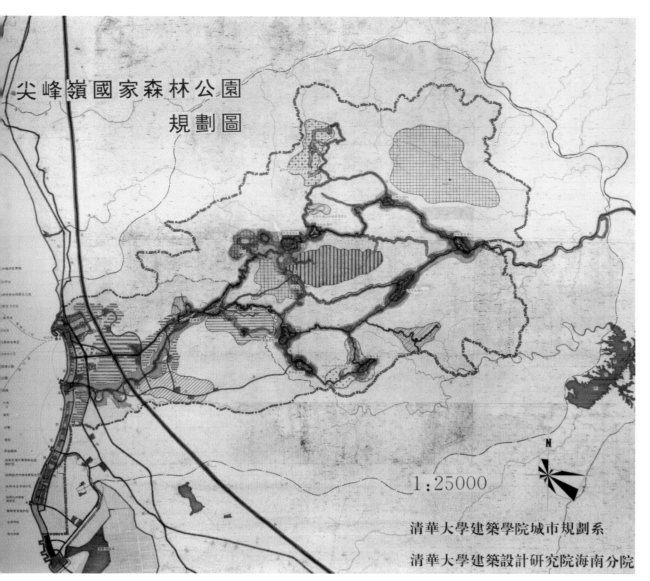

■ 尖峰岭国家热带森林公园规划图
（项目人员：郑光中、杨锐、陈志杰、高桂生、刘杰、王鹏、魏德辉、黄伟华、金雷、谭诚、竞昕、王敏、欧阳伟、刘莹）
尖峰岭国家热带森林公园是我国现存面积最大的热带原始雨林，在世界范围内的热带自然生态系统中占据重要地位，规划确立了保护公园物种多样性和生态系统完整性的首要目标，以及建立国际性热带雨林科普、科研基地及国内独具特色的热带雨林风情游基地的重要目标，规划主题为"热带原始雨林"。

1995-1997

1995年纪怀禄为本科生开设"中国古典园林"课程，使周维权1992年退休后一度中断的课程重新开始，该课程一直开设至2004年。

1996年1月28日风景园林学界第一位中国工程院院士、花卉园艺学家、园林学家、造园组创办人之一汪菊渊先生因病于北京逝世，享年83岁，吴良镛、朱自煊、陈有民、张守恒、朱钧珍、刘少宗分别在《中国园林》发表悼念文章。

1996年12月1日，周维权著《中国名山风景区》由清华大学出版社出版，率先提出"名山风景区"的概念、称谓及其内涵，把它作为一个主要的类型，全面论述了其发展历史、风景资源、个案介绍、风景鉴赏等。这是迄今为止关于中国风景名胜研究的较完备的一部著作，亦代表这方面研究工作的国内领先水平。

1997年，郑光中、杨锐、邓卫承担完成了"宜昌市旅游发展规划"；1997年~1998年，郑光中、邓卫、杨锐承担完成"宜昌市旅游业总体规划"。

1997年12月~1999年1月杨锐赴哈佛进行访问，开始关注国家公园研究。

■ 主要论文：
郑光中、杨锐在《城市规划》发表《寻找保护与发展的平衡点——尖峰岭国家森林公园总体规划》；郑光中、杨锐在"东亚生态旅游及海峡两岸生态研讨会"发表《亚龙湾国家旅游度假区规划中生态观的体现》；郑光中、朱自煊、杨锐在《北京城市规划论文集》发表《颐和园至玉渊潭及什刹海水系规划设计研究》。

■ 1996年12月，周维权著《中国名山风景区》由清华大学出版社出版
该书以名山风景区作为风景学中的一个独立研究范畴，首次整理概括了中国名山风景区的形成、发展和现状，从自然资源和人文资源两方面概述其风景资源，并对主要的名山风景区进行了重点介绍。该书从传统文化层面上丰富了中国风景学、旅游学的学术内容，为风景事业和旅游事业的实际运作提供了参考和借鉴，书中的思想观点宏观长远，对我国保护好、开发好名山风景区有积极的指导作用。

1998

1998年4月25日经学校批准清华大学建筑学院成立"景观园林研究所",任命孙凤岐为所长。景观园林研究所的成立标志着清华大学建筑学院在风景园林领域研究的发展进入了一个新的阶段。同年,章俊华进入景观园林研究所。

国家旅游局委托清华大学建筑学院郑光中、杨锐、邓卫主持制定《旅游规划通则》GB/T 18971—2003,该标准于2003年2月24日发布,2003年5月1日实施。章俊华主持设计沈阳河畔新城。

朱钧珍著《园林理水艺术》由中国林业出版社出版,该书通过大量的文字和丰富的案例详细介绍了传统及现代园林理水的方式类别及艺术手法。

1998年,朱育帆由北京林业大学博士毕业之后,进入清华大学建筑学院博士后流动站,师从吴良镛院士,是清华大学建筑学院首位风景园林方向博士后。

1998年3月8日清华大学建筑学院城市规划教研组主任及教授,中国城市规划学会风景环境规划学术委员会主任委员朱畅中先生逝世,享年77岁。

■ 主要论文:
朱畅中在《华中建筑》发表《"山水城市"探究》;朱畅中在《城乡建设》发表《风景环境与建设》。

■ 朱畅中先生 (1921—1998)

■ 朱畅中为黄山规划篆刻的印章
(《朱畅中先生印存》摘录)

■ 朱畅中为中国风景园林学会篆刻的印章
(《朱畅中先生印存》摘录)

■ 景观园林研究所成立大会上秦佑国院长发表演讲（清华大学建筑学院资料室提供）

■ 景观园林研究所成立大会上院党委书记左川发表演讲（清华大学建筑学院资料室提供）

■ 秦佑国（左一）、胡绍学（左二）、孙凤岐（右一）在会议期间进行交谈（清华大学建筑学院资料室提供）

景观园林研究所成员章俊华主持设计的沈阳河畔新城"瑶池映绿"(章俊华提供)

1999

1999年6月，清华大学建筑学院成立资源保护与风景旅游研究所，郑光中为首任所长。

郑光中、杨锐、庄优波承担编制"泰山风景名胜区总体规划"；郑光中、边兰春和袁牧参与编制了"北京昆玉河—长河—南护城河—通惠河滨河风景旅游总体规划及详细规划"（清华大学、北京建工学院、北京工业大学合作完成）。

吴良镛主持与云南省省校合作项目"滇西北人居环境（含国家公园）可持续发展规划研究"，并由左川将杨锐从哈佛大学召回参与规划工作，在严峻的生态条件下，从区域研究着手，谋求建立人与自然和谐的人居环境可持续发展道路，建议要重点保护当地自然生态环境、生物多样性和民族传统文化，审慎合理开发地方资源，帮助当地人民摆脱贫困，进行国家公园体系建设。

9月，吴良镛、朱育帆完成了孔子研究院的设计。10月，周维权的《中国古典园林史》（第二版）由清华大学出版社再版，并获得"优秀科技图书奖"；王绍增评价道，"第二版比之第一版分量几乎翻番，充实和重写的部分占了70%以上，等于又用了十年再磨一剑。细读之后，深感周先生博览群书，密切跟踪建筑、城规、园林、生态，以及史学、考古、美学、哲学和其他社会科学的发展，一方面充盈着对中华文化的满腔热爱和对祖国命运的真挚关切，一方面又力求站在人类文化的最高点和科学研究的最前沿，以近乎严厉的科学态度审视了几千年的中国园林历史，也严厉地审视了自己的第一版，在中国古代园林史的研究上达到了一个新的高度，是一本可以充分信赖和放心引用的著作。"

■ 主要论文：
吴良镛、朱育帆在《中国园林》第6期发表《基于儒家美学思想的环境设计——以曲阜孔子研究院外环境规划设计为例》；郑光中、张敏 在《北京规划建设》发表《北京什刹海历史文化风景区旅游规划——兼论历史地段与旅游开发》；张敏、郑光中在《建筑学报》发表《展现古都风貌、重振商业繁荣——什刹海前海东沿地区旧城改造方案设计》；郭黛姮 在《建筑史论文集》（第十一辑）发表《珠海圆明新园与圆明园》；贾珺在《建筑史论文集》（第十一辑）发表《1699年的紫禁城和凡尔赛宫》。

■ 滇西北人居环境（含国家公园）可持续发展规划研究

■ 1999年10月，周维权著《中国古典园林史》（第二版）由清华大学出版社出版

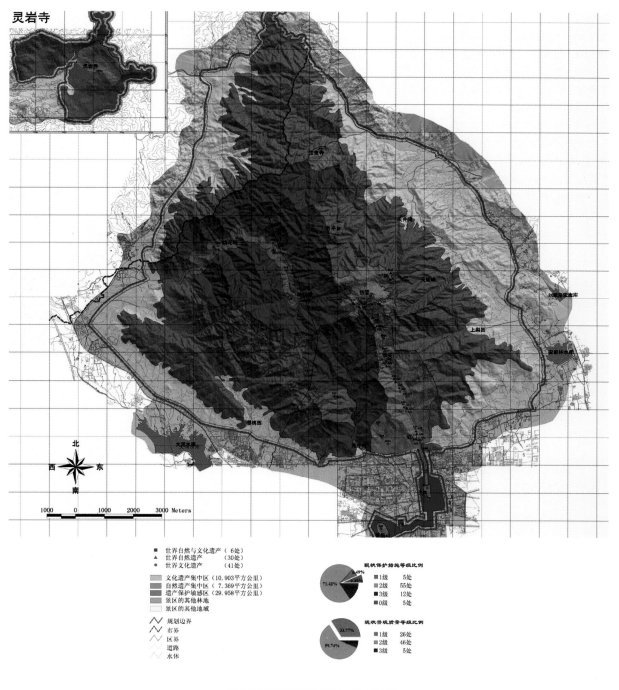

泰山风景名胜区总体规划——遗产分布图

（项目人员：郑光中、杨锐、王彬汕、庄优波、邓卫、李守旭、张清华、张鸣岐、姜谷鹏、袁牧、党安荣）

2000

2000年8月，清华大学建筑学院编著的《颐和园》由中国建筑工业出版社出版。该书的编著工作由周维权主持，正文由周维权编写，冯钟平、姚同珍参加初稿的一部分写作，插图由廖慧农带领学生整理，照片由楼庆西提供。本书对颐和园的个例研究详尽充实，图文并茂，对于皇家园林乃至中国古典园林研究工作起到了推动工作。冯钟平著《中国园林建筑》（第二版）由清华大学出版社出版。

纪怀禄完成清华大学校园内清华世纪鼎及环境设计，并于同年建成。郭黛姮主持进行了"圆明园保护规划"。

章俊华开设研究生课程"景观设计概论"，杨锐开设本科生课程"景观建筑学导论"。

■ 主要论文：

郑光中、张敏、袁牧在《建筑学报》发表《生态城市·生态农业·生态旅游——以深圳西海岸生态农业旅游区规划为例》；郑光中、边兰春在《颐和园建园250周年纪念文集》发表《颐和园周边环境研究》；王彬汕、杨锐、郑光中在《城市规划》（第4期）发表《泰山景观资源的保护与利用》；徐伯安在《建筑史论文集》（第十三辑）发表《中国古代园林序说》；朱育帆在《建筑史论文集》（第十三辑）发表《关于北宋东京艮岳范围的探讨》；单德启、范霄鹏在《建筑史论文集》（第十三辑）发表《放生池边二十年——九华山化城寺广场衰落现象和复兴途径的思考》。

■ 2000年8月，清华大学建筑学院著《颐和园》由中国建筑工业出版社出版

该书是迄今为止对颐和园进行专题研究最为完备的一部著作，收录了清华建筑系师生自1952年开始连续多年对颐和园的测绘成果。该书稿于1985年底完成，由于经费原因未能在大陆及时出版。1989年，台湾建筑师公会访问大陆，征得清华大学建筑学院和中国建筑工业出版社认可，于次年在台湾先行付印。直至1999年，在国家科学技术学术著作出版基金委员会、清华大学建筑学院和中国建筑工业出版社的经费资助下，该书才得以于2000年在大陆正式出版。

■ 神农燕天全景图（摘自《郑光中建筑速写》）
2000年6月，郑光中、科学院李勃生与邓卫指导学生毕业设计做神农架燕天风景区规划。

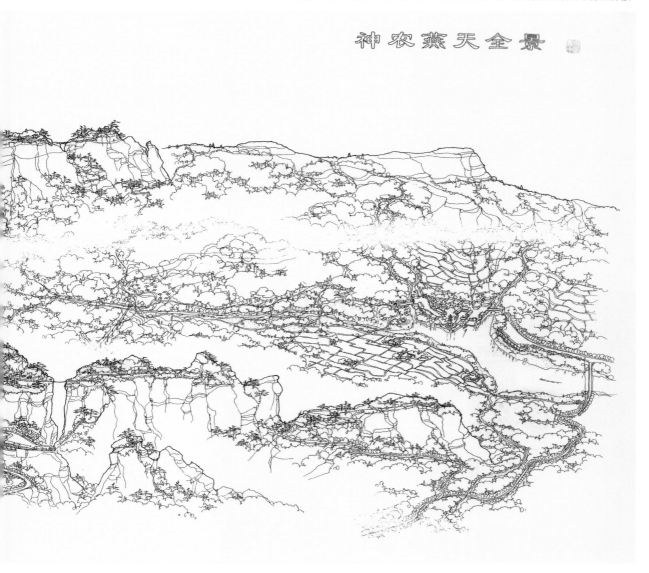

2001

吴良镛著《人居环境科学导论》出版。人居环境（Human Settlements）是指包括乡村、集镇、城市、区域等在内的所有人类聚落及其环境。人居环境科学以人居环境为研究对象，是研究人类聚落及其环境的相互关系与发展规律的科学。它针对人居环境需求和有限空间资源之间的矛盾，遵循五项原则：社会、生态、经济、技术、艺术，实现两大目标：有序空间（即空间及其组织的协调秩序），以及宜居环境（即适合生活生产的美好环境）。人居环境科学的提出为风景园林学发展开拓了更广阔的前景，成为清华大学风景园林学发展的重要理论基础。

陈志华所著《外国造园艺术》由河南科学技术出版社出版。

2001年1月~2003年12月杨锐负责完成建设部科技攻关项目"中国重点风景名胜区与美国国家公园比较研究"。2001年，由王丽方主持设计的清华大学北院景园及杨树林广场、扬州中学百年校庆景观设计建成。

■ 主要论文：
王彬汕、杨锐、郑光中在《城市规划》发表《泰山景观资源的保护与利用》；
郑光中、邓卫 在《规划师》发表《诗情词意如画来——东坡赤壁规划评析》。

■ 2001年，吴良镛著《人居环境科学导论》由中国建筑工业出版社出版

■ 2001年，陈志华著《外国造园艺术》由河南科学技术出版社出版

■ 由王丽方主持设计的扬州中学百年校庆景观设计（王丽方提供）

■ 由王丽方主持设计的清华大学北院景园及杨树林广场（即情人坡），该场地成为清华大学校内最具吸引力的公共空间之一（王丽方提供）

2002

10月，杨锐主持，党安荣、庄优波参加完成"三江并流梅里雪山风景名胜区总体规划"，于2011年获第一届中国风景园林学会优秀风景园林规划设计一等奖，2012年获华夏建筑科学技术一等奖。

朱育帆开设研究生课程"欧美现代景观园林概论"。

2002年春，朱钧珍受香港政府新闻处委托编著的《香港寺观园林景观》由香港新闻处刊物出版组出版。周维权在该书序言中评价"它把香港的寺观园林纳入中国传统园林体系来加以论述，开拓了后者的研究领域，自有其学术价值，无疑是继拓荒之作《香港园林》之后的又一力作。"

5月，朱育帆等人完成了北京金融街北顺城街13号四合院改造项目。6月，北京清华城市规划设计研究院获国家旅游局颁发旅游规划甲级资质证书。11月，通过竞标，开始进行西藏自治区旅游规划。

■ 主要论文：
楼庆西在《建筑史论文集》（第十五辑）发表《清芬挺秀九十年——漫记清华园传统环境保护与改造》；张复合、钱毅、欧阳怀龙 在《建筑史论文集》（第十六辑）发表《庐山牯岭街保护修建性详细规划》。

■ 朱育帆设计完成的北京金融街北顺城街13号四合院改造项目建成实景（朱育帆提供）

■ 三江并流世界遗产提名地预考察（左川提供）

■ 2002年朱钧珍著《香港寺观园林景观》由香港新闻处刊物出版组出版（朱钧珍提供）

梅里雪山风景名胜区总体规划（2002—2020）卫星影像图
（项目人员：杨锐、党安荣、庄优波、左川、韩昊英、李然、陈新、刘晓冬）
该规划采用目标—战略—实施三层次协调规划技术，尝试了植物学、生态学、地质学、文化学、建筑学等多学科融贯的规划方法，借鉴了 LAC/VERP/SCP 等国际先进理论；建立了资源评价与规划之间的关系；加强了目标规划、战略规划、解说规划和管理规划的内容，使规划成果逐步与国际上通行的"总体管理规划（General Management Plan）"接轨。

2003

2003年3月20日，经2002~2003学年度第7次校务会议讨论通过，聘宾州大学艺术学院景观与规划系教授、美国艺术与科学院院士、哈佛大学前系主任、美国著名景观设计师劳瑞·欧林（Laurie D. Olin）为清华大学讲席教授。10月8日，清华大学建筑学院景观学系成立庆典暨学术会议在建筑学院王泽生厅召开，清华大学校长顾秉林出席会议并发表讲话，吴良镛和劳瑞·欧林分别以"人居环境科学和景观学教育"和"国际景观学教育的发展趋势"为题发表演讲，会上宣布聘任劳瑞·欧林担任第一任系主任。杨锐担任常务副系主任。

景观规划与设计专业是清华大学根据国务院学位[2002]47号文件和学位办[2002]84号文件的规定，在具有博士授予权的一级学科点内自主设置的二级学科专业，并得到了国务院学位办的承认和备案。景观学系是在吴良镛关心指导下，在时任院长秦佑国和党委书记左川的直接领导下成立的。建系的目标为：以区域和城市景观规划、景观和园林设计、自然文化遗产资源保护和旅游规划等为主要学术研究方向，教学、科研和研究性规划设计相结合，尽快将景观学系建成我国一流的景观规划设计人才培养基地，并在某些重点领域争取达到世界领先水平。

伴随景观学系的成立，清华大学教育基金会支持的"劳瑞·欧林讲席教授组"同期成立，其正式运作始于2004年9月，包括以劳瑞·欧林为代表的具有丰富教学与实践经验的9位教授。在2004年至2007年近三年时间里，讲席教授组承担了景观史纲、景观生态、景观水文、景观技术以及STUDIO课程等主要专业课程的教学工作，介绍引进了国外最为先进的教学方法以及专业理论和技术，并为景观学系教学工作的顺利开展和继续完善确立了较高起点，奠定了良好的基础。劳瑞·欧林起草了《清华大学景观学系研究生培养方案》。本科阶段开设的专业课程有风景园林学导论、西方古典园林史；研究生阶段开设的专业课程有风景园林学史纲（亚洲部分）、风景园林学史纲（欧美部分）、风景园林植物、植物景观规划设计、景观生态学、景观水文学、景观地学基础、景观技术、风景园林学专业文献阅读、设计专题等。

《旅游规划通则》（GB/T 18971-2003）出台。该标准由国家旅游局委托清华大学建筑学院为主要编制单位，郑光中、杨锐、邓卫等承担此项工作。

2003年，胡洁到系任教。9月，北京清华城市规划设计研究院风景园林规划设计研究所成立，胡洁任所长。

建筑学院学生李家志、李丽获得第40届国际风景园林师联合会（IFLA）国际大学生设计竞赛的第一名（UNESCO大奖）。

杨锐的博士论文《建立完善中国国家公园和保护区体系的理论与实践研究》荣获2003年清华大学优秀博士学位论文一等奖。

7月，朱钧珍出版专著《中国园林植物景观艺术》（中国建筑工业出版社）。10月，楼庆西出版专著《中国园林》（五洲出版社）。

■ **主要论文：**
朱钧珍在《中国园林》发表《中国园林植物景观风格的形成》

■ 景观学系首任系主任劳瑞·欧林　　■ 景观学系首任副系主任杨锐

■清华大学建筑学院景观学系成立庆典暨学术研讨会合影（第一排左起：杨锐、白瑾、李道增、赵宝江、吴良镛、劳瑞·欧林、顾秉林、关肇邺、谢凝高、周维权、王秉洛、赵炳时；第二排左起：（待查）、（待查）、周榕、朱育帆、章俊华、刘滨谊、俞孔坚、杨赛丽、张吉林、郑光中、（待查）、秦佑国、吕舟；第三排左起：孙凤岐、李迪华、（待查）、胡洁、杜顺宝、李如生、张国强、贾建中、（待查）、（待查）、尹稚；清华大学建筑学院资料室提供）

■顾秉林校长（左）向劳瑞·欧林（右）颁发聘书
（清华大学建筑学院资料室提供）

LANDSCAPE ARCHITECTURE MLA Program

Proposed Curriculum & Course Outline for Masters Degree in Landscape Architecture
For students with prior professional degree in Architecture or Landscape Architecture

The discipline of Landscape Architecture

Landscape architecture is a professional discipline which has as its objective the planning and physical design of land for human needs, which includes the need to reconcile human purposes with the natural world, its processes and needs. The field as it has evolved internationally in the 20th century is a broad and diverse one, with activities ranging from regional resource management planning, through large scale development and land planning to the design of parks ranging in scale from nature preserves and national parks, leisure and recreational facilities, to urban districts and infrastructure, parks, plazas, and gardens. This work includes new institutional and commercial development, brown-field reclamation and transformation, as well as cultural heritage and historic preservation, and restoration planning and design.

To work successfully landscape architects must possess knowledge regarding engineering, natural systems and ecology, cultural and social needs, art, architectural, and landscape heritage, methods, and some of their issues, and physical design and construction methods. In practice landscape architects frequently work in close collaboration with other fields, particularly architects, engineers, and city and regional planners and to a degree all of their activities overlap somewhat, yet each has a core activity not adequately dealt with by the others. This is discussed in more detail below. As in Architecture and engineering, few professionals engage the full potential or range of the field, often developing expertise in several aspects and a general ability and knowledge regarding the rest. It is incumbent upon educational institutions, therefore to expose potential future practitioners and teachers to the full range of the field in their study while also enabling them to begin to move toward those aspects that are of greater intellectual interest to them and appropriate for their skills and abilities.

In formulating a curriculum and hiring instructors, therefore, it is necessary to consider what do Landscape Architects need to know that is different from or is an addition to that which is known and considered to be important for Architects, Engineers, and Urban Planners.

Skills and technical knowledge which Landscape Architects share with other fields:

Like Architects they must be familiar with the needs of society and the history of design and art. They must have a firm grounding in basic design and a familiarity with the fundamentals of natural science – namely of mathematics, physics, chemistry, and biology. This is usually obtained in undergraduate studies, but if absent must be acquired prior to admission. Also like architects, they must have a firm grounding in traditional and contemporary construction and materials – masonry, concrete, wood, various metals and synthetics. Unlike Architects, they needn't be trained in large or indeterminate structures, but they do need to have training in statics and simple and minor structures, especially regarding walls (of all sorts), paving, roadways, steps, ramps, stairs, simple bridges, pavilions, and drainage structures. Like architects, the need an introduction to the principles and an understanding of lighting, electrical and plumbing systems.

Like Engineers, Landscape Architects need to be accomplished in the layout, design and construction of roads and parking areas, drainage and storm water management facilities, and any or all earth or terrain-based structures of moderate scale – including swales, dams, channels, basins, ponds, lakes, docks, bulkheads, culverts, and minor bridges. Landscape architects must be capable of executing the shaping and grading of landforms.

Like Urban Planners and Architects, Landscape Architects must be capable of siting and orienting buildings and structures, whether singly or in groups, with regard to natural and social needs and constraints. Also like Planners and Engineers, Landscape Architects should be familiar with and capable of giving direction, contributing guidance, and in many instances designing aspects of urban infrastructure such as streets, roads, utilities, transportation facilities, bikeways, pedestrian trails, schools, parks and public open space (the design of which they should lead, see below), drainage courses and floodways – often as members of design teams.

Skills Landscape Architects must possess, not necessarily shared by other design and planning professionals:

Landscape architects must have a broad and well-informed knowledge of natural systems and their processes. Unique among design professionals, landscape architects advocate for natural phenomena in the creation of human environments, whether they are in cities or the countryside. Landscape Architects, therefore, must be familiar with the natural sciences to the degree that they know when to involve experts from the sciences, and when they possess enough knowledge themselves to advise fellow professionals (architects, engineers, planners, preservationists) or clients regarding ecological issues raised in a plan or design. Landscape Architects must have a good if general understanding of geology, geomorphology, soils science, plant and animal ecology, climate, and hydrology. In addition to basic and somewhat more advanced (applied) ecology, Landscape Architects must know horticultural practices and planting design, as well ad contemporary and emerging techniques of habitat and water quality management. No other member of the design community has this training, so it is incumbent upon Landscape Architects to be knowledgeable regardless of their subsequent scale of activity or specialty (if any) in professional practice.

Landscape Architects must also be familiar with and responsible for issues regarding cultural heritage and landscapes of historic or cultural importance. These can range from small historic gardens to Urban districts of unique or historic value, to rural or agricultural landscapes of great beauty or unique historic development and integrity, and natural areas of ecological or historic importance. To be able to participate in such study and consideration Landscape Architects should also receive instruction regarding cultural and artistic history and cultural geography in addition to natural science and ecology.

**

The curriculum for Landscape Architecture at the graduate Masters degree level in recent decades has consisted of a minimum of two academic years for students with a prior

■ 劳瑞 · 欧林起草《清华大学景观学系研究生培养方案》（景观学系提供）

Courses and Sequence

YEAR 1

Fall — Course units
- Studio I — 2
- Natural Science 1 (Geology, Soils) — 1
- Workshop 1 (Grading, earthworks, roadways) — 1
- History of Landscape Architecture (Asia) — 1
- Elective (if any of the above are waived due to prior education or experience)**

Spring
- Studio II — 2
- Natural Science 2 (Principles of Ecology) — 1
- Workshop 2 (construction, materials, landscape structures) — 1
- History of Landscape Architecture (Europe and America) — 1
- Elective (if any of the above are waived due to prior education or experience)**

YEAR 2

Fall
- Studio III (or Independent Study/Research/Internship)** — 2
- Natural Science 3 (Hydrology, fluvial systems & quality) — 1
- Workshop 3 (Planting design / horticultural practices) — 1
- Elective* -- suggested topics include:
- GIS; or Topics in Landscape Theory; or Landscape Preservation — 1
- Elective (if any of the above are waived due to prior education or experience)**

Spring
- Studio IV (or Independent Study/Research/Internship** — 2
- Workshop 4 (Advanced digital media for Landscape) — 1
- Elective*: suggested topics include:
- More natural science (climate, more biology, plants, limnology) — 1
- Elective *: suggested topics include:
- Regional planning history or theory; Urban design; a Social Science; Art history, GIS; Landscape Preservation

Or

- Independent project — 1
- Total credits — 20

** Substitution of Independent Study, Research Project or Intern work in Landscape Institute for required Studio to be approved only upon submission of written proposal from student and approval of Landscape Architecture Faculty. Student must obtain a Faculty Supervisor for such projects.

- Electives to be submitted and approved prior to term by student's Faculty Advisor

Note: This outline will allow the school to offer studios with a variety of emphasis in

清华成立景观学系庆典大会举行

本报北京10月12日讯　清华大学日前举行建筑学院景观学系成立庆典暨学术会议，聘任美国艺术与科学院院士、哈佛大学前任系主任、美国著名景观建筑师Laurie D. Olin（欧阳劳瑞）教授担任清华大学景观学系的第一任系主任和讲习教授。这是国内自1997年高等学校专业目录调整后重新建立的第一个景观学系。来自建设部、国家林业局、国家旅游局等机构的各界学者与嘉宾参加了成立仪式。清华大学校长顾秉林教授出席会议并发表讲话，吴良镛教授和欧阳劳瑞教授分别以"人居环境科学和景观学教育"以及"国际景观学教育的发展趋势"发表了主题演讲。

景观学是世界一流建筑院校的支柱专业之一，其学科发展历史已超过150年，成立景观学系也是我国经济、社会、环境协调发展的需要。清华大学在景观学领域具有很好的学术基础，1951年在梁思成先生支持下，吴良镛先生和汪菊渊先生在清华成立了我国第一个"园林学组"，通过半个多世纪的发展，在中国古代园林史、中西古典园林比较方面取得了丰厚的学术研究成果，先后承担过黄山风景名胜区总体规划、什刹海历史文化保护区规划等重要的景观规划设计和开创性研究项目。目前，清华大学景观方向的研究生又获得第四十届国际景观师联盟举办的学生设计竞赛的一等奖和二等奖，显示了清华师生在景观规划设计方面的实力和潜力。

（月　红）

■ 2003年10月12日，《人民日报》对清华大学建筑学院景观学系成立进行报道

■ 劳瑞·欧林与吴良镛、杨锐等热烈讨论（劳瑞·欧林提供）

以劳瑞·欧林为首的讲席教授组成员

劳瑞·欧林
（Laurie Olin）

布鲁斯·弗格森
（Bruce Ferguson）

科林·弗兰克林
（Colin Franklin）

罗纳德·亨德森
（Ron Henderson）

巴特·约翰逊
（Bart Johnson）

高阁特·西勒
（Colgate Searle）

弗雷德里克·斯坦纳
（Frederick R. Steiner）

理查德·佛曼
（Richard T.T. Forman）

彼得·雅各布
（Peter Jacobs）

■ 劳瑞·欧林画稿：北海白塔（劳瑞·欧林提供）

■ 劳瑞·欧林画稿：2003年10月生日蛋糕（劳瑞·欧林提供）　　　■ 劳瑞·欧林画稿：9月18日午餐（劳瑞·欧林提供）

■ 2003年7月朱钧珍著《中国园林植物景观艺术》由中国建筑工业出版社出版
本书以朱钧珍早年所做课题"杭州园林植物配置"的研究成果为基础，积累了多年设计与教学实践，深入挖掘和探讨了独具传统文化特色的中国园林植物景观艺术，可谓作者多年从事园林规划设计、教学与研究的结晶。

■ 2003年10月，楼庆西著《中国园林》由五洲出版社出版
本书以图文并茂的形式对中国的园林艺术进行介绍，阐述了中国园林发展与变迁的历史。评说皇家园林、江南文人园林、寺院园林等类型园林的特色及造园技巧，并结合中国社会和历史发展的背景，讲述园林与传统文化的内在联系，对造园理论进行了研究。

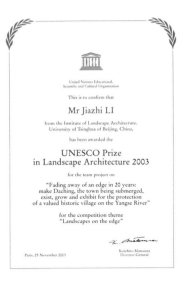

■ 李家志获第40届国际风景园林师联合会（IFLA）国际大学生设计竞赛的第一名奖状（景观学系提供）

■ 李丽获第40届国际风景园林师联合会（IFLA）国际大学生设计竞赛的第一名奖状（景观学系提供）

■ 联合国教科文组织北京办事处主任为第40届国际风景园林师联合会（IFLA）国际大学生设计竞赛的第一名获奖者李家志、李丽颁奖(秦佑国（左一）、李丽（左三）、李家志（左四）、朱育帆（右一）；清华大学建筑学院资料室提供）

2004

2004年9月，景观学系第一届研究生入学。学制两年，设置设计课、景观生态学、景观水文、景观学史纲、人居环境科学导论等课程。12月5日，景观学系主任劳瑞·欧林举办"劳瑞·欧林讲谈会（LO Talk）"，做主题演讲："当代景观设计的趋势，以Olin事务所的设计项目为例"（Tendencies in Contemporary Landscape Architecture at exemplified by work of Olin Partnership）。

2004年6月北京清华城市规划设计研究院风景旅游数字技术研究所成立，杨锐任所长。

3月，纪怀禄主持设计的北京榆树庄公园开工，并于2012年建成。10月，朱育帆主持完成清华大学核能与新能源技术研究院中心区景观改造。

1月，朱钧珍编著的《园林水景设计的传承理念》一书出版。

主要论文：
吴良镛在《中国园林》发表《人居环境科学与景观学的教育》；杨锐、庄优波在 Parks, Vol 16 No. 2发表 Problems and Solutions to Visitor Congestion at Yellow Mountain National Park of China；杨锐、庄优波在昆明举行的 International Workshop on China World Heritage Biodiversity Program 上发表 Challenges and Strategies for Management of the Three Parallel Rivers World Heritage Site。

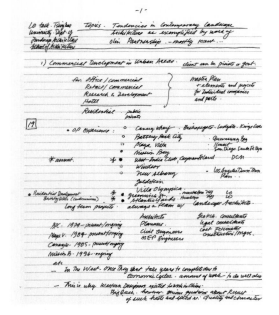

■ 劳瑞·欧林手稿——劳瑞·欧林讲谈会（具体文件见附件）

■ 劳瑞·欧林画稿：2004年10月清华公寓的窗帘（劳瑞·欧林提供）

■ 劳瑞·欧林画稿：2004年9月前海（劳瑞·欧林提供）

■ 2004年，朱钧珍编著《园林水景设计的传承理念》一书由中国林业出版社出版
从中国传统园林理水谈起，介绍了园林动态水景的各种表现方式、园林理水的艺术手法及园林水旁植物配置的方法。

■清华大学核能与新能源技术研究院中心区景观改造建成实景（朱育帆提供）

■清华大学核能与新能源技术研究院中心区景观改造建成实景（朱育帆提供）
（设计人员：朱育帆、姚玉君等）
场地特有历史背景和壮美的圆柏篱墙的遗存使设计者最终选择了以勒·诺特尔式轴向空间作为环境改造的总体蓝本，通过强化中轴线上系列水池带动空间戏剧性和序列感的提升以及强化景观横轴成为重塑新轴向空间的基本策略。

■ 罗纳德·亨德森（左二）、胡洁（右二）指导景观设计课程（景观学系提供）

■ 罗纳德·亨德森（左五）、杨锐（右一）、胡洁（右二）带景观学系学生进行景观技术课户外实习（赵智聪提供）

■ 劳瑞·欧林（后排左五）、罗纳德·亨德森（后排左二）、庄优波（前排右三）带领景观学系学生在潭柘寺进行调研（赵智聪提供）

■ 纪怀禄主持设计的北京榆树庄公园，总规划面积768亩（约51.2公顷），保持了原生态湿地状态，是北京新建园林中唯一一座纯古典式风格的园林（纪怀禄提供）

2005

12月24日,景观学系承办了第五届"清华、北大、林大"三校"景观与旅游学术论坛"。来自北京大学、北京林业大学、同济大学、浙江大学、中国科学院、台湾大学以及清华大学的学者围绕本次论坛的主题——"道法自然——景观与旅游规划设计中的自然因素"做了精彩的演讲。两院院士吴良镛,美国俄勒冈大学副教授、清华大学景观学系客座教授巴特·约翰逊,台湾大学教授王鑫应邀出席论坛。两院院士吴良镛先生发表了题为"从咫尺园林到地域景观体系"的精彩演讲,同时提出了"在建筑、城市规划、景观三位一体的系统中,景观学如何加速发展"的课题。

2005年吴良镛主持完成南通博物馆项目。6月,庄优波荣获世界自然保护联盟/世界保护区委员会第五届东亚保护区大会"优秀青年科学家奖"。

■ 罗纳德·亨德森(左四)指导景观设计课程(景观学系提供)

■ 弗雷德里克·斯坦纳景观学术双周海报
  （景观学系提供）

■ 弗雷德里克·斯坦纳（左）与杨锐（右）合影（景观学系提供）

■ 弗雷德里克·斯坦纳与景观系师生合影（第一排左起：乌兹别克斯坦进修生Guzal Khodjaeva、庄优波、史舒琳、吴兹、何睿、武磊；第二排左起：刘海龙、郭勇、弗雷德里克·斯坦纳、杨锐、党安荣；景观学系提供）

■ 理查德·佛曼（左二）、杨锐（左一）与景观系师生一起外出调研（景观学系提供）

■ 理查德·佛曼举办系列讲座（景观学系提供）

■ 劳瑞·欧林（右一）、罗纳德·亨德森（右二）带领学生在卢沟桥及潭柘寺进行调研（景观学系提供）

■ 科林·弗兰克林（右一）指导景观设计课程（景观学系提供）

■ 第一、二届学生首次景观规划设计课程终期评图方案汇报（赵智聪提供）

■ 景观学系首次景观规划设计课程终期评图合影（第一排左起：郭湧、虢丽霞、吴竑、刘雯、史舒琳、赵智聪、范超；
第二排左起：庄优波、杨锐、吕舟、巴特·约翰逊、秦佑国、左川、朱文一、王贵祥、张利；
第三排左起：刘海龙、Guzal、阚镇清、黄昕珮、马琦伟、栾景亮、胡一可、耶鲁大学学生安建生、赵菲菲、何苗、李文玺、党安荣；赵智聪提供）

■ 第五届景观与旅游学术论坛参会师生合影（景观学系提供）

2006

2006年春季学期，景观学系正式招收首届"非全日制风景园林硕士"。根据教学及实践需求，2006年邀请浙江农林大学教授包志毅讲授"园林植物规划与设计"课程、邀请党安荣讲授"景观地学"课程。6月首次开设研究生景观生态、植物、地质综合大实习项目。此教学项目此后一直延续，成为景观学系的重要教学实践内容。景观学系第一届硕士生毕业。

3月，北京清华城市规划设计研究院景观学v.s.设计学研究中心成立，朱育帆任主任。

新西兰林肯大学旅游系主任大卫·杰勒德·西蒙斯（Prof. David Gerard Simmons）、Stephen F. McCool来访并做学术演讲。11月，香港大学师生到访，并以"CBD中心区景观概念设计"为题开展为期一周的联合设计课程（Joint Studio）。

11月，"LA Friday"活动正式启动。"LA Friday"是旨在促进景观学系学术建设和师生交流的常设学术交流活动。该活动在隔周周五的11：30~13：00举办，由景观学系师生或外请专家学者做演讲，并就演讲内容展开讨论。此后，"LA Friday"活动成为景观学系的一个传统。

12月9日，清华大学、北京大学、北京第二外国语大学、北京旅游学会、中国社会科学院共同主办第二届"北京旅游论坛"，邀请国内多位顶级的旅游研究专家学者，围绕"城市旅游·乡村旅游"这一主题展开广泛深入的交流。

8月，杭州市政府与清华大学建筑学院共建的林徽因纪念碑在杭州花港公园落成。纪念碑由建筑学院王丽方设计，荣获2008年全国优秀城市雕塑评审优秀奖。同月，朱育帆主持设计的北京香山81号院住区景观设计建成，此后获得ASLA 住区类荣誉奖（2008），这是国内项目首次获此殊荣。杨锐等人主持完成黄山风景名胜区总体规划。尹稚、郑光中等人参与完成西藏自治区旅游发展总体规划（2005-2020）。12月，贾珺主持国家自然科学基金委员会项目"北京私家园林历史源流、造园意匠及现代城市建设背景下的保护对策研究"，项目于2009年12月结题。刘海龙主持国家自然科学基金委课题"中国自然文化遗产地整合保护的空间网络理论方法研究"，项目于2009年12月结题。

1月，周维权出版专著《园林·风景·建筑》（百花文艺出版社）；8月，陈志华出版专著《中国造园艺术在欧洲的影响》（山东画报出版社）。

主要论文：
吴良镛在《中国园林》发表《借"名画"之余晖 点江山之异彩——济南"鹊华历史文化公园"刍议》；庄优波、杨锐在《中国园林》发表《黄山风景名胜区分区规划研究》。

■ 劳瑞·欧林画稿：2006年吴良镛与秦佑国（劳瑞·欧林提供）

■ 劳瑞·欧林画稿：清华校园里的自行车（劳瑞·欧林提供）

■ 2006年8月，陈志华著《中国造园艺术在欧洲的影响》由山东画报出版社出版

该书是陈志华先生在"文革"期间起意酝酿并于1978年写就的，是建筑史研究中第一部关于园林艺术中西交流方面的著作，1989年收入作者《外国造园艺术》一书由台湾明文书局出版，2006年首次将其独立出版。

■ 2006年1月，周维权著《园林·风景·建筑》由百花文艺出版社出版

"园林、风景、建筑虽专业所属不同，一些重要的原则却是一以贯之，尤其是在中国传统的园林文化、山水文化和建筑文化。它们作为古典文化大系统中的三个子系统，其间的关系至为密切。笔者之所以如此结集也寓有凸显此特点之意。"

——周维权《园林·风景·建筑》

■ 劳瑞·欧林(左一)、杨锐（右三）指导景观设计课程（景观学系提供）　　■ 罗纳德·亨德森（右一)指导景观设计课程（景观学系提供）

■ 周口店生态—植物—地质综合大实习合影（二排左四至左九：刘海龙、邬东璠、包志毅、北京师范大学土壤学家张科利、党安荣、中国地质大学岩石学方面博士；景观学系提供）

■ Stephen F. McCool讲座海报（景观学系提供）

■ 大卫·杰勒德·西蒙斯讲座海报（景观学系提供）

■ 2006年8月，由建筑学院王丽方设计、杭州市政府与清华大学建筑学院共建的林徽因纪念碑在杭州花港公园落成（清华大学建筑学院资料室提供）

■ 香山81号院建成实景（朱育帆提供）

■ 香山81号院（半山枫林二期）外环境设计 建成实景（朱育帆提供）
（设计人员：朱育帆、石可、曹然、王丹、刘静、郭湧、张杨等）
设计中以北京山区村落朴质粗犷的景观风格为蓝本，采用了京郊山区自产的深灰色毛石依山砌筑系列化的景观挡墙，并以现代的空间设计手法塑造住区特有的强烈的整体性景观风格，设计风格和建筑环境共存共融，同时又承载了中国山居的传统精神和地方精神。

■ 朱育帆主持设计的北京香山81号院住区景观设计项目，荣获美国景观师协会（ASLA）颁发的"2008年度住区类荣誉奖"（Honor Award）（朱育帆提供）

■ 黄山风景名胜区总体规划游览区分布图（景观学系提供）
（项目主持人：尹稚；项目负责人：杨锐；设计人员：庄优波、袁南果、崔宝义、罗婷婷、王萌、刘晓冬、王彬汕、杜鹏飞、林瑾、龚道孝、祁黄雄）
本次规划针对黄山风景名胜区自身特点，以及传统风景名胜区规划技术方法存在的问题，进行了多方面的规划内容和方法的探索和尝试，包括：目标体系、分区管理、游客体验管理、时空分布模型、高峰日指定旅游产品与销售、监测体系以及社区协调等。

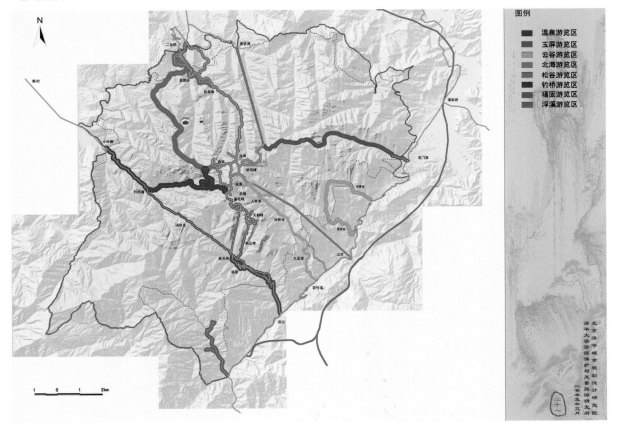

■ 毕业设计中期汇报合影（赵智聪提供）

■ 包志毅、党安荣、刘海龙、邬东璠带领景观学系学生北京植物园实习合影（景观学系提供）

大事记

■ 清华大学—香港大学联合设计课程——CBD中心区景观设计评图（景观学系提供）

■ 清华大学—香港大学联合设计课程工作中（景观学系提供）

LA Friday讲座海报（景观学系提供）

■ 清华大学—香港大学联合设计课程合影（景观学系提供）

■ LA Friday讲座（景观学系提供）

■ 第二届北京旅游论坛参会人员合影（景观学系提供）

2007

2007年10月，建筑学院景观学系正式聘任美国罗德岛罗杰·威廉斯大学的罗纳德·亨德森担任景观学系副教授，承担景观技术等课程的授课工作。

2007年，美国弗吉尼亚州大学理工学院院长Jack Davis、美国弗吉尼亚理工及州立大学建筑与城市规划学院副院长Patrick A. Miller、著名景观设计师彼得·拉茨（Peter Latz）来访，并做学术演讲。

4月26日，清华大学建筑学院景观学系主办中国风景园林主编沙龙，沙龙围绕"风景园林与传统文化"主题展开。

5月13日，著名风景园林学家、建筑学家、中国风景园林学科的先驱者之一、北京市人民政府顾问、建设部风景园林专家委员会委员、中国风景园林学会常务理事、清华大学教授周维权先生，因病于北京逝世，享年80岁。吴良镛、陈有民、王秉洛、孙凤岐、杨锐分别在《风景园林》杂志发表悼念文章。次年1月15日，清华大学建筑学院召开"周维权先生追思会"[1]。会议由建筑学院院长朱文一主持。参加会议的有建筑学院院士吴良镛、关肇邺、李道增及离退休教授二十余人，还有景观园林方面的知名专家、院士周干峙，中国风景园林学会理事长陈晓丽等。

1月，杨锐主持完成北京市风景名胜区体系规划，2011年7月完成修编。3月，杨锐、邬东璠主持天坛总体规划，2009年8月，获得北京市公园管理中心审批通过。4月，建筑学院张杰主持济南大明湖风景名胜区整治改造规划设计，此项目获得第一届中国风景园林学会优秀风景园林规划设计奖一等奖（2011年）。5月，朱育帆主持完成北京CBD现代艺术中心公园景观设计，此后获得BALI英国国家景观奖（2009年）。9月~11月，杨锐、刘海龙、邬东璠主持完成龙门山国际山地旅游大区策划。劳瑞·欧林、胡洁分别获得由北京市人民政府颁发的2007年度外国专家"长城友谊奖"。阙镇清的毕业设计作品"从排污沟渠到绿色廊道：清河肖家河段滨河景观改造"（指导教师：杨锐）荣获2007年度美国景观建筑师协会（ASLA）举办的大学生竞赛综合设计类荣誉奖。

建筑学院贾珺主持的国家自然科学基金项目"北京私家园林历史源流、造园意匠及现代城市建设背景下的保护对策研究"启动。为纪念圆明园建成三百周年，郭黛姮出版著作《乾隆御品圆明园》（浙江古籍出版社）。

主要论文：
孙凤岐在《城市建设》发表《我国城市住区景观与环境建设问题探讨》；庄优波、杨锐在《中国园林》发表《风景名胜区总体规划环境影响评价程序与指标体系》；朱育帆在《中国园林》发表《关于北宋皇家苑囿艮岳研究中若干问题的探讨》、《文化传承与"三置论"——尊重传统面向未来的风景园林设计方法论》）；杨锐、庄优波、党安荣在《中国园林》发表《梅里雪山风景名胜区总体规划技术方法研究》；邬东璠在《中国园林》发表《水城明尼阿波利斯的公园体系》、《展屏全是画——论中国古典园林之"景"》。

■ 朱育帆主持设计的北京CBD 现代艺术中心公园景观设计获英国景观行会（BALI）2009 年度英国国家景观奖（国际类）（朱育帆提供）

■ 北京CBD 现代艺术中心公园景观建成实景（朱育帆提供）
（设计人员：朱育帆、刘静、全龙、王丹、姚玉君、石可、郭湧、汪丹青、禹忠云、高正敏、潘克宁、曹然、齐羚）
由于公园本体被机动车道切割，设计者提出架设一个8米高, 直径达80米的圆形绿色过街平台作为公园核心空间，它使得南北公园摆脱了简单意义的连接，塑造了真正的可供集散的核心空间，中心公园成为一处山地园林。

■ 济南大明湖风景名胜区整治改造规划设计建成实景(设计成员:张杰、霍晓卫、姜滢、徐碧颖、卢刘颖等,张杰提供)
设计通过把济南三大名胜之一的大明湖从"园中湖"还原成为"城中湖",使湖面水体与护城河相连通,把大明湖原有岸线作为历史遗存完整的保留下来。在注重保护有形的历史要素之外,同时注重对非物质文化遗产的保护和发掘,对原有文化场所进行恢复。

■ 张杰主持设计的大明湖风景名胜区扩建改造工程设计项目荣获2011年度第一届中国风景园林学会优秀风景园林规划设计奖一等奖(张杰提供)

■ 景观系师生与弗雷德里克·斯坦纳合影（第一排左起：杨锐、弗雷德里克·斯坦纳、罗纳德·亨德森；第二排左二：庄优波；第二排左四：邬东璠；第二排右一：刘海龙；刘海龙提供）

■ 景观规划课程终期评图（张振威提供）

■ 硕士学位论文答辩（景观学系提供）

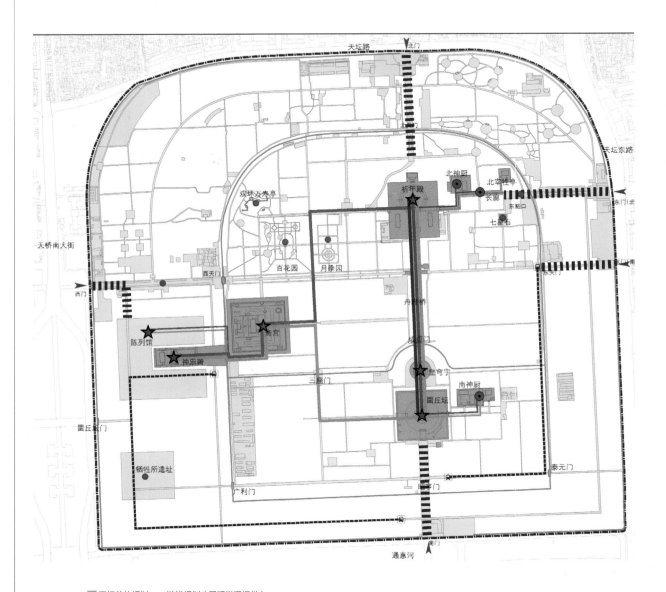

■ 天坛总体规划——游线规划（景观学系提供）

（设计人员：杨锐、邬东璠、庄优波、刘海龙、赵智聪、胡一可、贾丽奇、张振威、刘雯、史舒琳、郭湧、王应临、戚征东、张元龄）

作为世界文化遗产的天坛，同时担负着每年上千万人次的市民休闲健身功能，同时由于历史原因，天坛的外坛近三分之一的坛城面积被占用。为了更好地统筹遗产旅游与市民游憩，完善遗产保护与管理，推进"完善天坛"进程，特制订了该规划。

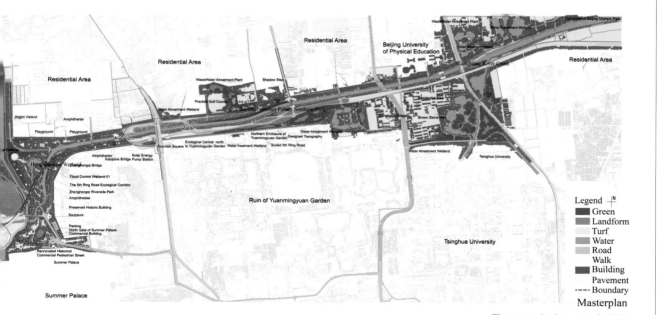

The master plan is composed of three parts: Hongshankou Wetland Park on the west, the Old Summer Palace Northern Park in the middle and the eastern WanQuane River Cross storm water retention area. They form an integral riparian corridor.

■ "从排污沟渠到绿色廊道：清河肖家河段滨河景观改造"（设计者：阙镇清，景观学系提供）

■ 阙镇清荣获2007年度美国景观建筑师协会（ASLA）举办的大学生竞赛综合设计类荣誉奖（景观学系提供）

■ 2005级硕士毕业聚会（第一排左起：党安荣、杨锐、朱育帆、邬东璠；第二排左起：赵志聪、史舒琳、刘雯、马琦伟、郭湧、李文玺、范超、庄优波；景观学系提供）

■ 龙门山国际山地旅游大区策划——功能分区图（景观学系提供）
（设计人员：杨锐、刘海龙、邬东璠、邓冰、杨明、薛飞、吕琦、阎克愚）
该项将旅游策划与空间规划相结合，对约4000平方公里的区域旅游发展进行了多层次、全方位策划，在交通、管理、分区等方面提出了新模式，在成都市组织的国际投标中中标。

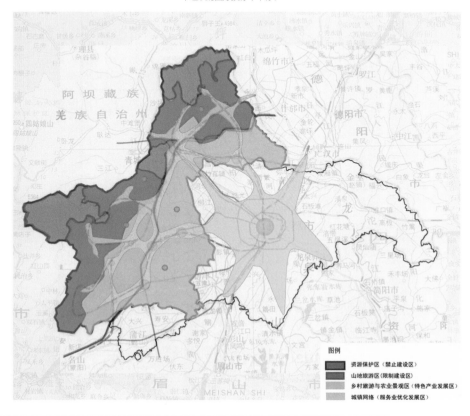

■ 院党委书记边兰春（右三）、胡洁（右一）、朱育帆（右二）参加2006年秋季景观设计课程终期汇报（景观学系提供）

■ 景观设计课程终期汇报合影（景观学系提供）

■ 日本千叶大学来访景观学系（左起：高垣美智子、菊池真夫、章俊华、杨锐、犬伏和之；景观学系提供）

八、明清皇家园林的成就及其在北京城市结构中所起的作用

明、清两代是北京皇家园林的历史上是一个既有阶段性而又不间断的持续发展的过程。明代开始兴建宫苑，继承汉唐宋金的传统。清初的顺、康、雍三朝陆续有新的兴创，到乾、嘉时期而臻于极盛，成为中国封建社会后期园林发展史上与江南私家园林南北争峙的一个高峰。可以说，鼎盛时期的皇家园林代表着明清皇家造园艺术的最高成就，也集中地反映了明清皇家园林的主要特点。这些成就和特点在前面各章节向具体介绍个别园林的文字中已有论及，这里拟再把它们概括为四个方面，略加简述。

第一，总体规划有所创新

历来皇家造园都要讲究皇家气派，规模宏大乃是皇家气派的突出表现之一，所以乾隆时期的皇家造园艺术的精华集中于在宏丽大型的人工山水园和天然山水园，开创了大型园林的"集锦式"布局，发展了"园林化风景名胜区"的总体规划方式。

大型人工山水园的横向应展向极大，平地起造又限于当时的技术条件又不可能具有纵向的较大起伏变化的地貌。为了避免出现园景过分空旷散漫，山水的比例失调、尺度失真的情况，园林的总体规划除了创设一个或若干个以大水面为中心的开朗的大景区之外，充分吸取江南私家园林的经验，采取化整为零，集零成整的方式，划分为许多小的景致较幽闭的景区。每个小景区由一个局部水空间结合于一组建筑群和花木配置而自成一个相对独立的单元，它们各具不同的景观特色，不同的建筑形象，在使用功能上也不尽相同。它们既是大园林的有机组成部分，又相对独立而自成一格局，其中的大多数均是完整的小园林的格局，这就形成了大园含小园、园中又有园的"集锦式"的规划布局。在离宫御苑如承德避暑山庄、圆明园即是此种规划布局的典型例子。

清王朝以关外的满族入主中原，前期的统治者具有很高的汉文化素养，因保持着祖先的

■ 周维权手稿 《明清皇家园林的成就及其在北京城市结构中所起的作用》

驰骋山野的骑射传统，对大自然山川林木多有一番浓厚的感情。这种感情必然会影响他的对园林的看法。弘历认为造园的最高境界应该是："虽高平远近之差，开自然峰峦之势。像松为商，刻筠庄湘龙；刻木为亭，刻石烟出岫。皆非人力之所能，借芬芳为之助"（注八十三），弘历也就是基于美的认识。对于造园艺术既然抱着这样的见解，皇家又能够利用其政治上的特权和经济上的优势把大片天然山水风景据为己有，就大可不必像私家造园那样，浓缩天然山水于咫尺之地，仅作象征性而为实感的摹拟了。所以，弘历主持新建、扩建的皇家诸园中，大型天然山水园不仅数量多，而且更下功夫，更讲经营。力求把中国传统的历史悠久的风景名胜区的那种以自然景观之美而兼具人文景观之胜的意趣再现到皇家园林中来（这里指园林）。选派的选址、形象、布局、造境的安排、建筑的配置等均仿此，借鉴于风景名胜区。所不同的，前者通过统一的规划而后自发形成，用地、营造所创造的景观主于作者。

■ 周维权先生（1927—2007）
（景观学系提供）

■周维权先生追思会(景观学系提供)

■周维权先生追思会合影(景观学系提供)

■ 罗纳德·亨德森及胡洁在室外讲授景观工程学课程（景观学系提供）

■ 美国蒙卡拿大学斯蒂芬·麦克库来访（景观学系提供）

■ 高阁特·西勒、布鲁斯·弗格森讲座海报（景观学系提供）

■ 王绍增（右五）、杨锐（右六）、王向荣（右四）、金荷仙（右三）参加在清华大学建筑学院组织的中国风景园林主编沙龙（景观学系提供）

■ 景观设计师彼得·拉茨（左三）来访

■ 劳瑞·欧林获北京市外国专家"长城友谊奖"(景观学系提供)

■ 2007年11月,郭黛姮著《乾隆御品圆明园》由浙江古籍出版社出版
本书是在清华大学建筑学院"圆明园研究"课题组多年研究成果的基础上完成的。本书所采用的圆明园复原图,也是由课题组的成员辅导本科生和研究生来完成的。

■ 北京市市长郭金龙(右)向胡洁(左)颁发"长城友谊奖"(胡洁提供)

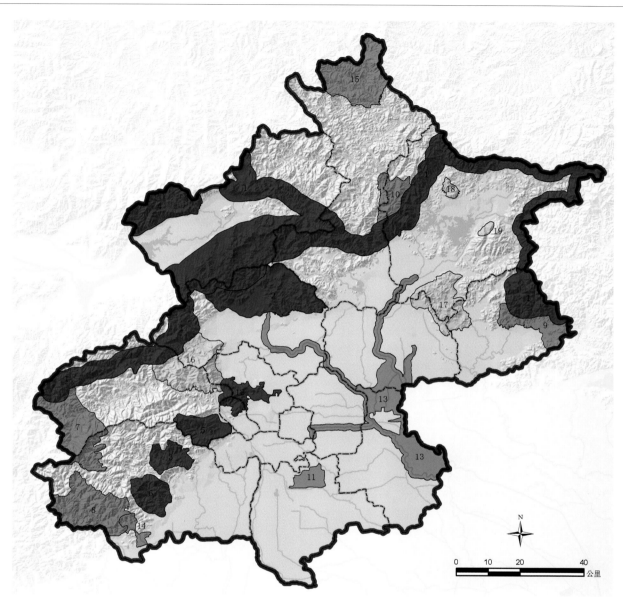

■ 北京市风景名胜区体系规划——体系规划图（规划人员：杨锐、党安荣、李炜民、李晓素、祁黄雄、刘海龙、庄优波、杨海明、武磊、袁南果、赵智聪等；修编人员：杨锐、庄优波、林广思、赵智聪、彭琳；景观学系提供）

北京市首次开展的风景名胜区体系规划研究，也是全国省一直辖市一级最早的几个风景名胜区体系规划研究之一，具有原创性和示范性。在指导北京市风景名胜区发展定位、发展方向以及各风景名胜区制定总体规划方面，起到了重要作用。

2008

2008年2月14日至29日，杨锐访问日本千叶大学，商讨有关合作与交流事宜。5月12日，四川汶川发生8.0级强震，杨锐赴四川地震灾区抗震救灾。景观学系分别与香港大学、美国德克萨斯大学奥斯汀分校举办联合设计课程（Joint Studio），设计主题分别为中关村西区楔形绿地的景观改造、口袋公园。7月清华大学建筑学院部分本科三年级学生对华山风景名胜区的重要寺观及其周边环境进行了测绘。

12月起，杨锐任清华大学景观学系第二任系主任，朱育帆任副系主任。同年，杨锐出任中国风景园林学会常务理事、副秘书长。

清华大学在国家发展与改革委员会、国家文物局、住房和城乡建设部、教育部的支持下，依托建筑学院成立"国家遗产研究中心"，致力于文化和自然遗产的保护，整合相关资源，搭建一个文化、自然遗产保护的教学、研究、实践的平台。吕舟任主任，杨锐、张杰任副主任。

2008年，北京奥林匹克森林公园建成，胡洁、朱育帆为主要设计者，并先后获得意大利托萨罗伦佐国际风景园林奖城市绿色空间类奖项一等奖（2007）、IFLA亚太地区风景园林规划类主席奖(2009)、ASLA综合设计类荣誉奖、中国风景园林协会首届优秀规划设计奖一等奖（2011）。此前，于2003年11月，由北京清华城市规划设计研究院与美国SASAKI事务所合作的方案在北京奥林匹克森林公园及中心区景观规划设计国际竞赛中获胜。杨锐主持开展华山申报自然文化遗产的文本编制和提名地保护管理规划前期研究工作。清华大学建筑学院景观学系与国家旅游局合作，于2008年11月编制完成《旅游度假区等级划分》（国家标准），该标准于2011年1月14日发布，2011年6月1日实施；继而撰写《旅游度假区等级划分实施细则》《旅游度假区等级划分管理办法》及《旅游度假区发展现状与前景》，杨锐、邬东璠作为主要起草人参与了该项目。3月，杨锐主持福建省林业科技试验中心课题"城郊生态公益林中的复层景观林构建技术研究"，该项目于2010年12月结题。4月~11月，杨锐、刘海龙主持完成成都市龙门山旅游区总体规划。同年，胡洁主持设计完成铁岭市凡河新区莲花湖国家湿地公园核心区风景园林设计，此项目分别荣获意大利托萨罗伦佐国际园林奖地域改造景观设计类二等奖（2009年）、IFLA亚太地区风景园林设计类主席奖（2011年），ASLA分析与规划类荣誉奖（2012年）。2008年1月，受山西省建设厅和五台山风景名胜区人们政府委托，景观学系师生在杨锐、邬东璠、庄优波的带领下完成五台山风景名胜区申报世界遗产文本编制，配合制定了提名地保护管理规划，并成功提交联合国教科文组织世界遗产中心；该项工作持续至2008年1月；五台山于2009年8月在第33届世界遗产大会上以文化景观成功列入世界遗产名录。

3月，杨锐获得清华大学"良师益友"称号。

11月，《中国古典园林史》（第三版）由清华大学出版社出版。

主要论文：

杨锐、庄优波在黄山举行的Proceedings of International Conference on Sustainable Tourism Management at World Heritage Sites上发表From Mt. Tai To Mt. Huang: Case Studies of GMPs for Chinese WHs；杨锐、庄优波、罗婷婷在达沃斯举行的Proceedings of the International Expert Meeting on World Heritage and Buffer Zones上发表Buffer Zone and Community Issues of Mount Huangshan World Heritage Site, China；胡洁、吴宜夏、吕璐珊、张艳、李薇、刘辉在《建设科技》发表《奥林匹克森林公园生态水科技》；胡洁、吴宜夏、吕璐珊、刘辉在《建筑学报》发表《奥林匹克森林公园景观规划设计》；邬东璠、陈阳在《中国园林》发表《诗意栖居：中国古典园林的精神内涵》；邬东璠、杨锐在《中国园林》发表《长城保护与利用中的问题和对策研究》；刘海龙在《区域与城市规划研究》发表《评<景观都市主义文集>》。

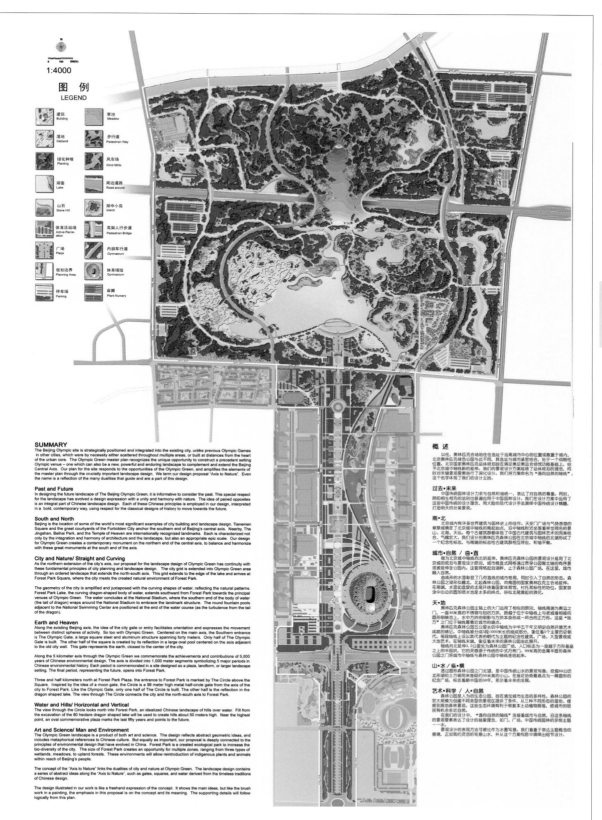

北京奥林匹克森林公园规划设计 北京清华城市规划设计研究院与美国SASAKI事务所合作竞赛方案（胡洁提供）

■ 奥林匹克森林公园 —— 建成实景（胡洁提供）

（项目人员：胡洁、吴宜夏、吕璐珊、朱育帆、姚玉君、韩毅、张洁、张艳、刘海伦、高政敏、苏兴兰、孙宵茗、郭峥、朱慧、赵婷婷、赵春秋、赵兴）

奥林匹克森林公园在贯穿北京南北的中轴线北端，位于奥林匹克公园的北区，是目前北京市规划建设中最大的城市公园，让这条城市轴线得以延续，并使它完美地融入自然山水之中。这里被称为第29届奥运会的"后花园"，赛后则成为北京市民的自然景观游览区。

■ 奥林匹克森林公园荣获美国景观设计师协会（ASLA）综合设计类荣誉奖（胡洁提供）

■ 北京奥林匹克森林公园规划设计项目荣获2011年度第一届中国风景园林学会优秀风景园林规划设计奖一等奖（胡洁提供）

■ 胡洁（右）领取国际风景园林师联合会亚太地区风景园林设计类总统奖（一等奖）（胡洁提供）

■ 胡洁（左二）主持设计的北京奥林匹克森林公园规划设计项目，获意大利托萨洛伦佐国际风景园林奖城市绿色空间类奖项一等奖（胡洁提供）

■ 胡洁担任2008年北京奥运会火炬手（胡洁提供）

■ 杨锐荣获清华大学"良师益友"称号（景观学系提供）

第十届 清华大学良师益友评选
Tsinghua University Liangshi Yiyou Award 2007
详情请登陆博学网：http://daf.tsinghua.edu.cn

杨老师总能让我们对这个学科充满激情和信心，坚定地走下去

杨老师对规划的坚定信念，使我不敢懈怠，而心里却又很踏实

建筑学院：杨 锐

职务：
清华大学建筑学院景观学系常务副主任
资源保护和风景旅游研究所所长
建筑学院学位委员会委员、学术委员会委员
中国城市规划学会风景园林与环境规划设计学术委员会委员、
建设部风景园林专家组成员、
国家林业局森林资源评价委员会委员.
《中国园林》副主编，
《中国旅游研究（香港）》编委。

学术领域：
风景名胜区规划理论与实践；
国家公园和保护区理论与实践；
自然文化遗产的保护与管理。

很多时候，我们认为杨老师在不经意间指明了研究工作的方向，但那"不经意间"的一说，倾注了杨老师多少心血！

指导学生获奖：
　　2005年第五届东亚保护区大会（香港），指导博士研究生荣获"优秀青年科学家奖"；
　　2005年清华大学博士生学术论坛（建筑学院），指导博士研究生荣获"优秀论文奖"；
　　2007年度美国景观建筑师协会（ASLA）举办的国际大学生竞赛，指导硕士研究生荣获综合设计类荣誉奖第一名；
　　2007年7月，指导硕士研究生荣获清华大学"校级优秀毕业生"奖；
　　2007年7月，指导博士研究生荣获清华大学建筑学院"学术新秀"奖。

主办单位：校研究生会
协办单位：各院系研究生会

■ 杨锐（左二）指导清华大学—美国德克萨斯大学奥斯汀分校联合设计课程——口袋公园（景观学系提供）

■ 清华大学—香港大学联合设计课程——中关村西区楔形绿地景观改造终期汇报（景观学系提供）

■ 2008届毕业生合影（左起：张振威、张杨、冯纡苊、张思元、周旭灿、吕琪；张振威提供）

■ 清华大学—香港大学联合设计课程合影（景观学系提供）

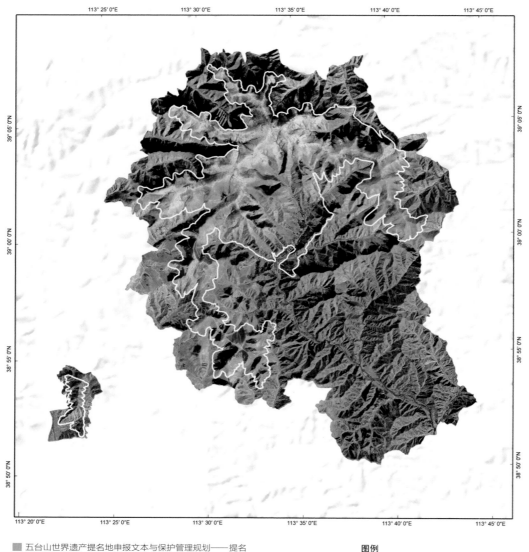

■ 五台山世界遗产提名地申报文本与保护管理规划——提名地及其缓冲区卫星影像图（景观学系提供）

图例
- 提名地边界
- 亚高山草甸
- 常绿针叶林
- 针阔混交林
- 落叶阔叶林
- 灌木草地
- 耕地
- 荒地
- 建设用地
- 道路
- 河流

■ 五台山世界遗产提名地申报文本封面（景观学系提供）
（项目成员：杨锐、党安荣、李江海（北京大学）、邬东璠、庄优波、乔云飞（山西省古建院）、江权、杨春惠、武磊、杨海明、翟林、袁南果 等）
项目开始于2004年10月，受山西省建设厅和五台山风景名胜区人民政府委托。根据世界遗产中心2005年《实施世界遗产公约操作指南》，申报文本编制组编制了申报正文，并配合制定了提名地的保护与管理规划。其申报正文是整套文本的核心部分。2009年8月，第33届世界遗产大会正式通过将五台山以文化景观列入世界遗产名录。

■ 胡洁主持设计的莲花湖国家湿地公园荣获国际风景园林师联合会亚太地区风景园林设计类主席奖（胡洁提供）

■ 铁岭市凡河新区莲花湖国家湿地公园核心区——建成实景（项目人员：胡洁、吕璐珊、韩毅、佟庆远等，胡洁提供）
引水入城，济连（莲花湖）成河（天水河），构架活力中轴线。在新城形成特色湖景，鸥鹭群集，与老城的山水景观交相呼应。围湖堆山，丰富城市空间，圆龙凤如意之梦。莲花湖南侧堆土成山，由于老城有龙首山，于是命名这座土山为凤冠山，暗喻阴阳和合之意。

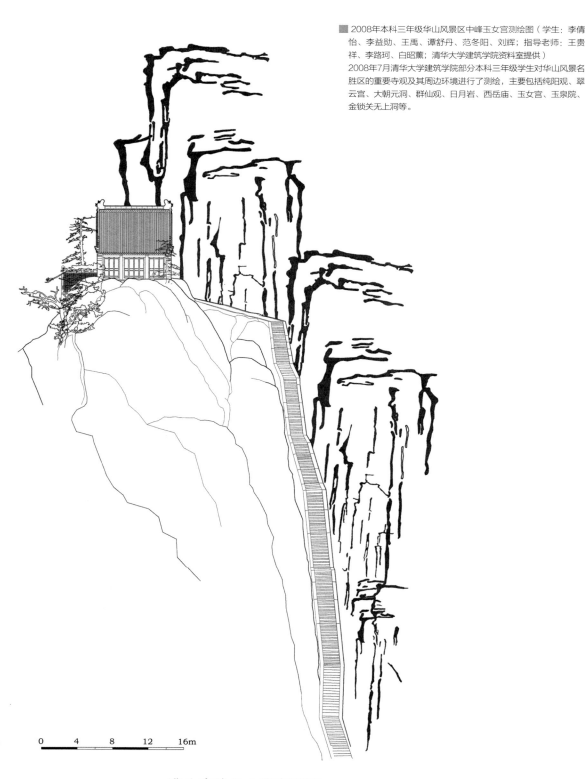

■ 2008年本科三年级华山风景区中峰玉女宫测绘图（学生：李倩怡、李益勋、王禹、谭舒丹、范冬阳、刘辉；指导老师：王贵祥、李路珂、白昭薰；清华大学建筑学院资料室提供）
2008年7月清华大学建筑学院部分本科三年级学生对华山风景名胜区的重要寺观及其周边环境进行了测绘，主要包括纯阳观、翠云宫、大朝元洞、群仙观、日月岩、西岳庙、玉女宫、玉泉院、金锁关无上洞等。

华山中峰玉女宫南立面

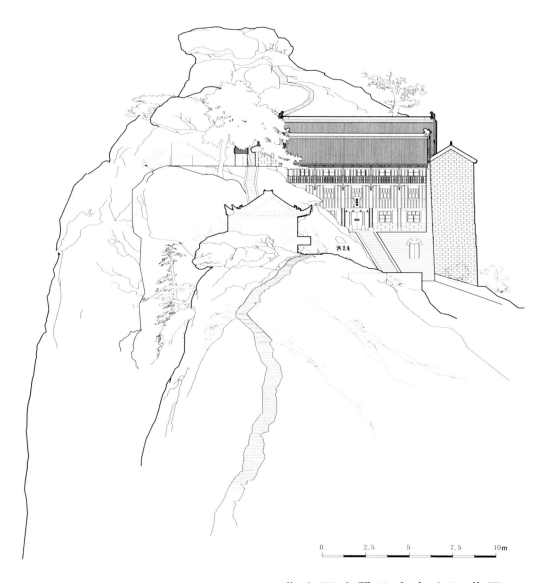

华山西峰翠云宫南立面总图

■ 2008年本科三年级华山风景区西峰翠云宫测绘图（学生：李倩怡、李益勋、王禹、谭舒丹、范冬阳、刘辉；指导老师：王贵祥、李路珂、白昭薰；清华大学建筑学院资料室提供）

■ 2008年11月,《中国古典园林史》(第三版)由清华大学出版社出版

■ 2008年4月,华山申报世界遗产的文本编制和提名地保护管理规划前期研究工作调研合影
(左起:杨锐、赵智聪、程冠华、尹希达、张思元、吕琪、胡一可、庄优波、邬东璠;景观学系提供)

■ 龙门山旅游大区总体规划——遗产整合保护规划（景观学系提供）
（项目人员：杨锐、刘海龙、邓冰、杨明、邬东璠、陈英瑾、王劲韬、王川、薛飞、潘运伟、阎克愚、牛牧菁等）

延续策划的发展定位和发展思路，从空间结构、分区与管理政策、交通系统、示范项目、近期建设等方面深化，并结合了灾后重建、生态修复等内容，完善和新增分类引导规划、基础设施规划实现向总体规划的转变，发挥总体规划在控制和引导方面的作用，落实具体实施内容。

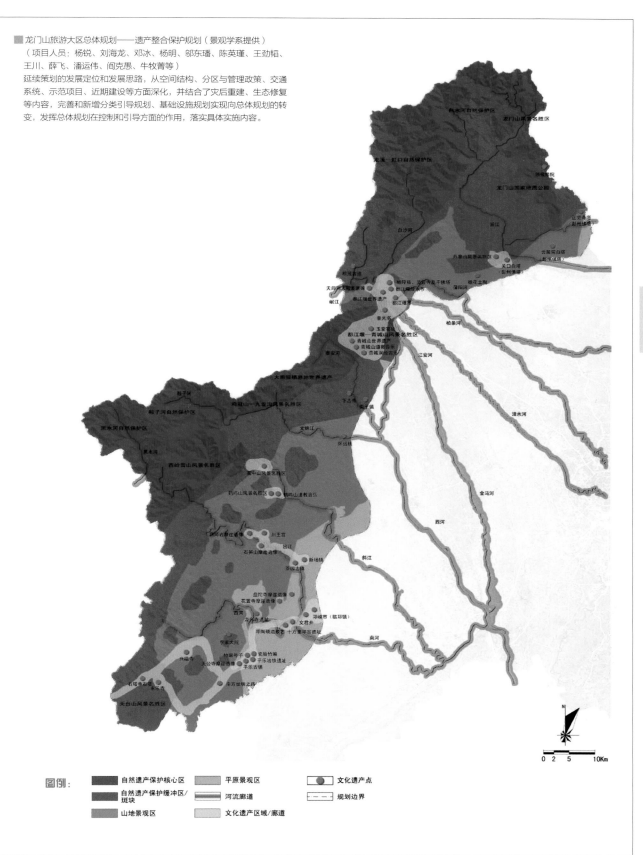

2009

2009年9月12日至13日，中国风景园林学会2009年会在北京清华大学隆重召开，会议主题为"融合与生长"。清华大学—日本千叶大学双学位项目启动，清华大学和千叶大学互派研究生学习一年，并获得双方学位。著名景观设计师彼得·沃克（Peter Walker）、Martha Schwartz、Colin Franklin、哈佛大学设计学院景观学系主任Charles Waldheim来访，并做学术演讲。聘任原中国农业大学园艺与园林系主任李树华为清华大学建筑学院景观学系教授。

6月，朱育帆主持设计完成"青海原子城国家级爱国主义教育基地"项目，次年荣获BALI英国国家景观奖（2010年），之后获得第一届中国风景园林学会优秀风景园林规划设计奖一等奖（2011年）。由郭黛姮主持，清华大学建筑学院与清华城市规划设计研究院合作开展的"数字圆明园"项目启动，主要内容包括建立数字圆明园基础史料数据库、数字化整合圆明园史料并进行全景三维构建、建成公众分享和参与的虚拟圆明园。同年，罗纳德·亨德森完成设计项目瀛洲中央公园，并于11月荣获ASLA罗得岛荣誉奖（2009年）。胡洁主持北京故宫乾隆花园园林勘测、图库建设及数字化模拟仿真研究。

1月，由北京清华规划设计研究院主编的《五环绿苑——奥林匹克公园》、《诗意漫城——景观规划设计》由中国建筑工业出版社出版，胡洁任编委会副主任及主编。4月，郑光中出版画集《郑光中建筑速写》（清华大学出版社）。5月，建筑学院出版《中国古代建筑知识普及与传承系列丛书》（清华大学出版社），包括王贵祥的专著《北京天坛》，贾珺的专著《北京颐和园》。8月，郭黛姮出版专著《远逝的辉煌：圆明园建筑园林研究与保护》（上海科技出版社）。12月，贾珺出版专著《北京私家园林志》（清华大学出版社），并于2010年获得第三届"中国建筑图书奖——最佳建筑史学图书"。

■ **主要论文：**
杨锐、赵智聪、庄优波在《中国园林》发表《关于"世界混合遗产"概念的若干研究》；杨锐在《中国园林》发表《完善中国混合遗产预备清单的国家战略研究》；庄优波在《中国风景园林学会2009年会论文集》发表《美国国家公园界外管理研究及借鉴》；庄优波在"美国农业部森林管理局2009保护区管理研讨会"发表《中国世界遗产地的旅游管理：以黄山为例》；刘海龙在《中国园林》发表《对构建中国自然文化遗产地整合保护网络的思考》。

■ 2009年8月，郭黛姮主编的《远逝的辉煌——圆明园建筑园林研究与保护》由上海科技出版社出版
该书内容源自中国建筑史领域知名学者、清华大学建筑学院郭黛姮教授带领的课题组所做的关于圆明园建筑、山形、水系特色及变迁史的研究，并结合圆明园的保护问题，探讨了历史园林保护的理念，是圆明园研究领域既有理论价值、又具实践意义的学术专著。

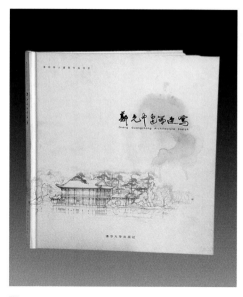

■ 2009年4月,郑光中画集《郑光中建筑速写》由清华大学出版社出版,其中收录了大量早期在黄山等地的速写画作

■ 莲花峰顶(黄山)《郑光中建筑速写》

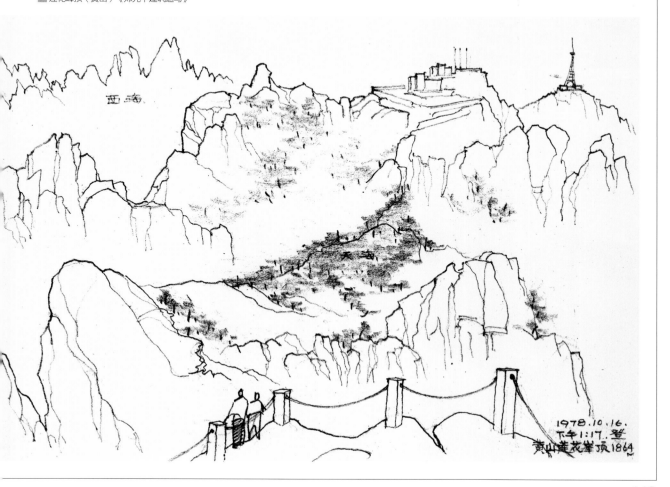

■ 2009年灵山实习合影（马珂提供）

■ 景观设计课程评图（左起：邬东璠、胡洁、杨锐、张明；景观学系提供）

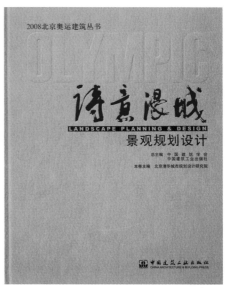

■ 2009年1月,由北京清华规划设计研究院主编的《五环绿苑——奥林匹克公园》、《诗意漫城——景观规划设计》作为"2008北京奥运建筑丛书"由中国建筑工业出版社出版,胡洁任编委会副主任及主编

■ 清华大学—香港大学联合设计课程合影(赵茜提供)

■ 罗纳德·亨德森带领学生进行景观技术课程户外实习（王鹏提供）

■ 哈佛大学设计学院景观设计学系主任Charles Waldheim来访，并做专题讲座（景观学系提供）

■ 朱育帆主持设计的"青海原子城国家级爱国主义教育基地"项目荣获2010年度国际类英国国家景观奖（朱育帆提供）

■ 青海省原子城国家级爱国主义教育示范基地景观设计项目荣获2011年度第一届中国风景园林学会优秀风景园林规划设计奖一等奖（朱育帆提供）

■ 青海原子城国家级爱国主义教育基地景观设计建成实景（项目人员：朱育帆、姚玉君、郭湧、杨展展、刘静、张振威、王丹、唐健人、李烁、孙宇、王培波（清华大学美术学院）、杜宏宇（清华大学美术学院）、李富军（清华大学美术学院）；朱育帆提供）
纪念园通过设置一条曲折路径，重新将现状空间和设计空间进行梳理和编织，保护并有效利用基地中的具有强烈精神价值的青杨，试图把青杨林与讲述中国独立研制原子弹氢弹的叙事史诗的线性表达相结合并实现理想的无缝对接。

■ 弗雷德里克·斯坦纳来访景观学系并做专题演讲（景观学系提供）

■ 彼得·沃克来访景观学系并做专题演讲（景观学系提供）

■ 2009年12月，贾珺著《北京私家园林志》由清华大学出版社出版，该书于2010年荣获第三届中国建筑图书奖最佳建筑史学图书
本书是国家自然科学基金和清华大学基础研究基金项目的重要成果，通过大量的现场调研、测绘和文献考据，首次系统、深入地对北京私家园林进行全面的探讨，对于建筑史、园林史的研究有较高的学术价值，对北京的古城保护具有重要的参考意义。

■ 2009年5月，贾珺著《北京颐和园》由清华大学出版社出版
全书在大历史兴衰的语境之下，阐释了北京颐和园的前世今生，有着厚重的人文浓度，又不失恣意挥洒的表达。整本书犹如一场颐和园的时光之旅，皇家建造的故事，诗词歌赋下的赞叹，帝后的生活方式，甚至于每个局部景观的典故，亦是细致着墨，娓娓道来。

■ 2009年5月，王贵祥著《北京天坛》由清华大学出版社出版
本书是一部有关天坛的普及读物，著作以天坛建筑群为主体叙述结构，包括建筑的布局规划、建造的过程、空间意境的营造、神性的表达和象征意义，还有天坛的历史由来，以及朝代更替，所带来的天坛整体，乃至各个局部的变化。

中国风景园林学会
2009年会在清华召开

本次会议是自中国风景园林学会（CHSLA）1989年正式成为国家一级学会以来首次全体年会，由中国风景园林学会主办，清华大学建筑学院、北京市园林绿化局和北京市公园管理中心承办，北京清华城市规划设计研究院、《中国园林》杂志社和《风景园林》杂志社协办。来自全国各地400余名风景园林工作者出席了年会。共5位国内外著名学者作了主旨报告，68位学者、专家和博士生演讲。

年会通过了《中国风景园林北京宣言》。宣言提出，中国风景园林工作者的核心价值观是人与自然、精神与物质、科学与艺术的高度和谐，即现代语境中的"天人合一"。风景园林工作者的历史使命是，保护自然生态系统和自然与文化遗产，规划、设计、建设和管理室外人居环境。大会呼吁营造充满活力、健康、包容、有序的文化氛围，对风景园林事业发展中的重大问题展开充分、认真和建设性的讨论，以达成有利于中国风景园林事业发展的共识。中国科学院院士、中国工程院院士吴良镛在会上发表了以"园林学重组的讨论与专业教育的思考"为题的大会主旨报告；两院院士、中国风景园林学会名誉理事长周干峙在年会闭幕式上发表了以"风景园林事业的一些回顾和前瞻"为题的大会主旨报告；中国工程院院士、中国风景园林学会名誉理事长孟兆祯在年会闭幕式上发表了以"浅谈借景"为题的大会主旨报告。

■中国风景园林学会2009年会会徽（杨锐设计、胡一可篆刻）
中国风景园林根植于中华数千年之文化，故主题标识以甲骨文囿（图）为基础演化。"宀"（⌂）、"木"（ ）、"羊"（ ）、"土"（ ）分别是"宅"、"林"、"美"、"地"的偏旁部首，代表"建筑学"、"林学"、"艺术学"、"地学"对风景园林学的贡献。它们融合、生长于希望之"田"上。"田"也寓意"农学"对风景园林学的贡献。

■ 杨锐（左）邀请吴良镛（右）做主旨报告（景观学系提供）

■ 吴良镛发表主旨报告"园林学重组的讨论与专业教育的思考"（景观学系提供）

■ 中国风景园林学会2009年会开幕式（景观学系提供）

2010

2010年，井上刚宏、Johannes Matthiessen来访，并做学术演讲。10月29日-11月4日，景观学系26名硕士研究生与香港大学10名MLA在北京组织了为期一周的联合设计课程（Joint Studio），设计题目为"北京金融街外部空间概念设计"。12月24日，景观学系召开首届系友会，共庆元旦佳节。本次系友会是景观学系成立以来最大一次规模的师生聚会，共约80人参加。

4月18日钱学森科学思想研讨会——园林与山水城市在北京召开，此次会议由国际风景园林师联合会第47届世界大会组委会主办，中国风景园林学会、清华城市规划设计研究院承办。9月18日~19日，由北京清华城市规划设计研究院、清华大学建筑学院、圆明园管理处联合举办的"数字化视野下的圆明园（研究与保护）国际论坛"在清华大学建筑学院圆满召开。论坛上，发布了郭黛姮主持的"数字圆明园"项目的第一阶段成果——圆明园22个景区的数字化再现，同时，www.Re-relic.com网站正式开通。11月17日~18日，"设计研究"清华大学—柏林工业大学联合博士论坛在清华大学建筑学院王泽生厅成功召开。此次博士论坛是建筑学院对外合作交流历史上进行的首次博士层面的国际联合研讨活动。1月，庄优波主持国家自然科学基金委课题"风景名胜区缓冲区保护管理理论与实践研究"，项目于2012年12月结题。12月，杨锐、邬东璠主持完成国家"十一五"科技支撑项目"乡村生态旅游景观的三维实时仿真技术研究开发"，该项目于2012年获得华夏建设科学技术奖三等奖。

4月14日，青海玉树发生7.1级地震，朱育帆主持援建项目玉树新寨嘛呢石经城广场景观设计。1月，刘海龙参与完成福州江北城区水系整治与人居环境建设研究。5月，杨锐、庄优波主持完成北京市中山公园总体规划。胡洁主持设计完成唐山南湖生态城核心区综合规划设计，并先后获得IFLA亚太地区风景园林规划类杰出奖(2011年),BALI国家景观奖国际项目金奖(2011年),意大利托萨罗伦佐国际风景园林奖地域改造景观设计类一等奖(2011年)，欧洲建筑艺术中心绿色优秀设计奖（2012年）。朱育帆主持设计完成上海辰山植物园矿坑花园景观设计项目，荣获第二届中国建筑传媒奖最佳建筑奖提名（奖项空缺），之后获得BALI英国国家景观奖（国际类）（2011年），ASLA综合设计类荣誉奖（2012年）。8月29日~11月21日，朱育帆的装置作品"流水印"在2010第12届威尼斯建筑双年展的中国馆展出。11月，郑晓笛在印度召开的世界人类聚居学会年会首届国际论文竞赛（World Society for Ekistics (WSE) Essay Competition）上获得并列二等奖（一等奖空缺）。

3月，李树华编著的《防灾避险型城市绿地规划设计》由中国建筑工业出版社出版；4月，李树华主编的《园林种植设计学——理论篇》由中国农业出版社出版。9月，刘畅合著作品《乾隆遗珍：故宫博物院宁寿宫花园历史研究与文物保护规划（汉、英）》由清华大学出版社出版。12月，郭黛姮合著作品《圆明园的记忆遗产——样式房图档》由浙江古籍出版社出版；同月，《数字化视野下的圆明园——研究与保护国际论坛·论文集》出版中西书局出版。

■ **主要论文：**
吴良镛在《中国园林》发表《关于园林学重组与专业教育的思考》；李树华在《中国园林》发表《共生、循环——低碳经济社会背景下城市园林绿地建设的基本思路》；庄优波、杨锐在"国际风景园林师联合会亚洲太平洋区域文化景观委员会国际研讨会"发表Research on value identification and protection of Beijing Sheji Temple；庄优波在"住房和城乡建设部主办中国世界遗产保护管理研讨会"发表《亚太区世界遗产地第二轮定期报告培训内容简述》；朱育帆、孟凡玉在《园林》发表《矿坑花园》；刘海龙在《建筑学报》发表《当代多元生态观下的景观实践》；贾珺、朱育帆在《中国园林》发表《北京私家园林中的植物景观》。

郑晓笛论文 Two Sides of A Coin: Brownfields Redevelopment and Industrial Heritage Conservation – Saving the Relevant Past & Creating the Desired Future 在世界人类聚居学会年会首届国际论文竞赛（World Society for Ekistics (WSE) Essay Competition）上获得并列二等奖（一等奖空缺）（郑晓笛提供）

杨锐、邬东璠主持的"乡村生态旅游景观的三维实时仿真技术研究开发"2012年获华夏建设科学技术奖三等奖（邬东璠提供）

■ 景观规划课程评图（郑晓笛提供）

■ 五大连池景观规划设计课调研（赵茜提供）

■ 2010年3月，李树华编著的《防灾避险型城市绿地规划设计》由中国建筑工业出版社出版

该书理论与实践并重，从防灾避险绿地空间规划设计角度为城市人居环境安全提出建设性的思路和建议。该书于2012年获住房与城乡建设部颁发的"中国城市规划设计研究院CAUPD杯"华夏建设科学技术奖三等奖。

■ 2010年4月，李树华主编的《园林种植设计学——理论篇》由中国农业出版社出版

■ 胡洁（左六）领取唐山南湖项目所获得地第八届意大利托萨罗伦佐国际风景园林奖地域改造园林设计类一等奖（胡洁提供）

■ 胡洁主持设计的唐山南湖中央公园荣获英国景观行业协会（BALI）国际奖（胡洁提供）

■ 唐山南湖生态城核心区综合规划设计 —— 建成实景（项目人员：胡洁、安友丰等；胡洁提供）
针对南湖存在的地质问题，尝试利用遥感和地理信息系统技术全面审视区域内土地利用及土地覆盖变化情况，引入"掌状绿心"概念，以期通过对中央公园进行生态修复，建立区域生态安全格局，从而实现采煤沉降区再利用，并构筑起面向区域可持续发展的城市公共空间结构。

■ 福州江北城区水系整治与人居环境建设研究 —— 福州市江北区慢行系统服务范围（项目人员：林文棋、刘海龙、梁尚宇、余婷、杨冬冬、王志伟、莫珊等；刘海龙提供）
本研究在人居环境科学理论指导下，秉持历史、整体视野，以人为本，以水为纽带，试图恢复福州人水交融的人居环境特色。基于融贯综合研究方法，从宏观流域、中观子流域、微观滨河空间三个尺度展开研究与规划设计。

■ 2010年研究生论文答辩论文汇报（景观学系提供）

■ 2010年研究生论文答辩（景观学系提供）

■ 2010年9月,刘畅出版《乾隆遗珍:故宫博物院宁寿宫花园历史研究与文物保护规划》(清华大学出版社)
作者从解读清宫样式房图档与实地勘察入手,对乾隆花园园林与建筑设计进行了细致的剖析和深入的研究,在此基础上制定了乾隆花园文物保护规划,并列入了实施计划。本书是对古典皇家园林建筑的研究与保护规划进行的一次探索。

■ 2010年12月,《数字化视野下的圆明园——研究与保护国际论坛·论文集》由中西书局出版

■ 2010年12月,《圆明园的"记忆遗产"——样式房图档》由浙江古籍出版社出版(郭黛姮、贺艳合著)
按比例绘制的样式房图纸作为工程实施过程中的资料实录,记录下了大量文献缺载的营建信息,并已多次由考古挖掘证明具有很高的真实度,为我们了解圆明园的真实空间形象提供了准确依据。

■ 哈佛大学理查德·佛曼(Richard T.T Forman)来访,并做专题讲座(景观学系提供)

■ "设计研究"清华大学—柏林工业大学联合博士论坛合影（第一排左起：钟舸、朱育帆、Gesche Joost、高虹、朱文一、Jürgen Weidinger、杨锐、宋晔皓；第二排左起：梁尚宇、Lars Hopstock、Ron Henderson、Daniel Angulo Garcia、郭湧、孙天正、崔庆伟；景观学系提供）

论坛在针对两校共同关注的设计领域博士生开展科学研究的方法论问题进行了活跃、深入的交流和讨论，提出设计性研究（designerly research）是在设计学科中依靠设计能力和设计思维进行博士研究的重要方法论。德方的Jürgen WEIDINGER教授、Gesche Joost教授、中方的朱育帆、宋晔皓、Ron Henderson及双方博士研究生参加了本次论坛。

■ "设计研究"清华大学—柏林工业大学联合博士论坛师生交流（景观学系提供）

■ "设计研究"清华大学—柏林工业大学联合博士论坛朱育帆做主题报告（景观学系提供）

■ 朱育帆（左一）在玉树援建项目地段调研（朱育帆提供）

■ "流水印"现场照片（朱育帆提供）
2010年8月29日至11月21日，朱育帆的装置作品"流水印"在2010第12届威尼斯建筑双年展的中国馆展出

■ 景观学系首届系友会合影（景观学系提供）

■ 景观学系首届系友会活动场景（景观学系提供）　　■ 景观学系首届系友会活动场景（景观学系提供）

■ 朱育帆主持设计的上海辰山植物园矿坑花园项目荣获英国景观行会（BALI）2011年度英国国家景观奖（国际类）（朱育帆提供）

■ 朱育帆（左二）主持设计的"上海辰山植物园矿坑花园"项目荣获2012年度美国风景园林师协会（ASLA）综合设计类（General Design Category）荣誉奖（Honor Award）（朱育帆提供）

■ 2010届毕业生合影（左起：郑光霞、薛飞、许晓青、范晔、梁琼、许庭云、魏方、王川、沈雪、黄越；景观学系提供）

■ 上海辰山植物园矿坑花园建成实景（朱育帆提供）
（项目人员：朱育帆、姚玉君、田莹、孙姗、朱玲毅、郭畅、龚沁春、宋照青、高寒）
项目主题是修复式花园。通过对现有深潭、坑体、迹地及山崖的改造，形成以个别园景树、低矮灌木和宿根植物为主要造景材料，构造景色精美、色彩丰富、季相分明的沉床式花园。其主要特点是：最小干预原则的后工业景观；东方山水意蕴；丰富精致的植物景观。

2011

2011年2月14日,国家科学技术奖励大会在北京人民大会堂隆重举行,吴良镛院士荣获国家最高科学技术奖。根据国务院学位委员会、教育部公布的《学位授予和人才培养学科目录(2011)》,城乡规划、风景园林与建筑学同时位于我国110个一级学科之列,清华大学景观学系在此次风景园林列入工学门类一级学科的申报过程中发挥了重要作用。

3月,日本千叶大学园艺学部教授团队访问景观学系,面试招收联合培养学生,并在3月17日举办系列讲座。来访教授包括环境造园领域教授长赤坂信、木下勇、三谷徹和章俊华。3月26日~4月6日,景观学系师生12人前往西班牙参加清华大学—西班牙加泰罗尼亚理工大学联合设计课程。同年12月,西班牙师生访华并举办联合设计课程。7月,清华大学建筑学院部分本科三年级学生对浙江省湖州市南浔镇现存的近代园林进行了测绘。11月11日~25日,郑晓笛与日本千叶大学孙镛勋在千叶大学园艺学部共同指导中日韩景观设计交流工作坊,参加的三国学生分别来自清华大学、北京林业大学、日本千叶大学和韩国首尔国家大学。

约翰·麦克劳德(John Macleod)、迈克尔·特纳(Michael Turner)、荷兰West 8景观和城市设计公司创始人高伊策(Adriaan Geuze)、肯·布朗(Ken Brown)、小林治人、Herbert Dreiseitl、加州大学伯克利分校风景园林与环境规划系前系主任Linda Jewell来访,并做学术演讲。

4月,由李树华设计的清华大学百年校庆世纪林建成。

1月,邬东璠主持国家基金委课题"皇家文化影响下的文化景观遗产保护理论与实践研究"。刘海龙主持国家自然科学基金委员会课题"我国省域/区域遗产地体系规划的理论与实践研究"。3月,杨锐、庄优波主持住房和城乡建设部人事司课题"风景园林学科发展战略与教学体系研究",该项目于2012年12月结题。5月~7月,邬东璠主持完成国家旅游局规划财务司课题"旅游度假区等级评定管理办法研究"。党安荣分别在6月、8月,主持完成智慧黄山景区总体规划及智慧颐和园总体规划。6月,杨锐、庄优波主持UNESCO北京办事处与住房城乡建设部城乡规划管理中心联合委托课题"我国世界自然遗产地保护管理规划规范预研究",预计2014年完成。7月,庄优波主持九寨沟世界自然遗产地保护管理规划,该项目持续至今。1月~12月,杨锐、邬东璠主持完成国家旅游局省部级重点课题"《中国旅游大辞典》旅游规划相关概念辞条编写"。2011年~2012年6月,刘海龙参与云浮市农林水土生态统筹发展规划。

2月,刘海龙出版合译作品《景观都市主义》(中国建筑工业出版社)。8月,李树华出版专著《园艺疗法概论》(中国林业出版社)。9月,胡洁出版专著《移天缩地——清代皇家园林分析》(中国建筑工业出版社)。

■ **主要论文:**

吴良镛在《中国园林》发表《关于建筑学、城市规划、风景园林同列为一级学科的思考》;刘剑、胡立辉、李树华在《中国园林》发表《北京"三山五园"地区景观历史性变迁分析》;邬东璠在《中国园林》发表《议文化景观遗产及其景观文化的保护》;朱育帆、姚玉君在《中国园林》发表《为了那片青杨——青海原子城国家级爱国主义教育示范基地纪念园景观设计解读(上、中、下)》;胡洁在《中国风景园林学会2011年会论文集(上册)》发表《从区域规划到场地设计——"山水城市"理念在多尺度景观规划中的实践》;杨锐、庄优波在"世界遗产及国家遗产工作座谈会·拉萨"发表《突出普遍价值(OUV)识别评估的国际趋势和国内实践初探》;李树华在《中国园林》发表《"天地人三才之道"在风景园林建设实践中的指导作用探解——基于"天地人三才之道"的风景园林设计论研究(一、二)》。

■ 朱育帆指导景观设计课（马珂提供）

■ 清华大学—香港大学联合设计课程合影（马珂提供）

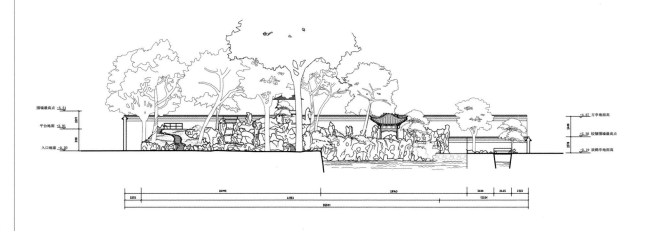

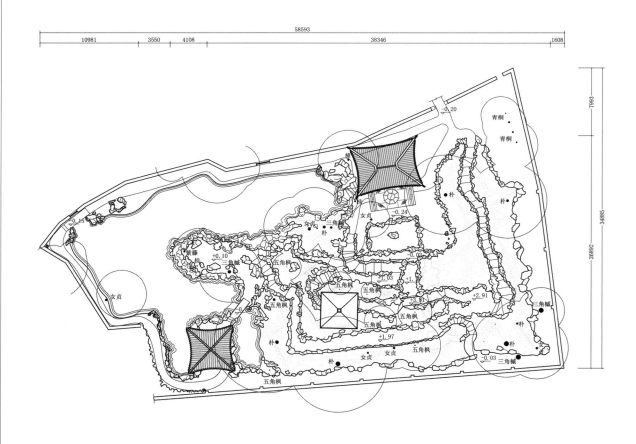

■ 本科三年级南浔园林测绘图纸（学生：张丙生、朱琳、伍志桢；指导教师：李路珂、贾珺、邬东璠；清华大学建筑学院资料室提供）测绘内容包括小莲庄、藏书楼、颖园、述园。"南浔开启了私人园林西化意境之先声，创造出了一种中西合璧风格的新典型，继承了崇文重教的传统，并将藏书、雅集文化充实于具有田园及乡土风韵的园林之中。"（摘自《南浔近代园林》）南浔园林的测绘工作为当地园林保护工作及江南近代园林研究积累了重要数据资料。

■ 清华大学百年校庆世纪林方案设计——建成实景（项目人员：李树华、刘剑、邵宗博、黄越、赵亚洲，李树华提供）
世纪林是2011年清华大学百年校庆之际建设的为大学校长全球峰会暨环太平洋大学联盟第15届校长年会的植树活动专用场地。世纪林的规划设计兼顾校庆景观和纪念活动的特点，将清华文化、节日气氛、种植流程融入设计细节，充分考虑其与清华整体景观氛围的协调和日常师生休闲空间的人性化需求，力求营造绿树成荫、草坡连绵的校园环境。

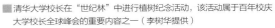

■ 清华大学校长在"世纪林"中进行植树纪念活动，该活动属于百年校庆大学校长全球峰会的重要内容之一（李树华提供）

■ 2011年8月,李树华主编《园艺疗法概论》一书由中国林业出版社出版

■ 2011年9月,胡洁合作著作《移天缩地——清代皇家园林分析》由中国建筑工业出版社出版

■ 2011年度第一届中国风景园林学会优秀风景园林规划设计奖清华大学建筑学院一等奖获奖者合影(一等奖共六名,清华揽获其中四项;左起:党安荣、胡洁、朱育帆、张飏;景观学系提供)

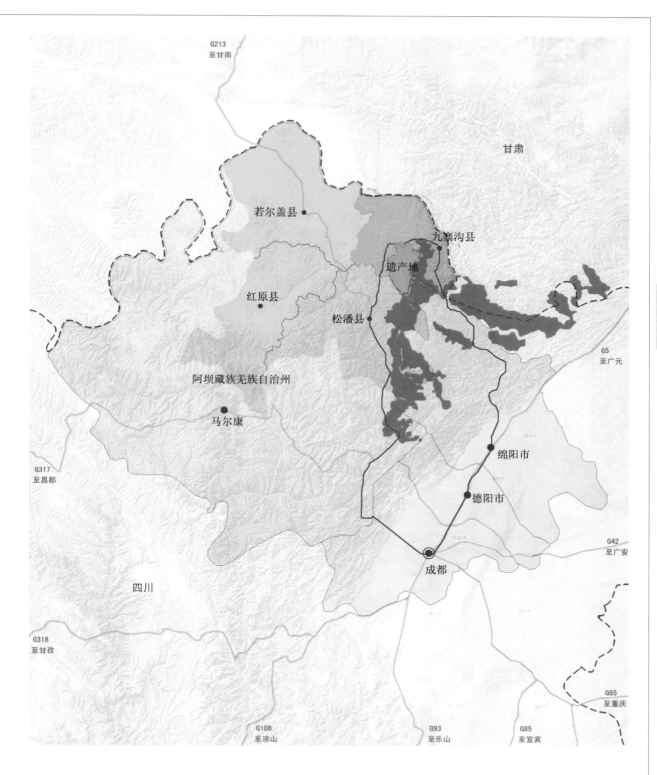

■ 九寨沟世界自然遗产地保护管理规划——辐射范围图（设计人员：庄优波、杨锐、赵智聪、王应临、许晓青、彭琳、高飞、贾崇俊、江惠彬、程冠华；景观学系提供）

本次规划通过目标体系—战略规划—分区规划—专项规划等多层级内容，应对九寨沟现状问题和潜在威胁。其中，战略规划方面，提出整体保护与最小干扰、区域统筹与多方合作、空间措施和管理措施相结合、以监测为基础的适应性管理和渐进式改变等战略。

■ 郑晓笛（左二）指导中日韩景观设计交流工作坊（郑晓笛提供）

■ 中日韩景观设计交流工作坊（郑晓笛提供）
　　参加的三国学生分别来自清华大学、北京林业大学、日本千叶大学和韩国首尔国家大学，工作坊的设计题目为老年社区景观更新。这一交流项目由千叶大学植物环境设计专业组织，负责老师为千叶大学章俊华教授

■ 朱育帆（左六）、党安荣（左五）、郑晓笛（左八）、加泰罗尼亚理工大学建筑学院 Miquel Vidal Pla（左七）与清华大学景观学系学生在西班牙合影（郑晓笛提供）

■ 景观系师生在西班牙进行联合设计课程调研（郑晓笛提供）

■景观地质课程国家地质博物馆实习合影（马珂提供）

■2011年灵山实习合影（马珂提供）

■ 第二届"设计研究"清华大学—柏林工业大学联合博士论坛交流会（左起：Jürgen Weidinger、朱育帆，景观学系提供）

■ 第二届"设计研究"清华大学—柏林工业大学联合博士论坛德方汇报（景观学系提供）

■ 第二届"设计研究"清华大学—柏林工业大学联合博士论坛合影（左起：郭湧、Johan Verbeke、Gesche Joost、朱育帆、Jürgen Weidinger、Sabine Ammon、唐会然、崔庆伟；景观学系提供）

■ 清华大学—加泰罗尼亚理工联合设计课程合影（马珂提供）

■ 2011年景观系学生香山春游（景观学系提供）

■ 西班牙加泰罗尼亚理工师生来访合影（马珂提供）

2012

主要论文：

邬东璠、庄优波、杨锐在《风景园林》发表《五台山文化景观遗产突出普遍价值及其保护探讨》；庄优波、杨锐在《中国园林》《世界自然遗产地社区规划若干实践与趋势分析》；庄优波、杨锐World Heritage Review上发表 Mount Huangshan: Site of Legendary Beauty；庄优波在《中国园林》发表《世界遗产第二轮定期报告评述》；杨锐、王应临、庄优波在《中国园林》发表《中国的世界自然与混合遗产保护管理之回顾和展望》。

2012年，教育部学位与研究生教育发展中心开展了第三轮学科评估工作，清华大学景观学系在全国38所参评高校中名列第2位（与同济大学、东南大学并列，第1位为北京林业大学）。5月，北京市科委对外公布了2011年度认定的北京市重点实验室名单，北京市园林科学研究所"园林绿地生态功能评价与调控技术北京市重点实验室"名列其中。该实验室依托于北京市园林科学研究所，清华大学为共建单位。"园林绿地生态功能评价与调控技术北京重点实验室"清华大学分实验室依托于清华大学建筑学院进一步建设，景观学系李树华为实验室副主任委员。

聘任Eva Castro担任高级访问教授，指导STUDIO课程。6月，台湾辅仁大学来访。Peter Ogden、Peter Petschek来访，并做学术演讲。9月3日~13日，西班牙加泰罗尼亚理工大学建筑学院与景观学系联合开展景观设计联合工作营。10名来自西班牙的同学在Miquel Vidal教授的带领下来访景观学系，与景观学系17名同学组成研究小组，针对三山五园地区的景观更新开展研究性设计。此项活动为两校景观合作教学的系列活动之一。同年11月2日~18日，景观学系师生一行17人回访西班牙加泰罗尼亚理工大学。

朱育帆主持设计完成"北京五矿万科如园展示区景观设计"项目，并获得BALI英国国家景观国际奖（2012年）。7月，刘海龙主持设计完成清华大学胜因院景观设计。

1月，党安荣主持教育部课题"基于空间信息技术的滇西北村落文化景观保护模式研究"。贾珺主持国家自然科学基金委员会课题"中国北方地区私家园林研究与保护"。7月，庄优波主持住房和城乡建设部城乡规划管理中心课题"中国世界自然遗产地保护管理规划规范预研究（第二年）"，项目于2013年6月结题。12月，李树华分别主持完成国家自然科学基金委课题"城市带状绿地生态环境效益的定量研究"、"城市绿岛动植物多样性分布特征研究"。

3月，朱钧珍主编的《中国近代园林史（上篇）》由中国建筑工业出版社出版。4月，朱钧珍、邬东璠等编著的《南浔近代园林》由中国建筑工业出版社出版。5月，应中国建筑学会、中国建筑工业出版社邀请，景观学系师生参与《建筑设计资料集》（第三版）第一分册第十章景观设计部分的编写工作。5月，李树华出版译著的《园林植物景观营造手册——从规划设计到施工管理》由中国建筑工业出版社出版。9月，罗·亨德森的专著《苏州园林》由宾夕法尼亚大学出版社出版。10月，王贵祥的专著《北京天坛（英文版）》由清华大学出版社。同月，郭黛姮合编的《数字再现圆明园》由中西书局出版。11月，楼庆西的专著《乡土景观十讲》由生活·读书·新知三联书店出版。

■2012届毕业生（部分）合影（景观学系提供）

■《中国近代园林史》编写工作会议合影（摄于2006年6月；朱钧珍提供）

■ 2012年3月，朱钧珍主编的《中国近代园林史（上篇）》由中国建筑工业出版社出版
该书汇聚了园林界数十位专家，历时六年，以查阅资料、现场调研为基础编写而成，填补了中国近代园林理论与实例研究的空白，吴良镛为其写序。

■ 2012年4月，朱钧珍、邬东璠等主编的《南浔近代园林》由中国建筑工业出版社出版
本书全面、深入介绍了南浔近代园林，并且对南浔园林的山石、理水等设计手法加以分析，对园林风格和园林文化加以阐述，提供了测绘图等具有实用价值的资料。

■ 2012年11月，楼庆西著《乡土景观十讲》由生活·读书·新知三联书店出版
在本书中所有这些呈现在大地、山林、祠堂、街巷、宅院里的景象，都是有形的，而且都具有丰富的文化内涵；它们使乡土环境更加多彩，更富有内蕴。它们和乡土建筑，和天地、山水、植物共同组成一种景观，一种富有文化底蕴的景观，我们称之为"乡土文化景观"。

■ 2012年9月，罗纳德·亨德森著 The Gardens of Suzhou 由宾夕法尼亚大学出版社出版
该书向非中国游客展示了苏州园林及与它相关的文学和音乐。作者凭借多年的亲身经验和研究，结合历史与个人对每座园林空间组织如假山、建筑、植物和水的见解而写作。全书配以重新绘制的平面、地图和原始图片，拓展了对中国古典园林杰作加以介绍的英文文献量。

■ 王贵祥《北京天坛》（英文版）

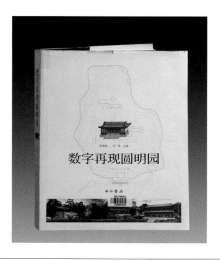

■ 2012年9月，郭黛姮主编的《数字再现圆明园》由中西书局出版

■ 西班牙加泰罗尼亚理工师生与景观学系师生合影（联合设计课程指导教师：Miquel Vidal Pla（第一排右五）、朱育帆（第一排右四）、邬东璠（第一排右三）、郑晓笛（第一排右二）、刘海龙（第一排右一）；景观学系提供）

■ 西班牙加泰罗尼亚理工大学建筑学院师生举办"解释巴塞罗那，记忆北京"展览（郑晓笛提供）

■ 西班牙加泰罗尼亚理工大学建筑学院"解释巴塞罗那，记忆北京"展览开幕式（左起：Miquel Vidal Pla、Juan Ignacio Morro参赞、清华大学国际合作与交流处副处长夏广志、（翻译）、建筑学院院长朱文一、朱育帆；景观学系提供）

■ 2012届毕业生合影(景观学系提供)

■ 日本千叶大学来访景观学系(景观学系提供)

■ 李树华(右一)带同学们在清华校园进行风景园林植物课程植物修剪实习(景观学系提供)

■ 清华大学胜因院雨水花园 —— 建成实景（项目人员：刘海龙、李金晨、张丹明、颉赫男、孙宵铭、陈琳琳等，刘海龙提供）
本设计方案在对胜因院的历史及环境风貌演变进行了深入研究，对改造前的状况进行了综合评价，同时综合公众参与和专家意见收集，提出胜因院景观设计的定位应是清华校园纪念空间、校史教育场所、富有特色的人文社科研究园区、清华建设"绿色大学"的生态教育场所。

■ 台湾辅仁大学师生与景观学系师生合影（景观学系提供）

■ 北京五矿万科如园展示区景观设计 —— 入口（项目人员：朱育帆、姚玉君、田莹、孙姗、朱玲毅、郭畅、龚沁春、宋照青、高寒，朱育帆提供）
设计通过建立一种空间秩序去整合不同的功能分区，包括入口集散，通往售楼处和住区的分流，并考虑交付使用后售楼处功能转换的衔接过渡。设计上也尝试引入了一套混搭的设计语言，在有效划分空间的同时整合这些完全不同时期和不同风格的建筑物和雕塑饰品。

■ 朱育帆主持设计的"北京五矿万科如园展示区景观设计"项目获得2012年度英国景观行业（BALI）国际奖（National Landscape Awards）（朱育帆提供）

2013

2013年1月4日,景观学系举办"景观好声音"师生联欢,共约50人参加活动。

4月,景观学系获得清华大学2012-2013年度"先进集体"称号。景观学系建立"风景园林学博士后流动站",在九寨沟设"博士生社会实践基地"。聘任Elisa Palazzo为景观学系客座教授,指导STUDIO课程。Jusuck Koh、Joel Sanders来访,并做学术演讲。日本千叶大学园艺学部教授团队访问景观学系,面试招收联合培养学生并在3月21日举办系列讲座,来访教授包括藤井英二郎、赤坂信、三谷彻和章俊华等。

5月31日,1951年"造园组"部分师生在清华大学建筑学院景观学系举行座谈会,口述风景园林教育在我国发展的早期历史,并为建筑学院资料室捐赠了珍贵的历史资料。

5月18日,第九届(北京)国际园林博览会在京开幕。纪怀禄主持设计了其中的标志性建筑永定塔、文昌阁和文源亭。朱育帆作品"流水印"、客座教授Eva Castro的作品"凹陷花园"参展。

4月,胡洁主持设计的酒泉市北大河生态景观治理工程综合规划设计、辽宁省辽阳衍秀公园景观设计、北京未来科技城整体绿化系统及滨水森林公园景观规划设计分别获国际风景园林师联合会亚太地区风景园林规划类主席奖、设计类主席奖及规划类荣誉奖。

7月10日,美国总统奥巴马授予景观学系首任系主任劳瑞·欧林美国国家艺术奖章(National Medals of Arts),他是美国历史上第四位获此殊荣的景观设计师。

1月,杨锐主持国家基金委课题"基于多重价值识别的风景名胜区社区规划研究"。贾珺主持国家基金委课题"基于数字化技术平台的圆明园虚拟复原与造园意匠研究"。

吴良镛主持完成的南京江宁织造博物馆开馆,该设计在城市中心区探索将自然园林架于建筑托盘之上的"盆景模式",为繁华都市中心平添了一抹绿色。胡洁出版专著THE SPLENDID CHINESE GARDEN——Origins, Aestheticsand Architecture(Shanghai Press and Publishing Development Company)。

■ 美国总统奥巴马授予景观学系第一任系主任劳瑞·欧林美国国家艺术奖章(National Medals of Arts)(引自白宫官网)

■ 2012年胡洁出版THE SPLENDID CHINESE GARDEN(Shanghai Press and Publishing Development Company)
本书从三千年前的中国造园历史讲起,对不同时期中国的古典园林类型和实例进行了梳理和分析;同时论述了中国古典园林独特的文化内涵,以及园林与绘画、诗歌、哲学的联系和在这些艺术门类的影响下形成的天人合一、巧于因借、因地制宜的造园思想。

■ 2013年北京园博园朱育帆作品流水印（朱育帆提供）

■ 南京江宁织造博物馆（项目人员：吴良镛、朱育帆等；吴良镛提供）
从内容到形式都是立足于南京本地的历史地理条件，以地方固有的文化内涵作为创作之契机，旨在既切合主题，展现人文，适应人情，当新则新（如立面运用钢结构，现代表层技术，并采用照明技术来表现云锦装裱等手法）；又不怕被人讥为"泥古"（如对待西园、大观园、织造府这样的历史点题，又何必忌用历史建筑的符号），其风格所尚，是在现代建筑的意蕴之上，运用历史主义的手法，表述地域主义的话语。

■ 2013年"景观好声音"新年聚会（景观学系提供）

■ 2013年灵山实习合影（王聪伟提供）

■ 2013年硕士学位论文答辩会（参加答辩会教师第一排左起：刘健、胡洁、杨锐、李树华、党安荣、谭纵波、朱育帆；
第二排左一：庄优波；景观学系提供）

■ "造园组"座谈会全体合影（第一排左起：潘剑彬、朱钧珍、郦芷若、吴良镛、陈有民、刘少宗；
第二排左起：郭湧、张振威、何睿、薛飞、邬东璠、李树华、杨锐、胡洁、袁琳、郭璐；景观学系提供）

2 回忆录

2.1 造园组师生（1951年）座谈会（摘录）

出席座谈的造园组师生：吴良镛、陈有民、朱钧珍、刘少宗、郦芷若
主持人：杨锐
时　间：2013年5月31日
地　点：清华建筑学院景观系

吴良镛：

在新中国成立后的20世纪50年代，清华大学建筑系改为营建系。因为梁思成先生认为日本翻译过来"建筑"不确切，不能概括整个的建筑领域。当时我在美国收到过他们寄给我的一份东西，就是《文汇报》半个版面的关于营建系的教学纲要。当时梁先生就提出园林的问题，所以造园组的成立很早就在梁先生的思想里面。

我是1950年底回国，1951年就回到系里接手工作了。当时的北京市建设局局长根据建设需要成立了三个委员会，一个叫总图委员会，一个叫交通系统委员会，一个叫园林委员会。我还有当时的陈全都是三个委员会的委员。清华的刘鸿宾教授是园林委员会委员。

在园林委员会的一次会议上，我跟农大教授汪菊渊先生谈到中国园林发展，应该加强园林这方面的教学，结果两个人（关于合作办学）一拍即合，并约定马上着手准备。第二次会议汪菊渊先生说农大没问题，已经办成这件事，并问我清华情况怎么样。当时我找到梁先生，梁先生急忙签字说同意，等报到学校的校委会主任委员叶企孙那里，叶说你们建筑系不能再扩大了，一句话就回绝了。我就告诉梁先生，梁先生打了一个电话给叶企孙，说我们这个造园组该办还是应该办。

后来，我和汪菊渊先生分别负责农大和清华的事，然后就有了一个具体的安排，汪先生就在园艺系三年级调了8个学生。

座谈会参会者签名（景观学系提供）

吴良镛（景观学系提供）

郦芷若：

开始 10 个，后来有 2 个回去了。

吴良镛：

他们的植物基础都很好，所以当时三年级就到清华来补一些园林的课。陈有民先生和他们一起来的，所以也是创系元老。这件事就是这么办成的。那个时候农大的学生几月份来清华上课我记不清了，学的内容就是建筑设计初步等。

陈有民：

素描、制图。

吴良镛：

没多久之后周总理在怀仁堂做报告，后来就是知识分子思想改造。这件事对所有教师都有影响，造园组也不例外，特别是影响了你们的南方实习。

陈有民：

实习去了南京、上海、杭州、苏州。

吴良镛：

总的来说，因为汪先生抓得很紧，所以实习得以顺利进行。1951 年的下半年，知识分子思想改造运动越来越展开的时候，我被调去江西进贤县土改，所以这个阶段对你们的情况就不清楚了。1952 年初，土改还没完，我就被调回来了，因为学校最后一次在搞三校建委会。那时候思想改造也接近尾声，我调回来后就参加大批判运动，那时候叫"洗澡"，大家在一盆水互相洗澡，就是互相批判。对我的批判就是说办这个造园组是"好大喜功"，陈有民你参加了，你还有印象没有？

造园组的成立非常重要，为什么叫"好大喜功"呢？那个时候心里头是不能接受的。思想改造运动后就是三校建委会，那时候造园组虽然被批判，但教学还是很抓紧的，所以还是有推进。刘致平和我教建筑设计，我也教园林史、城市规划史的课，再后来还有园林设计，请的朱自煊参加。朱自煊当时是建筑系第一班毕业生，留校来当助教，以前没搞过园林，他一搞就对园林设计很有兴趣。这是第一段缘起。

朱钧珍：

我们到来清华以后上了 14 门课。

吴良镛：

我记不清楚了。上的课多，所以学的还是比较扎实的。那时候建筑系有些什么课，都缩微以后教给园林班的学生，所以课没少上，知识面还是挺宽的。1951 年夏，就是"忠诚老实运动"交代历史，连林徽因都在第三教室叫人拿一个折叠椅参加了三四次。我记得她谈了怎么出国留学，怎么工作。这个"忠诚老实运动"之后，就是研究院系调整，院系调整那时候，北大跟清华的营建系合起来，北大的代表就是赵正之，清华的代表就是我代梁先生。后来学校、院系的班子都确定了，我就被点名作副系主任。当副系主任各种难题都来了，但是有一个好处，就是有利于造园组的发展。那时候学习苏联，营建系设有五个教研组，建筑设计组、城市规划组、历史组、构造组、造园组，那时候汪菊渊教授就是园林教研组主任，陈有民跟他在一起，这一阶段还是比较顺利的。这是一大段。

当时定的园林系的教学计划，经过重新审定，也获得通过。1952 年，教育部得到了一个苏联的园林专业教学计划，里面这个专业是放在林学院的，而且是以生物学为基础。那时候对专业方向对不对这件事情很严肃，所以当时认为放在林学院、建筑学院是完全不同的两回事，林学院的这个方向是植物学基础。当时的教育部副部长叫韦悫、清华教务长钱伟长（那时候还没有当副校长）、农业大学

吴良镛（右一）与杨锐（左一）（景观学系提供）

朱钧珍（景观学系提供）

的校长孙晓邨，三个人就拿着教学计划讨论这个问题，我和汪菊渊先生都参加了，那时候我也没有什么经验，不敢坚持什么观点，汪菊渊先生谈到了园林专业应该有设计等课程。但后来觉得跟领导的口径一致还是稳妥一些，所以决定就把园林专业调整到农学院。

在这个结论下面，我们当时只能服从这个决定（指专业调整）。那时候你们毕业了吧？（问郦芷若）

郦芷若：

我们是1953年毕业的，我们毕业后就回农大了。

吴良镛：

清华营建系有一个金承藻调到林学院，还有一个陈姓清华教授专门上林学院的课，但没有调去。董旭先生好像也去林学院讲一个课。后来董旭华先生转去林学院了，就没再过问，好像这个事情各方面也比较顺利。这是第二关，也就是你们（51级）下一届的事，孟兆祯院士都是后来的。

陈有民：

他是第四班。

郦芷若：

他（指孟兆祯）没有来过清华，他上面一班就没来过，我们下面一班是梁永基。

吴良镛：

第二班的设计我还教过。后来的情况我就不清楚了，好像汪菊渊先生当了园林局局长，后来当了农林局局长。

陈有民：

先是到农林水利局后来觉得不合适就到园林局。

吴良镛：

后来他也不在林学院了，那时候林学院就换了系主任叫陈俊愉。

陈有民：

正系主任是李驹，陈俊愉是副系主任。

吴良镛：

我认识陈俊愉是因为后来他召集一个会并邀我去参加，是老调重谈的事情，就是园林专业以生物学还是以建筑学为基础，其实这两个都是基础没问题，那个时候就是这么较劲。

陈有民：

这叫方向问题，大政方针。

吴良镛：

其实也没有什么，那时候非要我去。我心里纳闷：好久也没请我，怎么这次突然请我。我估计他（指陈俊愉）跟汪先生（对园林学科的基础）看法上有出入。因为我对（这次会议的）背景一点不清楚，所以在这次会议上没怎么发言。后来园林学科到底以什么为基础一直存在争议。一直到1978年还是1977年，北京林学院园林组从云南调回北京，那个时候园林系的书记孙敏贞来找我，他的活动能力也挺强的。他说跟清华的新校长刘达同志说好了园林系可以调到建筑系来，

那时园林系调进来可不简单，因为我们（指土建系）还跟土木系在一起，我是土建系的系主任，文革后面对系的恢复和调整，各种事的阻力很大，矛盾集中在房子、职称、学术方向上，因为看法不一致，所以最后这件事没成。现在回想起来，因为这件事（指恢复造园组）我在清华后来还做了好多努力，就包括文革以后把朱钧珍调回来，那时候她们的领导叫江小珂，我跑了好几次，江小珂才答应把她调回。做了这些努力原就是想恢复这个系，而且周维权以颐和园为例搞园林史，积累了好多颐和园的测绘资料。现在来看，清华办造园组开了一个头，或者是办了第一班，总的讲起来成绩很大。汪菊渊先生被选为工程院院士，就是由于他创建了园林学，还有他本人编著的《园林史》，虽然没多久他就不在了。我印象中我们园林第一班有好几个设计专长的，还有后来到香港去的张守恒吧。

刘少宗：

现在他在美国。前天还给我来了电话。

吴良镛：

汪菊渊是造园组的主任，写过《中国园林史》。朱钧珍写的更多了，最近的、最大的贡献是《中国近代园林史》。当前城镇建设规模速度快会变化很大，关于这方面你要不写，现在就找不到了，所以这个是抢在时代前面的。

陈有民：

她跟刘承娴两个人，还翻译了苏联的《绿化建设》，成为当时的权威著作。

吴良镛：

应该说造园组的成立对中国园林教育的历史还是有贡献的，特别是汪先生的努力。那时候批判说我好大喜功，现在想想其实也不叫好大喜功，就是有个事该做的就做，喜功有什么不好的，哪怕是喜过？是不是？所以还是当时做了一件应该做的事。

陈有民：

我觉得今天这个会很有意义，明确园林建设的重要性，而且中国的造园、园林建设在全世界都是非常著名的。由梁先生、吴先生、汪先生那时候开始，是中国自古以来首次提出成立"造园组"。我觉得这个事件在中国园林建设上是一个很大的事情，从学术上、培养建设人才来讲，这一步也是咱们新中国党和政府具有功劳的一步。《园冶》那时候一般都是工匠，零零散散的干些私人住宅或者庭院，有的也请些诗人、画家、文学家、搞土木的、搞建筑的一块挖湖堆山。

从1951年开始，吴先生和汪先生参加城市建设会议，牵扯到城市建设里园林这方面的建设，那时候梁先生是当都市计划委员会副主任，彭真市长当时是正主任。城市的建设里如果没有园林建设，那么这城市是欠缺的，像英国过去没有环境，整个英国死了上万人，大的环境事件都牵扯到园林建设。我是1948年毕业的，那时候我们学的园林，一是造

园艺术，二是观赏树木，三是花卉。在解放前，学过这三门课就代表能够搞园林绿化建设了。后来我留校任教，感到只教这三门课有些欠缺，内容偏重于英国、欧洲的方法，从园艺上来讲绿化建设，建公园、花园都偏重于园艺，这是有缺欠的。当时汪先生讲四门课，除了这三门外，还讲蔬菜学，那时候要吃菜，蔬菜栽培很重要，所以他讲这四门课，我给汪先生当助教，除蔬菜学外，其他三门都归我一个人来教，安排实习项目等。

在教学里，我感到一方面欠缺土木建筑的知识内容，最好能把土木工程和建筑技术加进来。另一方面欠缺表现技术，即艺术方面，就像素描、美术雕刻这一类。第三方面欠缺地质方面，即地形地貌、风景地质等。我当时在北大读一年级的时候学了一门地质学，由裴文中老师教授，他是发现北京猿人的著名地理、地质学家，当时他讲的内容在园林的教育中都没有牵涉到。我在给汪先生当助教的过程中，觉得这三方面最好都能够补进去，所以在园艺系的时候，像梁先生出的营造学社的书我也看，土木建筑绘图的书我也看，脑子里逐渐形成了我们缺乏一些工程建筑方面技能的想法。作为一个园林设计师，修桥补路，园林里小的设施，甚至弄个花棚你都得动手，不能再请个建筑师来设计花棚架、小亭子，所以我当时觉得这些内容都必须在与园林教育中补上。

到1951年，汪先生和吴先生一拍即合，想搞个造园组，他们都很积极。汪先生非常能干，也很好学。他们俩达成共识以后，他就在农大找教育部，正好教育部里管高教的司长是他同学，也是金陵大学毕业的，所以无话不谈，高教司长听了这个建议也同意农大园艺系和清华建筑系合作，这样专业培养方面比较全面。

汪先生跟我说在一次会议上，周总理提过"园林绿化也是城市建设的基本建设"，他听了非常兴奋，跟我说的时候也非常高兴。他说咱们教花卉，又教观赏树木，这些课也是城市建设里的基础建设之一，我们不会没有前途，前途也很光明，工作很多，他很高兴。我们年轻人听见这些更高兴，将来很多事情要做。

成立这个造园组，首先就要在农大园艺系二年级的学生里头选10个人带到清华来，参加这边营建系的课程，来学学当时那边缺的课程，我们当时选的都比较精英。当时两班学生63个人，让我去选10个人，我先背名单，63个人的名字对号，后来想那么做太主观。我找他们的团委书记苏洪恩，让他们同学之间开小组会，先推荐10个人，然后把名单报上来我再看，再跟这些人见面。汪先生选，首先要有艺术感受性。学农的都是科学的东西多，这个艺术感受性还挺难把握，我觉得只能大家见见面讲讲，再从中评判。当时拿名单来我一看，全是共青团员，一个群众都没有。

汪先生也没布置要统战，当时受的教育是团员当然都挺先进的，但是没有群众，我说这也不符合国家政策。我跟苏洪恩谈，要包括几个普通群众的学生。当时的学生里头有考清华农学院录取的，有考北大农学院录取的。

郦芷若：

那一届没有清华的，清华农学院的园艺系那年没招生。

陈有民：

当时是把清华农学院、石家庄华北大学农学院以及原来北大农学院三个学校的学生合在了一起。我们这里有三个，他们两个是华大来的（指朱钧珍、刘少宗），你是北大来的（指郦芷若），咱们园林里头还没有清华的。

郦芷若：

我们那一届没有清华的。

陈有民：

当时我们还贯彻一个党的政策，要团结。所以后来名单里头有两个非团员，最后挑了你（刘少宗），那位看起来好像没你这么精明似的。

郦芷若：

黄辉白也不是，他后来回去了。

陈有民：

经过这么一个过程，这里头我们做了大量的工作。这是一个坎儿，第二个坎儿是这10个人来了以后，有人闹着要回去。刚才吴先生提的，刘承娴找你谈研究方向问题的事。这都是余鸿基和黄辉白两个人要回农大上课搞的。当时李宗津先生教素描，李先生的素描是很有名的，画主席像。他们学每门课我都跟着学，我说看看到底内容怎么样，将来要不要这门课。有两个男学生，他们的女朋友在农大，所以那两个坚决要回去，每天以各种理由找我谈，一谈5、6个钟头。私底下也跟他们做了一些工作，但是不起作用。最后我建议汪先生请这两位回农大得了，人家不愿意在咱这待你非得拉着，也影响其他人。

陈有民（右）与刘少宗（左）（景观学系提供）

第三个坎儿是全国土改的最后一期，1951 年。除了工学院以外，文学院、法学院、农学院都参加了土改工作队，要派走。农大的学生受到影响，"我们参加革命去"、"土改"什么的，大家内心都愿意参加革命，参加土改。我一看人全走了，那咱们这个就凉了。教育部好不容易通过了，要是学生走上半年、一年，回来肯定办不下去了。于是我跟汪先生说，请他仔细考虑。汪先生最后说咱们既然来到建筑系，也属于工学院，工学院的学生教育部规定不参加，我们就借这个理由不参加了。

郦芷若：

当时他们两个人回农大是因为女朋友在农大，但他们不好意思说，找了想回去参加土改的理由。

陈有民：

反正就是把这三个难关解决了，让我们留了下来。吴先生 1951 年回来了，也加强了我们整个的教学力量。之后老师也认真了，学校里也重视了，后来把我调到清华大学图书馆楼下住，不用再跟学生住在一起了。经过这些困难我们学生越学越有劲。华宜玉老师教素描、水彩。

郦芷若：

吴冠中教水彩。

陈有民：

吴冠中现在一张画上千万，那时候刚来清华，先是华先生讲，后来是吴先生。

郦芷若：

开始是李宗津教的，后来是华宜玉和吴冠中。

陈有民：

所以这就越来越上轨道，同时我在建筑系被选为工会的文体委员，对全系的各教研组老师（历史、工程）越来越熟，大家相处的都挺好，所以工作很顺利。针对课程的选择，在建筑系我当时是把给造园组学生开的所有课都跟班学，有时候我觉得还不过瘾，像营造学，学完之后给一栋房子、亭子恐怕还建不成，所以我又听了建筑系本身给自己学生开的营造学 2，给我们只开营造学，像这些我就都记下来，打算等将来交换意见，在授课深度和内容等方面提出改进建议。我觉得要达到设计个一两层建筑不必请建筑师，要自己从基础到屋顶，由施工打地基开始到后来砌墙都会，不用再请别人，一定要达到这样才合格。

那时候地质系、航空系都还在清华，我就到地质资料室翻书，看到美国出的八百页的《风致地理》，讲地形地貌的书。这本书里面的东西正是我们需要的，可是在当时的课程里没排，所以我建议以后必须把这个《风致地理》的内容加进来，当然这个没弄成。另外有个手工艺组是王先生带的两个女助教，他们三个人是手工艺组。

郦芷若：

工艺美术组。

陈有民：

对，后来常沙娜（音）也来了，我就到他们组看看他们的授课内容，为了咱们造园组学生的知识能全面、能独立综合性，我看看他们有没有可学的。本来想考虑雕塑，后来实在排得太满，学不过来，所以就放弃了，这就是当时我们的心情。我跟汪先生的心情都是：我们要培养全面的，能动手也能动脑，由设计到施工，到养护管理，全能的，相当于一个总工程师的人才。不能光会画出来，还要动手能建，就是这么一个方针。以后 1953 年一直到 1956 年，新的副系主任派来以后，他提出以生物学为中心，他认为我们以前的是错的，学那么些绘画、素描，还画头像，他认为错了。尤其我们讲植物吧，它这个配置必然有观赏特性，园林里的应用这些都必须学到。但他认为观赏，光提美都是唯心的，他认为应该一切以生物

1951 年"造园组"师生共同回忆造园组历史（景观学系提供）

学为中心来搞，偏重于科学，好像艺术方面不但不对，而且是犯了政治性错误。这跟我们教美术、教工程、教建筑的想法就不一样，产生了矛盾。当然这是一个方向问题。我觉得还是综合培养比较好。

关于我们造园组，那时候说到两年完成就回去。最后在1951年~1952年院系调整时，清华有个方针，好像就是要搞重工业为重点，把生物系都搬北大去了，北大搬到燕京。然后院系调整，地质系出去，航空系也出去，办成九大学院，就这么调整，调整以后变成重工业了，园林不是重工业，所以地位也就轻了。当时我建议再延长两年或者至少延长一年，使我们的第二班也在清华念到毕业，后来汪先生也去谈了，结果没成功，但争取到派老师去农大支援课程。所以园林专业回到农大以后，有不少建筑科、工程科的老师支援，像投影几何就经常去教，园林建筑也请了人，设计就请了董旭华。但是他们也是常派研究生去教，我觉得不如在清华本校的时候，比如那时学中国建筑是刘致平先生教的，刘致平是搞民居的，在营造学社里非常有名，他知识面广，讲东西字数不多，但发人深省，启发性特大。年轻的研究生讲课虽然很有热情，但是不如老教授启发性更强。

1953年回到农大，办到1956年，当时是全国的学术都要学苏联，中央提出一个字不走样地学苏联，你想改改那都是犯错误。像清华建筑系是Ashipcoph，通讯院士，这个人讲的每一次课，全系的师生都去听，他讲得非常好。使大家很受启发，也很活。他要求教室里为了提高尺度感，把墙上几公尺都做出符号，还提出要把设计教室挂上有颜色的窗帘，色彩要和谐等，使学生有感触，老师也有感触，当时经费那么紧张，梁先生、吴先生还是找学校专门批了经费。另外两位不是教设计的苏联专家，他们讲的工程建筑我也去听。我觉得听了专家这些课，反过来对咱们搞造园也有启发，综合性一定要强调。

我们的教学计划是从苏联列宁格勒林学院全套引进的，在列宁格勒林学院这个系叫城市及居民区绿化系。说全套引进其实也并不全，教学计划里头有很多课教学大纲里没有，过一个月或者半个月来那么一份资料，还是没翻译的，有的现请人翻译，根本适应不了需求。所以当时我们造园组的东西没有完全按照苏联的做。比如像土壤学，原来在农大时教的土壤是栽培土壤，土壤肥料水分调查等，但苏联给我们的是工程土壤，砌大水坝修水利工程，我们不会用到那些，所以就都给改了。在当时的政治条件下，改可能要犯错误，我说那也得实事求是，纯粹的大水利工程的课没必要学。以后汪先生在1954年去当局长了，农大这边也没精力管，后来到1956年，这个专业调整到林学院就来了新的负责人，又提以生物学为中心，于是就搞起套了。方向一直在那儿，开教学会议、系会的时候各教研组就会争执。我说这点也好，为了教学质量你觉得有问题就得拿到桌面上互相讨论，可能在团结方面看着有点不客气，但是为了工作都是必要的，都要坚持真理和实践检验。发展到现在就变成，一方面搞城市规划、风景园林设计在工学院，一方面园林植物、花卉园艺在农学院。对这两个我觉得都有毛病，还是综合在一起好。我想人必须活到老学到老，尤其咱们园林工作者必须是大杂家，弄得太细太窄，将来拿出去应付不了现实，必须变成总工程师，像他（指刘少宗先生）这样的。光是设计大师也不行，有时候会碰到问题。希望将来多培养一些这种总工、全面的大家，对国家更有益。

我是到"文革"以后被调走了，被调到科委，以后又下乡当工作队员，当老农在农村里抓革命促生产，有时候公社里开生产队长会也找我去参加。我体会到：一个人国家需要你干什么你就干什么，干什么你要学什么，学什么你要钻什么，要活到老学到老，咱们培养人一定要这样。现在发现有些搞设计的同学就讨厌到现场，太阳一晒，雨淋点就想回到屋里搞设计，那不行，你不到现场，不到施工现场，设计上肯定毛病很多。另外就是偏重于植物的这些同学，你不懂设计，尽说外行话，建筑图、平面图都不会画、看不懂那也不行，不符合要求。一定要全面，我就谈这些。

郦芷若：

我们在清华虽然只有两年，但是我印象还是非常深刻的，我是很满意的，我觉得当时清华给我们安排的老师都是非常好的，刚才讲的美术老师，我们都不好意思说李宗津、吴冠中、华宜玉教过我们，我们真给他们丢脸。但是确实那个时候都是安排最好的老师教我们。那两年除了给我们安排正规的课程以外，我觉得整个的熏陶很重要。我们也听过梁先生的课，在大教室里面。我都不记得具体讲的是什么了，好像是中国建筑史之类的，就记得林徽因林先生坐在前排，梁先生说什么不对了，林先生就给他纠正，林先生一说不是那么回事，梁先生马上就改了，说"林先生说得对"，我觉得印象特别深。

吴良镛：

我插一句，梁先生那两年，就是1947年回来一直到1952年以前，陆陆续续讲的东西非常精彩。我感觉那是他一生在专题讲演里面思想火花爆发最多的，可惜那时候没有录音机录下来，但是我还是有些记得。

郦芷若：

我们那时候年纪小，听梁先生的课是很不容易的，但是真是不记得他说的是什么了。

吴良镛：

因为他讲的很深的东西，背后的哲理很深。

陈有民：

我觉得梁先生有一个创造：把中国建筑变成高层建筑的形式，他画了一张图，非常宝贵，中国建筑都是一层，最多两层，它变成高层建筑的形式怎么表现，跟那个大屋顶怎么结合，梁先生都做到了。

郦芷若：

最近几年电视上的《梁思成和林徽因》我们都看了，看了以后还是回忆起来，梁先生当时还是很年轻的。就是我们在的时候他身体已经不好了，但是形象还是很好。另外我觉得当时还有像侯仁之先生，大概是吴先生请来做讲座的，这类讲座我印象特别深。除了正式的课以外，这类活动对当时一个年轻的学生来讲，也让他的思维能力更加广阔，很有趣。侯先生讲什么地方有一个井，在哪个胡同里面他都记得非常清楚，对北京城市具体的一些点他都记得非常清楚。

我记得我们刚来的时候在水利馆西北角的楼上，就一大厅有点像现在的写字楼似的隔了几块，后来又去了清华学堂，有自己的一个教室。当时已经有规划组、建筑组，还有我们造园组，工艺美术组，每家有一小块。当时的规划组好像就是四年级，三年级是不是还没分？三年级就是李道增他们那一年。他们跟我们是一年的，然后四年级我记得好像分了有规划、有建筑。他们搞规划的我记得拿小方块成天在那儿摆，在桌子上摆方块，还有下一班跟我们同年级的就是李道增那一年，再下一年就是赵炳时他们那一年。那时候一年级好像还没有在水利馆。我们三年级的时候只有二年级在大楼上。我记得当时整个的建筑系一共学生有108个，开玩笑说一百单八将，有四个组，包括常沙娜他们有两个学生。在清华这两年不只是从一个学园艺的转变成一个像陈先生说的综合性的造园专业的学生，同时在各方面的修养上，我感觉也受益匪浅。

另外像吴冠中先生除了教我们水彩以外，他也定期有讲座，每个星期或者隔一个星期有一次讲座，他讲西方美术史。他讲的非常精彩。

吴良镛：

而且那个时候他备课非常认真，因为他懂法文，所以他的资料都是法文资料搞来的。

郦芷若：

那时候没有那么先进的多媒体，他给我们放幻灯。李宗津先生教素描也是，他可能有的时候对学生说话有点刻薄，我忘了他说谁画的那个像只烤鸭。好像素描就是抹来抹去的，那时候用木炭画、用馒头擦，现在不用了吧。我们那时候在食堂时常揣半个馒头回来，画素描的时候就擦。李先生有的时候嘴比较伤人，可能对我们女生比较客气一些，所以我们好像还没有太多的感觉。总之我觉得挺好，在清华那两年一直都留下很深刻的印象。那时候汪先生、陈先生因为我们是第一班，我觉得对我们比较偏爱，可能吴先生是不是也有这种感觉。对我们汪先生有一个词儿，说我们是像人家的头生儿子，一定要偏爱一些的。所以我们毕业的时候，汪先生请我们到他家里去吃饭，他说以后就不会都这样了，你们是头生儿子。所以在清华很多老师对我们也是很偏爱的。刚才吴先生说我们这个成绩那个成绩，其实我觉得我们很惭愧。特别是我，我去苏联学了三年多，拿了个硕士，苏联叫副博士，可是我觉得确实没有做出来多少贡献，有愧于吴先生的培养。

我还记得刘致平先生也给我们上过课。我们最开始是在清华学堂旁边的那个屋子上课，教室里一共只有八张桌子。有一次刘致平先生给我们上课，刘先生看到我画鸟瞰的时候就来劲了，他在我的图上画了一片桃花林，非常得意。可惜这个设计没能保留下来。我毕业以后留在了农大，然后1956年去外语学院学俄语，1957年就去苏联了。等我回来以后，家里搬了家，以前的东西几乎都没有了，画也就没了。我印象很深的还有一次，我们做清华荒岛的设计。我们把设计图放在走廊上，苏联专家过来给我们评图，刘先生也一起过来给我们评图。

现在回想起来，今年正好是我们毕业60年了，我们

刘少宗（左一）、陈有民（左二）、郦芷若（左三）（景观学系提供）

1953年毕业的，前两天我还跟朱钧珍说我们今年正好是毕业60周年。

我还记得有一年清华校庆我们都回来了，那次还跟汪先生和吴纯一起在门口照了一张相。当时都挂了牌子，我们都要登记自己是哪一届的。我忘了那是哪年，可能是"文革"以后吧，因为当时毕业时间不算太长还记得清楚，现在都忘了。我们当时一共八个人，刘少宗、王瑸、富瑞华和吴纯分到了园林局和建设部，剩下的四个人，两个留清华，两个留农大。农大当时的老师就是汪先生、陈先生、张守恒和我，剩下的很多课都是清华的老师过去上的。所以如果说合办的话，除了我们这批在清华毕业的，还有就是那些去上课的清华老师。

郦芷若（景观学系提供）

当时合办的气氛非常浓。只不过学生要在农大上课。农大当时在现在的翠微大厦旁边，离清华还是挺远的，所以清华的老师都要从清华骑自行车过去上课，就这样一直持续了很长时间。一直到1956年院系调整的时候，造园专业调到林学院去了。金先生大概就是那个时候调过去的。除了金先生以外，当时还有一位山东农学院调去教花卉的老师，李驹先生好像就是那时候调过去的。后来陈先生对这个专业的发展方向提出了一些不同的意见。在这以前主要是一个摸索的过程。比如说当时我们学园林工程，请的是土木系的老师给我们上课。那老师也挺有意思，他说土木系的，你们要学什么呢？当时陈先生、汪先生再加上我们这些学生都提出了我们的意见，老师就说，他知道了，我们应该学习公园里面的给排水、驳岸啊等等。我觉得虽然当时是一个摸索的过程、一个磨合的过程，虽然我们只有八个人，但很多老师都尽力地在我们这八个人身上使劲儿，希望我们能够成为一个合格的园林人才。那时候还外聘了很多老师，而且都是很有名的老师，其中有一位叫郝景盛教我们森林学。那个老师特有意思，他说他是几个博士？五个博士？反正他说他平常上课的时候窗户外面都站满了人听课，他一看我们只有几个人，就觉得太不过瘾了。另外还有一位教我们植物学的崔友文先生，也是植物分类的专家。

此外有李嘉乐李先生教我们园林管理，他现在已经不在了。我觉得我们这八个人作为第一届学生，在当时是梁先生、吴先生、汪先生，再加上陈有民先生、朱自煊先生着力培养的，老先生们在我们身上花费了巨大的精力。我常常说我是第一届园林的学生我感到非常自豪、非常荣幸，这真是心里的话，我确实觉得老先生们投入了很大的一份心血在我们身上。

刘少宗：

今天非常高兴见到吴老师、陈老师。我感觉在清华学习有这几个特点，一个是学生少。当时我们一共有八个学生，而教我们的老师有十几位，有土木系的、有外请的、也有建筑系的；还有一个特点就是我们的设备差，我们八个人在一个小屋里头上课，特别挤，非得把黑板搁在门口才关得上门。陈先生跟我们住一块，条件也一样，但是我们学习的内容非常丰富，都是各个老师专门为我们讲授的。比如像土木系的市政工程中有一门课，就是专门为我们几个人编的，还有测量课也是。后来在工作中，标高、放线什么的我都清楚，就是因为学了测量学。学了这些知识以后，将来就能学以致用。比如说市政工程课里老师讲过驳岸、讲过给排水，虽然讲的不多，但是我知道是怎么回事了，到工作单位后我就能慢慢再学。所以在清华这两年学的确是很有用，在我之后的工作中发挥了很大的作用。我刚到园林局的时候20岁，跟一小孩儿似的，到清华是18岁，也是一小孩，但是我还是觉得在清华学的东西很多，清华的学风也给我留下了深刻的印象。我从工作起就一直在园林局，如今已经60年了。"文化大革命"也没把我打倒，当时我被下放，但回来以后还是做设计。这么多年过来，园林局的机构变了很多，但是我始终是做设计的。

我认为咱们中国的园林在世界上确实有很高的地位。我在1990年编了一本书叫《中国园林设计优秀作品集锦》。您看咱这立交桥、这大高楼出不了国，但那时候出口的园林就有50多座。后来北京陶然亭的华夏名亭园得了国家的金质奖，不是建设部的，是国家的金质奖。那时候建设部的总工许溶烈就跟我说咱们的立交桥、大高楼设计都出不了国，只有中国的园林能走出去。后来我又去蒙古人民共和国待了一年多，和建工部总工戴念慈一块给蒙古乌兰巴托市中央公园做规划，项目完成了他们也挺满意。

之后我又到了朝鲜。朝鲜的国家领导觉着，中国园林非常好，那时去过了北京的外国客人到朝鲜就不想看园林了，所以就让中国搞园林设计的人到朝鲜去，于是我们三人小组受平壤市的邀请就去了。去了之后让我做牡丹峰公园规划，大约有300公顷。最后做好了规划，朝方又要求实现一块。后来我就在牡丹峰公园里设计了一个牡丹园。完工以后据使馆同志讲金日成去看了，他说，"这符合我们朝鲜人的心情"。

很多国家都非常喜欢中国的园林，就像法国，本来想搞一个中法园林来着，但因为某些原因没弄成。咱们这个园林专业是从北京市开创的，但对全国都有很大影响。后来各个城市都成立了设计单位，那都是受北京的影响，因为那时候北京市园林局就是咱们国家的第一个园林局。那时候上海的园林部门还叫园场管理处，都不叫园林局，慢慢的才在各个城市成立了园林局。

成立了园林局后，大家都认为如果没有园林设计，这城市的绿化水平就提不上去，所以"文化大革命"以后很快就恢复了园林专业。那时候中央书记处有几项指示就是要把北京建成全国最优美的城市，而且当时北京市领导也比较重视绿化，北京市的绿化很快就恢复了。我觉得咱们办这个园林专业很有示范作用。当时老师教授的内容很充实很丰富，就相当于给了我们这些学生一杆猎枪。这并不是说直接给你多少猎物，而是一旦你有了这把猎枪，你就可以去打猎。老师们教给我们了相关的基础知识，了解到了这些以后我们在工作岗位上再加以锻炼、加以学习，知识就得到积累、就比较丰富了。我记得有一次，是关于颐和园的夕佳楼的改造。九道弯比较窄，张治中给周总理写信建议把夕佳楼搬到西堤去，然后这事就交给园林局了。园林局问我们的意见，我们就画了一个方案，主要是拆了一段墙、多加了一个门。后来跟梁先生一块先坐船在那看了看，然后在听鹂馆商量，梁先生同意就拆了一段小墙，交通就通了，问题也就解决了。

所以这园林里有很多事是细微之处见真情。很多事情是以生物为中心解决不了的。我去了四次日本，日本人对咱们的园林也是非常佩服的。日本人在平地上弄点石头行，弄一个乌龟、弄一个鹤可以，但你要他堆假山堆不了。我们在日本新潟县造园的时候，旁边就是一个日本园林。我们在这边堆假山，那个日本的教授也想堆假山，但他跟我们工人不一样，我们工人穿的破七乱八的就在那堆，他弄一藤桌子上面摆上冷饮，往藤椅上一坐指挥工人堆，但堆了半截他就撤了。一看他就不行，他根本堆不了，堆得不怎么样，最后冷饮也不喝了就走了。

这个日本人他是大阪艺术学院的教授，是日本的造园专家，但是堆假山他就不行，他的植物配置也比较死板，另外他们虽然木雕比较好但没有砖雕，建筑布局和色彩也不行，所以咱们在园林上显示的这几手就足够他们用的了，也展示了咱们中国园林的特色。咱们那个新潟县园林建设完了以后，日本的很多报纸都进行了报道，认为这是中国园林的杰作。所以中国园林确实在世界上有其突出的地位，我们现在对中国园林继承得不够，宣传得不够，但是现在提出生态文明口号以后，情况有所好转了。

过去我在园林局也做过一段时间的规划，当时净占园林的地。今天这块绿地盖成楼了，明天那块绿地盖成楼了。北京图书馆就是占紫竹院的地，月坛体育场是占月坛的地，东单广场的体育场也是占园林的地。一共有几十块绿地，都被侵占了，我们这都有记录的。当时是节节败退，后来慢慢转变过来了，现在好了。而我们现在的园林该怎么继承，怎么发展都是需要探讨的问题。

我们这一届毕业了以后就进行教学改革，成立了城市与居民区绿化专业，难道这居民区不在城市里面？而且没有独立于市外的风景区。教学改革就改了这么一个苏联老大哥的名字。

郦芷若：

那个居民区确实不包括风景区，它指的就是城市以外的、有很多工矿的居民点。

刘少宗：

城市与居民区绿化，这居民区不在城市里面，城市与居民区还是并列的，我就弄不清楚它们的关系了。所以我感觉，到了林学院咱们陈老师这里，以生物为中心来做园林整个就乱了。

陈有民（左）与郦芷若（右）（景观学系提供）

郦芷若：

陈俊愉先生提出的以生物学为中心，影响比较大的大概是 1956 年～1958 年，后来就好了。

吴良镛：

80年代后我到北林去，我看它的历史里就没有清华这一段，没有汪先生这一段。

郦芷若：

陈先生那一段确实是有一些偏差的，当时他又在做系主任。我是 1961 年从苏联回来的，正好是那几年，我回来以后也是听说很多人意见都特别大。

那段时期也是跟整个国家的形势有关，那时候人民公社化，又是三年自然灾害，饭都吃不饱，人都是浮肿的。我记得我回来的时候已经开始好转了。天安门人民大会堂的东边原来是月季园，种的月季，在那个时期都挖掉改种胡萝卜了，胡萝卜的叶子长出来绿绿的，还很好看。其他的像紫竹院公园当时还种水稻。当时国家的形势就是那样的。那时候你像朱总司令养兰花，毛主席说那个是玩物丧志。所以当时的园林就是结合生产，那怎么结合生产呢，通过植物才能结合生产。所以我觉得陈俊愉先生的思想和那一段形势有关。另外当时的思潮啊，整个社会乃至整个国家的状况，也对他有很深的影响。我记得我是 1961 年回来的，1962 年学校又开始组织南方实习，就是到杭州、苏州、上海、无锡去实习。当时在北京基本上都是一些过去的帝王园林或者是私家园林，没有很多新型的园林，上海呢虽然有一些是租界园林，但毕竟还是一些新型的公园。而到苏州呢，主要是看私家园林，然后到无锡再到杭州。南方实习从陈先生提以生物为中心开始就暂停了，到 1962 年的时候恢复南方实习，还是我跟陈先生专门去找了林业部当时教育司的司长，叫陈琏，跟她讲去实习的重要性，她还比较通情达理，通过她才恢复了南方实习。在这以后，我觉得林学院的发展方向，就从陈先生当时提的以生物为中心有所转变了，后来还是基本回归到了原来创办这个专业的初衷，我认为还是基本贯彻下来了。所以尤其是在"文革"以后，北林发展得应该还是不错的。我做系主任的时候还比较惨，因为那时候我们在林学院里面备受排挤，林学院的嫡系部队是林业系，我们只能算是外来的。每一次只要是国家有点风吹草动，就拿园林系开刀，园林系就是个靶子。我们一直到"文革"以后，又过了好几年才慢慢的开始受到重视。

所以我觉得现在的学生比我们那时要好多了。现在园林学院的院长叫李雄，是我的硕士研究生，我退休以前，我们那个学校还没有博士点，所以我带的最大的学生就是硕士，但是那几个硕士还都不错，像李雄现在是园林学院的院长，他可比我神气多了。

还有华中农大的一个副校长高翅，他也是我的硕士生。他们现在都很神气。另外还有一些就是像刘少宗说的大款，自己开公司。跟我们当年真是不可同日而语，在学校的地位也不一样了，现在在北京林业大学，最重点的专业是园林，而且是风景园林，那考分是最高的，学校也是最重视的，就业是最好的，学生们根本不用发愁。他们可以自己组织去国外实习，非常神气。所以我觉得我们当时跟他们是没法比的，但是这个也说明我们国家的经济水平提高了。我就非常体会这一点，园林这个事业跟国家的命运息息相关，比任何专业都更重要。建筑盖不了高端的房子，还能盖点普通的，毕竟人还是要住的，要吃饭要住，所以农业与建筑业总归还是重要的，林业也重要。园林以前被认为只是锦上添花，但是只要是国家经济好了，在和谐社会以及美丽中国的建设中就离不了园林。所以我们园林的命运必然是跟国家联系在一起的，吃不了饭的时候绝对不需要园林，花花草草也不需要，但是吃饱了饭、生活水平提高了，这些都变成必需的了。所以我觉得这一点体会很深。我们上学的时候我记得北京市除了圆明园，从清代以后到新中国成立初期都没有新建的园林。

朱钧珍：

大家都谈得很多了。吴先生将座谈会的主题定为"借古开今"，我还想提一个"正本清源"。因为我们召开这个会议一方面是为了庆祝景观学系成立十周年，一方面是想把景观学系成立以前的这段历史理清楚。我们中年纪最小的是刘少宗，班上的吴纯都已经 80 岁了，我们需要把这一段历史理清楚。2010 年的时候吴先生给我一个任务，让我写一篇文章。我就进行了一些调查，写了一个文字材料，陈有民先生也写了一个材料。这些我们今天都不讲了，因为在材料里面都非常详细，包括在清华的课程安排以及教师配备等等。这次还请了原北京林业大学的系办公室教学秘书杨淑秋女士，她虽然没有来，但是写了一个材料。我发觉这个材料与我们所了解的事实有些出入。

郦芷若：

她是 1956 年入学的。

陈有民：

1961 年毕业。

朱钧珍：

"造园组"的相关材料以及我的观点都在文字里面有了，所以我就不说了。在这个会之前我与朱自煊先生联系请他来参加，正好赶上他要出差，所以他就让我代他说两句。他的观点是"造园组的成立应该把清华的这段历史，把最初梁思成先生的思想放进去"。吴良镛先生和汪菊渊先生是"造园组"具体的首创者，但是吴良镛先生他们怎么与梁思成先生谈的，这一段我们做学生的也不太清楚。所以朱自煊先生的意思就是说要往上追溯，要提一提梁思成先生当时的想法。第二个观点，他认为"清华办造园组是把城市规划和建筑的知识首先放在培养造园人才教育中，这是清华首创的"。以前的沈阳农学院，北京以及南京的林学院等都有相关课程，但是把城市规划和建筑的思想和基础引入到园林教育中是从清华开始的,所以是首创。这是新中国园林教育的初创,应该算是第一,这是无可厚非的。

我认为清华造园组是在园林教育中起了很大的作用。刚才大家谈的很多,这一点我觉得无论如何应该给予肯定。不管将来历史怎么写,这一段的历史我觉得非常重要。正本清源,应该利用现在这个宝贵机会把它理清楚。我的观点基本上就是我们"造园组"应该是一个开始,有详细的文字资料说明。我建议景观学系成立十周年的时候办一个展览,把这些学生成绩都摆出来给大家看,大家知道后,这段历史也就搞清楚了。这里不但有一些学生的快速设计图纸,还包括一些小论文,还有些老照片,包括我们学生时代以及教学期间的,还有与汪菊渊先生和陈有民先生拍的照片,以及他们带学生去江南实习的部分记录,都可以留下做纪念。这些资料能够说明当时清华园林教育的开展状况。

吴良镛:

我讲讲感想。我觉得今天这个会开得非常好,把造园组的历史补齐了。造园组如何评价那是另外一回事。从清华园林恢复之后我觉得成绩很突出,包括周维权的《中国古典园林史》和《颐和园》,相当权威;包括朱钧珍主编的《中国近代园林史》,这是后人补写不了的;包括冯钟平以及朱自煊等等,这是清华内部教师做的贡献。之后请了美国的劳瑞·欧林,用三年补了西方风景园林学的体系。我们这些成绩大家是切切实实看得见的。我个人认为1951年造园组创立这段历史应该受到清华的重视。因为学生们当时身在清华,而且他们的身份和履历也是清华的,所以他们属于清华。我个人认为清华"造园组"是一个理念,包括最初的以及现在的,这是多年来累积的。现在从过程看清华风景园林的发展虽然很清楚,但是在过程中它的必要性不是很清楚。我觉得这是一个发展过程,而不是谁对它的看法。重要的是当前如何对应生态文明、美丽中国等等这些更宽泛的理念,进而通过生态恢复改善我们的人居环境。我认为有必要补齐造园组的历史。1950年梁思成先生起草的文章,1951年汪菊渊先生与我创立"造园组"。虽然当时有一些波折,有些困难也不是很容易克服,那时教育部副部长韦悫、农业大学的校长孙晓邨等组织的那个会议,不太好顶,不是过来人没搞过行政,不太理解这个事情,当时处理的困难有种种说法,所以这个问题我保持低调。但是园林学的发展要高调不能低调,因为这是建筑学完全不完全的问题,是新中国学术发展的问题。也不是因为汪菊渊先生,或者我做了一些事表扬自己。所以我觉得今天开这个会,意义比较大。我们有这段历史,在50年代新中国建国初就开创的历史,我们应当自豪,现在我们怎么样子把它办得更好,将其发扬光大,这是很重要的。

朱钧珍展示老照片(景观学系提供)

1951年"造园组"师生热烈讨论(景观学系提供)

朱钧珍捐赠珍贵资料（景观学系提供）

1951年"造园组"师生与景观学系师生（景观学系提供）

2.2 忆造园组创办一个甲子

朱自煊
清华大学建筑学院教授,"造园组"时期任课教师

由北京农学院园艺系和清华建筑系合办的全国最早的园林专业造园组,其第一班(1951—1953)毕业至今已整整六十年,一个甲子。作为第一班的老师,短短两年中和他们朝夕相处,留下一段难忘的回忆,今天看来事情不大,意义深远。

一、时代的产物

第二次世界大战后,西方建筑教育有极大的变化,以包豪斯(Bauhaus)和Cranebrook为代表的建筑思潮和教育体系正风起云涌,冲击着旧的Beaux'Arts体系。1947年系主任梁思成先生应邀在美讲学,考察建筑教育,并代表中国参加联合国大厦设计。这一切都促成了梁先生办系改革的方向和决心,提出建筑教育宗旨是培育一代"体型环境"设计人。为此,改"建筑工程系"为"营建系"。专业设置和国际接轨,从单一建筑学扩充为建筑、市镇(城市规划)、园林和工艺美术(含工业设计)。可贵的是在他回国后,短短几年都付诸行动。其中建筑和市镇组开始分班,工艺美术组招聘师资,开始设计制作实践。当时聘请了高庄、王逊、常沙娜等名家,还招了钱美华、孙君莲(现均为景泰蓝非遗传承人、设计大师)二位为进修生。很快一批风格清新的作品问世,特别是国徽设计,由高庄先生精雕细刻,圆满完成任务。

园林方面则由吴良镛先生和北京农业大学园艺系汪菊渊先生共同创办,第一班八名同学,从大三开始到清华建筑系上课。

上述改革在全国建筑院校中吹起一阵不小的清风,可惜好景不长,接踵而来的是一场更猛烈的全国性的院系调整,全盘学苏的超强台风,彻底摧毁了梁先生的改革思潮和举措,成为昙花一现。

二、可贵的尝试

造园组第一班八名同学(四男四女,后一名男同学因病未正规参加学习)到校后,安排在清华学堂一层中间楼梯旁一间小教室内,正好放进八张画图桌。与南面新水利馆二楼的建筑系遥相呼应,"躲进小楼成一统",别有一番天地。课程设置除了北京农业大学开设的专业课外,着重学习美术、制图、规划、设计和工程等建筑方面课程。当时师资力量还是很强的。如素描课就由李宗津先生教,他是著名油画家,院系调整初和高庄、王逊、李斛、常沙娜等名师均被中央美院聘去。吴良镛和汪菊渊二位先生也亲自讲课。日常辅导则由北京农业大学陈有民先生和我二人担当。在那段时间,清华园学术氛围和建筑系人文气息还是很浓的。造园组同学亲身感受,思路和眼界开阔不少,体现在他们毕业后适应性很强,无论是分配到城市规划部门、园林设计和管理部门还是高等院校教学科研岗位,都能较快适应,发挥才能。其中王璲同学年纪最大,也很成熟,单身一人分配到内蒙古包头,在那里成家立业,扎根一辈子,作出了巨大贡献。六十年过去,第一班中不少学生成为了专家学者,主

要是他们本人努力,也说明当年的尝试是成功的,为园林专业人才培养探了路。

北林和清华近在咫尺,过去常有不少来往,"文革"中北京林学院远迁云南损失很大。"文革"后返京拨乱反正,还一度酝酿是否能再度合作,合办专业。虽未实现,说明彼此之间还是有不少共识的。

三、 园林景观专业复兴

造园组这一新生事物虽然时间短促,有昙花一现之感,但梁先生夙愿和学术思想依然影响着清华建筑系师生。加上国家园林景观事业发展也是强大动力,特别是改革开放后,建筑教育的改革和发展又被提上日程。同济走在前面,清华也在积蓄力量,伺机待发,有几件事,值得一提。

一是圆明园规划。70年代末,北京城市规划领导听了一些人的鼓吹,拟在圆明园内建设一批宾馆接待外宾,为此要求规划设计部门做规划方案,此事引起建筑界轩然大波,纷纷参加,大家意见不约而同都反对在园内安排,清一色成了"园外派"。此事引起社会重视,在此基础上酝酿成立了圆明园学会,并明确圆明园性质是国家遗址公园,使圆明园保护与整治走上了正确轨道,同时也牵动了清华师生对圆明园的研究。特别是梁先生弟子郭黛姮教授及其团队,将遗址研究、展示与信息技术结合,取得了新的突破。

二是黄山总体规划。1978年夏受时任安徽省委书记万里同志委托,城市规划教研组组织工农兵学员毕业班,指导老师有朱畅中、周维权、冯钟平、郑光中和徐莹光等,在黄山呆了一个多月,对黄山历史、景观特色、植被、游览路线、出入口大门、山上山下食宿条件等均作了比较详细的调研,提出了黄山总体保护、整治与旅游开发的设想和规划方案,得到了张凯帆副省长和省委郑秘书长的肯定。这次规划是一次学术探讨,也是黄山风景区第一次规划。第二年邓小平同志以75岁高龄徒步登上黄山,指示安徽省领导要"打好黄山牌"。安徽省建设厅随即组织力量,聘请朱畅中先生为专家顾问,进行法定的黄山总体规划,并于1983年通过评审,此后建筑学院景观系又做过黄山总体规划。建筑系汪国瑜先生、单德启先生还设计并建成了云谷山庄、狮林精舍等一批旅游宾馆和景点建筑。

三是在园林史和园林设计理论研究方面,也取得了丰硕成果。周维权先生的《颐和园》、《中国古典园林史》、《中国名山风景区》成为享誉海内外的经典名著,冯钟平先生《中国园林建筑》、朱钧珍先生的《中国近代园林史》、《中国园林植物景观艺术》,刘少宗先生的《园林设计》等均有很高的学术水平。此外,朱畅中先生还担任了建设部城建司风景园林方面的专家顾问,对全国风景园林事业做出了很多贡献。郑光中、孙凤岐先生在风景园林和旅游事业方面也做了大量工作。总之,园林景观在建筑学院六十多年来弦歌未断,为此后园林景观专业的复兴准备了条件。

在老一代专家教授带领下,新一代专业人员也迅速成长,并通过请进来、走出去,形成一批新的学术领军人物。1998年成立景观研究所,2003年成立景观系,聘请美国著名景观建筑师,宾大教授劳瑞·欧林先生担任系主任,十年磨一剑,今天景观系无论在学术、规模、地位和知名度上和六十年前造园组不能相比,更令人欣慰的是时代不同了,今天面临的广阔天地和美好前途,和梁先生当年遭遇困境已不可同日而语。衷心祝愿新专业百尺竿头,更上一层楼。

2.3 流水年华
——忆两事作为校庆五十周年汇报（摘录）

陈有民
北京林业大学教授，"造园组"时期任课教师

新中国唯一的"造园组"（园林专业）的创建

解放前，北京大学包括文、理、法、农、工、医等六个学院。农学院有十个系，其中的园艺系开设有果树、蔬菜、加工贮藏及造园花卉（观赏园艺）等四个方面课程，学生对这四方面均需全面学习。当时汪菊渊副教授讲授造园花卉和蔬菜两方面课程，我是助教负责造园艺术、花卉园艺和观赏树木等三个课程的实习课和花圃、温室、腊叶标本室的工作。教授可以不坐班，但助教却坐班而且非常忙。老教师以重担压才干的精神来培养青年教师的独立工作能力。1948年11月北京大学拟举办校庆活动，汪先生拟以造园题材参加校庆展览，所以我每天均在图书馆楼上的小绘图室内绘制北海公园规划图。一天傍晚忽闻两声巨响，北平城的和平解放就以西郊机场的爆炸而揭开序幕。

1949年北平解放，7月辅仁大学农学院并入北京大学农学院。9月北京大学农学院与华北大学农学院、清华大学农学院等三院合并成立北京农业大学（今之中国农业大学）。新中国成立之初经济尚未恢复，曾号召农民半年糠菜半年粮和瓜菜代粮，故重生产轻观赏，将全国农学院的造园及花卉类课程取消，但因北农大在首都，故我们的这类课仍予保留但改为选修课。北京为文化古都，实际上有许多园林工作待做，如行道树、古树等问题均找到学校，例如鲁迅故居中的花椒树问题就是昆虫系助教和我前去解决的。汪先生和我对选修造园课的学生很是认真，我也在实习课中增加大量内容，务必使学生获得真才实学。园艺系必修课中没有测量学，但是搞造园工作必须懂测量学，于是我在造园实习中增加三次实习把经纬仪、水准仪、小平板、大平板、罗盘仪、求积仪全借来教学生在不同条件下使用，并讲授了一般测量学中也不讲的土方计算与平衡，以备造园中挖湖堆山竖向设计用。所以选学我们课程的学生在毕业前就被业务单位邀请去工作了。有的毕业生在完成工程后还专门写信来感谢老师的教导，这也鼓励了我们搞好课程的决心。1951年春汪先生告诉我周恩来总理在一个报告中谈到园林工作属于城市基本建设项目，后来又告诉我教育部准备让我们试办造园组，并与清华大学营建系合作两年，教育部正向苏联要教学计划和各课程的教学大纲，并让我从园艺系二年级学生中选十名具有艺术感受性的学生带到清华读书两年。报名学生非常多，请汪先生对学生讲明"艺术感受性"的含义。我觉得学生互相间是最了解的，我找到学生的团支部书记向他提出了一定要做到公正无私，最好采取公开报名大家讨论并注意统战政策的原则。学校又规定了不许转系的原则，当时我认为林业系一位学生相当优秀，可惜不能转系，五十年后的今天那人已成为颇有成就的科学家了。

1951年秋季即将开学前，教育部的文件尚未下，汪先生说不能再等了，一方面请农大教务处去教育部催，一方面让我提个草案供参考。我带6名男生、4名女生住进清华，汪先生因为农大有课，社会工作又多，每周只能来清华一次。由于造园组是初次试办，由两校合作，大家都缺乏成熟的经验，需要在实践中探讨、磨合。在清华大学营建系内对办造园组最热心的是教城市规划的吴良镛副教授，系主任梁思成教授亦很热心，但因兼任北京市都市计划委员会副主任，不常在校。由于学生的基础不同，营建系需专门为造园组学生开课。我的任务是了解营建系为造园组所开各课内容以便提出改善意见、处理和联系有关教学和行政事务和教原来在农大应教的课程，以及由外单位请来为本组开课的安排等等工作。我跟班听了专门为造园组开设的课程，对重点课如营造学我除听本组的课外还另外听给建筑系学生讲的课，以便确定将来改进的内容。在头两个月由于个别老师认为专门开班是额外负担，上课态度冷淡，加上其他条件差，引起学生不安心，首先有一男生鼓动大家回农大，后来又有一男生响应，我做了许多思想工作，解答了他们的所有问题，安定了大家情绪；由于我与同学们同住在同一房间，曾与那两位学生多次长谈数小时，对他们情况也较了解，最后与汪先生商量同意他们返回农大了。这一波刚平息，不久一波又起。情况是全国的土地改革进入最后完成阶段，教育部规定除工学院外各地院系均去参加土改运动。北京农业大学园艺系学生将派去江西省，造园组女生得知此事后就提出这是光荣的革命行

动，也是最后的革命机会，如不参加以后就再也没有机会了，希望我向农大转达他们想去参加土改运动的要求。汪先生听我谈了这一情况后沉思半天不说话，觉得不好决定，一方面是教育部让我们试办这全国惟一的造园组，另一方面是在全国革命气氛下对学生的革命要求也不宜不支持。我说梁思成先生不常见到，营建系其他老师对造园组抱着无所谓的态度，只有吴良镛先生一人最热心，所以我们如撤回农大参加土改一年后，恐怕能否再回来合作是大有问题的，汪先生同意这种分析，说他回去再考虑一下。一周后汪先生来清华说已与学校谈了，决定造园组不去参加土改了，让我与学生们好好解说一下。学生们知道已来到工业院校就应按工业院校处理，也就平静安心了。

为了改善教学条件，我建议汪先生把农大的温室搬一栋来或在清华建一栋新温室。汪先生与北京市建设局联系，赵鹏飞局长支援了一笔经费。过去建温室都是由木工自己破开原木要花许多天，太费工时，这次我带领一位木工骑车到西直门建材厂仅用半天就选好合适的机制材料，在短期内就建好五间温室，节省了许多经费，做到了多快好省。又带工人在荒岛上开辟一块地作花圃。吴先生也积极地为我们改善条件，先后在水利馆和营建系楼上拨出一间小屋挂上造园组牌子，作为汪先生和我的办公室，学生们也有了专用教室并决定造园组学生的团组织并入营建系三年级学生的团组织内，使两校学生融为一体，后来又派一名年轻助教朱自煊先生参加照料造园组学习建筑课程工作。我又被选为清华大学教育工会的营建系部门委员负责文体工作，因此与全系各教研组的人都非常熟，大家也不把造园组视为"外来户"了。1952年院系调整中将北大工学院建筑系教师调入清华营建系，我觉得北大偏重于工程方面，清华偏重于建筑艺术方面。当时还有个工艺美术小组在营建系内。我积极地参加美术史讲座、中国建筑大屋顶的研讨会、苏联专家的讲课及建筑设计的集体评图、武汉长江大桥头的雕塑、人民英雄纪念碑设计介绍评论等，从中我体会到建筑师、美术家们的观点和思维逻辑基础。1951年到清华时，校长是刘仙洲教授，党委书记是何东昌先生，次年刘校长不搞行政只教书后，由蒋南翔同志任校长，当时教务长是周培源教授、副教务长是钱伟长教授，清华不愧为名牌大学，一切工作都有规则章法，最初我与学生住在一起，因为我参加为教师开的速成俄文学习班，每晚学生宿舍定时熄灯只有走廊上高悬着昏暗的灯亮着，我只好搬个圆凳站在上面复习到深夜。我并未向清华申请住房但他们知道我是老助教后就主动通知我移住在图书馆，待新房建成后又主动分给我宿舍。在理发室等待理发时，蒋校长进来，因他工作忙请校长先理时，他坚持不干，一定跟大家一样按序排队。在清华经常有好的报告，如伍修权特使出席联合国会议后，回来就在清华作了报告。

因为我常驻清华，教育部高教司长周家帜教授曾问我造园组试办情况，我说一切顺利没有困难。在我们拿到苏联教学大纲以前，汪先生找了许多英美资料，又让我参考许多日文资料，又根据我们过去的经验曾作出个初步计划，当教育部陆续把苏联教学计划和各课程教学大纲的译本交给我们后，汪先生说需根据这个蓝本拟出我们的计划报上去。我看这个蓝本是列宁格勒林学院城市及居民区绿化系订的。特点是每年暑假都安排有实习，第一年是认识实习，以工人身份参加劳动，体验实际工作情况，第二年是主要专业基础课程的教学实习，第三年是以技术员身份参加实际工作，又称第一次生产实习，第四年是在毕业前以工程师身份参加实际工作，又称第二次生产实习，毕业后就给以工程师的职称。在课程设置方面，大部分我们可以开设，但亦有少数课程暂时无条件开出，例如有益有害鸟兽课、园林绿化经济管理等。苏联教学计划上写有土壤学，细看其教学大纲副标题却是工程土壤学，这与在农大所讲的为栽植农作物的土壤学完全不同。为了培养较全面的造园人才，几年前我就曾广泛的听课，在农大农机系本想听静力分析，无此课，就听了动力学、曲线土工；为了大面积园林风景区建设，听了植物生态学，而且将英美派和苏联派的书都看了。到清华后听说北大理学院植物系新开植物地理学就去听了一学期；想到自然风景问题又去清华地质系找到美国的景观地形地貌学。关于土木工程知识方面汪先生让我找土木系李教授商谈了内容，为造园组第一班开了课；关于中国建筑、营造学、美术、设计、制图、城市规划等方面就在营建系内解决了，例如关于"山石张"、"样式雷"及一些"法式"问题就请讲中国建筑的教授多讲一些。关于投影几何课，造园组第一班是结合制图讲一些阴影透视理论，第二班则与营建系、机械系同上大课，营建系与我们只学一学期，机械系需学两学期，汪先生让我准备回农大后开此课；在我写了两章讲稿后汪先生说将来可请清华去农大兼课就不必自己准备了，因而作罢；实际上我觉得采用对第一班的教法就足够了。当时我国的政策是全面学习苏联，而且后来提出"不走样的学习"精神。最后与汪先生共同费了许多时间安排出造园组的教学计划交上去，各课程的学时数基本参照苏联的并结合国情有所调整，但都写出理由。在1952年暑期，汪先生和我就按计划带领第一班的8位学生去江南实习，在南京测绘分析了玄武湖局部布置图、参观了一些名园、与朱有玠先生参观讨论了雨花台烈士陵园的规划设计；在上海正值将原跑马场改造成广场，和人民公园的工程及曹杨新村工人住宅区绿化的完成，上海市园场管理处主任程世抚教授畅谈了他改造旧上海增加公园绿地的策略。此后汪先生有事先回北京，由我带学生继续到杭州实习参观这个风景名城并与余森文局长在城建局召开座谈会。"上有天堂下有苏杭"，离开了西子湖又去苏州并请来清华大学研究民居的著名教授、营造学社的骨干刘致平教授来指导对苏州园林的考察。这段历史还有个有趣的插曲：头一天傍晚我带学生下火车来到苏州农校住下，夜里我起来要到火车站去接刘先生，走到校门处大铁门却锁着，看管人员又不在，阴天雾气蒙蒙，半夜三更找不到人，只好爬铁门了，小心地翻过门顶的铁刺尖，落地后就奔向一条光洁的大道，但忽然想起昨天来时走的都是土路并非大马路怎么忽然出现大路了呢，于是慢慢地走近蹲下来仔细看，原来是一条河，真吓一跳，于是退回，凭着昨天的记忆向车站方向走去。

1952年秋第二班造园组10名学生又由农大来到清华后，我们增加许多工作，吴良镛先生及美术组老师仍专为造园组开课，朱自煊先生也花大部分时间在造园组。1953年暑期实习由汪先生带第一班去承德热河避暑山庄，我带第二班去小五台山。我建议汪先生与清华研究再延长合作一年以便使第二班学生在清华读到毕业，但因在1952年院系调整中清华大学成为重点综合性工科大学，故造园组回北京农业大学园艺系继续办学，部分课程由营建系派人兼任。吴先生表示在清华读过的这两班学生毕业后可被清华大学承认为清华毕业生，当然按教育行政手续，仍由北京农业大学发给北京农业大学的毕业证书。1951年~1953年是新中国高等教育史上的重要发展阶段，新中国的园林绿化专业（造园组）经过惨淡经营艰苦创业终于建立了。其他如航空学院、地质学院、矿业学院、钢铁学院、石油学院……等等也都是在这个时期新建立的。1953年~11956年造园组回到北京农业大学自办。1956年秋全组师生调到北京林学院并改为"城市及居民区绿化专业"。汪先生在北农大时已兼任北京市农林水利局长，后为园林局长，1956年秋又先后调来孙筱祥先生、周家祺先生，1957年11月建立城市及居民区绿化系，调来李驹先生任系主任、陈俊愉先生任副系主任，又调来余树勋先生。系中人员增多，力量加强，招生数也多了，对发展园林事业是很好的机遇。但是人多热气高想法也多，在专业发展方向、办学方针等等许多方面出现不同看法，但我仍是坚持主张创办造园组时的初衷，认为园林绿化是综合性的学科，应培养全面综合性人才，并形象地说这种综合性不能简单机械的"拼盘"而是有机地融合成一体的广谱盘尼西林式的综合型人才。后来更由于政治大环境背景，绿化系于1965年7月被撤消，大部分师生去林区参加"四清"运动。1966年春夏之际开始了"文化大革命"，园林教育被否定，遭批判。"文革"后，1978年12月在党中央十一届三中全会后，全国拨乱反正，各项建设工作蓬勃开始了新的长征，1979年学校由云南迁回北京原校址，1980年开始了恢复、整顿、发展的新征途。多年来我校的园林教育为国家培养了大批人才，但其中存在许多值得总结的经验和教训。园林绿化专业是以运用植物为主（又非仅限于植物）、为人们创造和改善游憩、生活和工作环境的专业；它的特点是具有融合多种自然科学技术与人文社会科学于一体的综合性应用学科。在大学中培养出的园林绿化专业人才必须有规划设计、施工、养护管理与经营和研究探索的全面能力，还应具有与其他有关专业互助合作的素养。我一直坚信中国园林事业的前途是非常光明远大的。

（此文原载于北京林业大学校内刊物《流金岁月》（2002年10月））

陈有民手稿

1948年从事园林教学工作。

1951年参加创办造园组工作。

1966年被迫离校，在沈阳市科委曾使数十万居民避免了十余年后致癌的危险，在农村落户走五七道路时做了不少好事，被选为工作组员；在基层公园、园林研究所经多年实践并编著出版了教科书。1981年去美国探亲及考察园林，同时收到落实政策调回原校的通知，使我感到无比的幸福快乐。

作人信条是"但行好事不问前程"，"己所不欲勿施于人"，"己之所欲不强加于人"。

陈有民
2013年7月3日

2.4 关于清华大学建筑造园组的回忆

朱钧珍
清华大学建筑学院教授,"造园组"第一届学生

  1951年春天,当我还在北京西郊罗道庄北京农业大学园艺系二年级上学的时候,听到一个消息,说是要在我们班选派十名同学去清华大学转读造园。由于我从小就生活在湖南长沙临近湘江的市区,父亲常常带我去湘江边散步或晨运,使我对于山水园林有着一份炽热而自然的爱好,于是,我毫不犹豫地报了名,并经过汪菊渊先生的面试,认为符合具有一定"艺术感受"的条件而被录取。与我同时录取的还有郦芷若、刘承娴、吴纯、王璲、张守恒、刘少宗、富瑞华、黄辉白和农艺系的余洪基,于1951年暑期后转入清华大学营建系由梁思成主任申准,由吴良镛、汪菊渊两位教授首创的"造园组"借读。不久黄辉白和余鸿基不知什么原因改变了主意,又回农大去了。而其余八位(四男四女)同学就从一年级起正式转校插班改学建筑与园林,直到1953年夏在清华毕业。参加了清华大学的毕业典礼,也承认了我们两年在清华的学历,还发给我们毕业纪念品,但正式的毕业文凭仍是由北京农业大学发给的。

  这样我们就成为新中国有造园专业名称的第一届毕业生。而在此之前的农林院校或有造园组的名称及课程,但多属农林领域的树木学、园艺学、花卉学或小庭院设计,极少正式入读建筑系的城市规划或建筑设计等课程的。而以往的建筑系中,除有的老师研究中、西方园林史,并随之讲一点园林课之外,并未见有园林专业的独立教育机构。因此,清华大学营建系的造园组,可以说是当时(建国初期)唯一培养全面的专业人才的第一个园林教育组织。

  我们造园组的八位同学是在北京农业大学园艺系学习了园艺及园林方面的基础课程,如土壤、气象、化学、植物、生物等,来清华以后的课程则完全是针对园林学科所需而设(主要课程见下页表)。

  因时隔六十多年,课程或有遗漏或错误,请予指正为感。

  在学习期间,我开始做了一个公园茶室的建筑设计,由朱自煊先生指导。有一次,朱先生改完我的作业后,又叫我拿去请教梁思成先生,于是,我就拿着图纸去了梁先生家,也见到了林徽因先生,她那时候身体已不大好,坐在一个围椅中。梁先生知道我是由农大转来的,没有建筑基础训练,于是就很细致而耐心地像教"建筑初步"的一年级新生那样,将草图纸一张叠一张地反复修改设计的方法教我,使我深受教益,也使我感受到一份难忘的荣幸。

  1952年由汪菊渊、陈有民两位老师带领我们八人去南京、无锡、苏州、上海、南京、杭州实习。而1953年的毕业设计则是测绘和调研承德避暑山庄的一些景点,如已被破坏不堪的"狮子林"等处,实习时间长达一个月。我们与老师朝夕相处,加强了"教"与"学"的密切联系和十分良好和谐的师生关系。

  我们毕业后,由于新中国以园林命名的专业尚属初创阶段,园林人才十分缺乏,

表 "造园组"主要课程设置

课程项目	主讲教师
城市规划、城市绿化	吴良镛
造园设计	吴良镛、朱自煊
建筑设计	朱自煊
中国造园史	汪菊渊、刘致平
西方造园史	胡允敬
建筑概论	张守仪
制图学·透视	莫宗江
绘图·素描	李宗津
绘图·水彩	吴冠中、华宜玉（康寿山也曾带过几次课）
观赏树木与花卉	汪菊渊、陈有民
园林艺术	汪菊渊、陈有民
测量学	土木系教师褚老师
园林管理（讲座）	李嘉乐、徐德权
植物分类	崔友文

故八位毕业生中有一半都分配在教学岗位，刘承娴与我留在清华建筑系，郦芷若与张守恒仍回农大园林系（或组），刘少宗、王璲与富瑞华则分配在北京园林局（后来王璲又被调去包头支边），而吴纯则被分配在十分缺乏园林人才的建筑工程部城市规划设计院，他们都在各自岗位上发挥了很大的作用。

从1952年~1953年，由于全国院系调整"全面学苏"汪先生所建的农大园林系并入北京林学院，而我们在清华大学建筑系学习的下一班十位同学只在清华学习了一年之后随之离开清华回农大，之后一道并入林学院。而清华此时的园林学生的培养工作也就停顿了下来。这时吴良镛先生已经升任为营建系主任，他对园林教育的决心和热忱始终不渝，又开始成立了一个以程应铨教授为主任，以朱自煊先生兼任秘书，加上刘承娴与我两个助教的"城市规划与居民区绿化教研组"，教研组的位置就在今清华学堂正门二楼近楼梯的一间三角小屋里。在程应铨先生的带领下，我们一面从事苏联园林绿化著作的翻译工作，并与中科院北京植物的同行共同合译出版了《绿化建设》一书，这本书内容翔实而有系统的理论，对当时我国的园林建设还是影响较大的一部园林专著。在当时"向苏联老大哥学习"的"一边倒"的情况下，几乎成为园林的"看家书"。另一方面，我们又在苏联来华讲学的阿凡钦柯教授的指导下做园林设计研究。刘承娴做的是"北京玉渊潭公园设计"，我做的是"杭州城隍山文化休息公园设计"。这时后，刘承娴与我实际上是成为拿工资的全职研究生，现在回想起来，真是一段最美好、最惬意的学习生活。

但是，不久之后，正式的"城市规划教研组"成立了，删去了原来的后一半"居民绿化区"的名称，人员也有所增加，我当然也编制于规划组，并随我的老师和同事们去洛阳、邯郸、郑州等地，参与了我国第一个五年计划中的城市园林绿化规划设计工作，而刘承娴则因工作需要离开了本专业、先后在校长办公室任主任及校党委宣传部，统战部任部长等职，"文革"中被害。今日思之，颇有：忽来一阵"腥"风，故人西去，时移事易，往事莫名只堪悲之感。

1957年因国家建委的中国建筑科学院急需园林绿化技术人员，于是，我被调去，以后随着机构的变动，我又被调到建工部建筑科学研究院，市政研究院所，最后辗转地到了北京市环境保护科学研究所。

1979 年，吴良镛先生下决心要在清华继续成立园林专业，费尽心力，千方百计地又把我调回学校。实际上，这时清华建筑系已经拥有较为齐全的园林专业的师资力量，而且吴良镛、朱自煊两位老师已是最早开设"园林规划设计"课程的老教授，其余还有几位老师出版了不少有较高份量的园林专著，如周维权先生的《中国古典园林史》（出版时间较汪菊渊先生的《中国古代园林史》早，现已出版到第三版）、陈志华先生的《外国造园艺术》等诸多园林著作，冯钟平先生的《中国园林建筑》以及后期楼庆西先生的许多园林著作，近期又有后起之秀贾珺的《北京私家园林志》等巨著，姚同珍先生更是实践经验很丰富的园林植物专家，甚至在 1984 年新调来的关蔚禾老师更涉足于"城市生态学"的研究等等。应该说，在清华大学重新开办园林绿化专业教育是很有实力的，这时的我，除专职讲授"城市绿化"课外，参与了由汪菊渊先生亲自点名要我当他副手的第一次编写《中国大百科全书》中园林绿化分支学科的工作，并继续完成和出版了"文革"前与杭州市园林局等单位的"杭州园林植物配置"的合作课题研究。

但是我于 1979 年回清华后不知道为什么园林专业却一直未能成立，直到 24 年以后的 2003 年，才正式成立"景观系"，并邀请了一位美国专家当系主任，而这时我已退休，不过我始终没有停止过园林绿化的研究，并始终关注清华大学园林专业教育的种种。

我深信着，也期待着清华大学的园林教育，在景观系主任杨锐博士的领导下，会继续培养更多、更广、更富有特色的园林人才，取得更广泛、更丰富的科研成果，与其他兄弟学校一道，共同来编织我们美丽的中国。

此文乃遵吾师吴良镛教授之命，从一个首届园林专业毕业学生的角度将清华大学创办园林教育的始末作一回忆记录之。

2.5 继往开来　乘胜前进

刘少宗
原北京市园林局副总工程师，北京市园林古建设计研究院院长，"造园组"第一届学生

　　1951年北京市为培养园林人才，经教育部批准由北京农业大学和清华大学合办造园组。这个组就是北京市最早培养风景园林人才的专业。

　　我和北京农业大学另外7个同学到清华大学营建系造园组学习，成为造园组的第一批学员。四年的学习实践虽然不长，但却给我留下了深刻的印象，收获颇丰，为我一生从事园林工作打下了坚实的基础。经过学校的不断改革，60年来使这个专业培养了大量的风景园林人才，为社会做出重要的贡献。

　　1949年~1951年，我们在北京农业大学园艺学系主要学习了园艺学、农学和植物学等学科，给我打下了关于植物学方面的基础。1951年到清华大学营建系后更受到学校的重视。这个班虽然只有8位同学，为我们授课的却有十几位老师。授课老师除了来自营建系、园艺系以外，还聘请了土木系、中国科学院植生所和北京市园林部门的专家。他们根据园林人才的需要重新编写了教材或教案，我们学习了园林设计、土木工程和观赏植物等门类的课程，还聆听了著名专家的专题报告，使我们大开眼界。学校还利用暑假安排实习，创造理论联系实际的机会，另外还给我们介绍一些有特色的经典书籍。总之，尽量为我们创造条件，使我们能成为满足社会需要的园林人才。

　　四年的学习和多年从事园林设计工作的实践让我体会到，学校培养风景园林人才，首先最重要的是明确办学方向。学习的内容要广而不杂，有取有舍，办出特色，学有所长；其次，是要培养学生有全面、辩证分析问题的能力，既有高远的目标又有面对现实的思想；最后是要善于学习，吸取古今中外的优秀成就，既不墨守陈规，又不盲目跟风。

　　我们培养的风景园林师，既不是欧美式的风景建筑师，也不是苏俄式的城市及居民区绿化专业的人才。相信在当前的大好形势下，总结60年来的经验，我们一定会培养出更多具有科学态度和创新精神，适合伟大祖国需要的风景园林人才。

　　（原文刊于《风景园林》2012年04期）

刘少宗题词
"精心培养,学以致用"
课程教授与实习并举收获颇丰,学以致用至今难忘谨向老师们致崇高敬礼
——刘少宗

2.6 中国高等教育园林教育创始情况
（摘录）

杨淑秋
原北京林业大学园林系系办教学秘书

　　新中国成立前园林教育在高等学校中没有设立独立的专业，只开设有关的课程，始于20世纪30年代，当时的金陵大学、中央大学、浙江大学、复旦大学、四川大学等开设的课程有造园学、花卉学、观赏树木学、苗圃学、花卉促成栽培学等课程。任课的教授有章君瑜（守玉）、毛宗良、陈植、曾勉、李驹、叶培忠、程世抚等。

　　新中国成立之初，在1949年~1950年之际，仅有复旦大学、浙江大学和武汉大学等学校的农学院园艺系内开设了观赏园艺组（造园组），开展了园林高等教育，后在1952年全国高等学校院系调整中停办。

　　1951年由北京农业大学汪菊渊教授倡议向当时的教育部申请办造园专业，获准后就由北京农业大学园艺系与清华大学营建系合办造园专业（三、四年级驻点于清华大学上课）。汪教授与陈有民老师在该专业与清华几位教授分别为造园专业学生上课（两届学生），青年教师陈有民常驻清华。

　　1956年高教部决定将北京农业大学造园专业调整至北京林学院（现北京林业大学）造林系中的一个专业，改称为"城市及居民区绿化专业"（当时为苏联专业译名）。

　　1957年秋正式成立城市及居民区绿化系辖一个专业——城市及居民区绿化专业。李驹教授为系主任，汪菊渊、陈俊愉任副系主任。

　　这是中国高等教育中园林教育建系之始，学制五年。

　　1964年1月将城市及居民绿化系改为园林系，学制改为4年。

　　1964年7月毛泽东主席下达"取消盆花和庭院工作"的指示，林业部于1965年下达（65）50号文件决定停办园林专业，撤销园林系建制为园林专门化，成立园林教研组并入林业系。园林系学生一、二年级并入林业系编班，三、四年级开设园林专业课。其中1962年前后，南京林学院、沈阳农学院、武汉城市建设学院都曾建立过园林专业，但在1964年~1966年先后停办。

　　1966年~1974年的八年间中国高等学校的园林教育暂时中断。

2013年5月12日

2.7 我的风景园林探索

郑光中
清华大学建筑学院教授，原清华大学建筑学院资源保护与风景旅游研究所所长

我对建筑专业，尤其是对风景园林专业的热爱，可能与生活的环境有关，我出生在山城重庆，在四川、在重庆到处是山青水秀的地方。幼年时我家曾住在重庆北温泉，这里是风景优美的避暑胜地，绿树成荫，柏树成行，有花园草坪，有古老寺庙，有幽深山洞，还有小溪中流淌着的清彻泉水和池塘盛开的荷花……1948年我和哥哥又回到北碚，到兼善中学读书，北碚是一个整洁美丽的小城，棋盘状的街市，形式统一的建筑，干净的混凝土马路，修剪整齐的法桐行道树，不远处有火焰山公园。嘉陵江静静的从小城边流过。我们学校也在嘉陵江边，学校以前是一个果园，很大一片桃树林，我们常爬到树上玩，春天开花时特别美丽。一条长长的巨石滩直插入江中，这就是著名的碚石。石滩被江水冲出大大小小奇形怪状的石洞，小伙伴们常在这些洞穴中捉迷藏，有时也在江边静静的钓鱼。溪边的小竹林是我们常去看书的地方，嘉陵江边的沙滩更是我们休息、散步、玩耍的好去处……所有这些给我留下了美好的印象！

1953年我考入清华大学建筑系，告别了家人，告别了故乡。乘船出三峡到武汉，又乘车北上，一路饱览祖国大好河山，最后到了北京。在清华幽静的校园中学习，常到圆明园跑步，到香山爬山，在颐和园中散步、划船、游泳。美好的环境陶冶了我的性情，培养了我对风景园林的兴趣。在清华学习期间，在梁思成先生"规划、建筑、园林"三位一体的教学思想指导下，各方面得到全面成长。听了吴良镛先生的讲课，坚定了我学习规划的决心。毕业后留校任教，与吴先生、朱先生等诸位师长共同教学、科研、实践。有更多机会向他们学习，也得到了很多锻炼，取得了一些成绩。

自从"文革"以后，我主要工作的重心就一直在风景园林领域。36年里国家发生了天翻地覆的变化，而我在风景园林领域的探索之路也在这时代大背景下发展变化着。写下不同年代的几件事情，作为对风景园林行业变化的个人记录。

20世纪70年代：重整山河——风景名胜旅游地区规划研究

文化大革命对于风景园林事业有很大的冲击，十年之中整个行业都处于停顿状态。"文革"之后我们接受的第一个风景区任务就是黄山地区的规划，成为我国风景名胜旅游地区规划的开端。

1977年安徽省委书记万里同志邀请清华大学吴良镛、朱畅中、周逸湖和我，东南大学杨廷宝、黄维康、吴明伟等几位教师到合肥，为中国科技大学的校园建设出谋划策，万里同志接见我们时，吴先生说，同济大学也想参加，安徽立即电邀同济。同济大学由冯纪忠先生带队，同行有邓述平、张振山，迅速来到合肥。在万里同志招待我们的宴会上，他说："皖南是一个大花园，你们都应去看看！"又说黄山的规划就交给清华了。冯先生立即说："那九华山就交给我们同济吧！"。我们听了万里同志的话十分兴奋。会议结束后，省里派人送我们到皖南参观。东南大学杨廷宝先生的团队不想去，就先回南京了。清华、同济的几位先生在省里精心安排下乘车驶向皖南，我们参观游览了九华山、太平湖、黄山等地。

一路上，吴先生兴致很高，每到一处他立即提着一瓶水，拿着画夹出去画水彩，我也拿了素描本画速写，我们常常在一起画画。同济的老师们喜欢照相，邓述平身背两三个相机，照全景、照特写、甚至照一朵花、一片叶。而清华的老师很少有相机，我们总是走一路画一路。一行人走走停停，说说笑笑，虽累，但十分快乐！这次黄山行，为今后近三十年清华大学规划黄山、建设黄山打开了大门。

1979年开始的黄山规划，是我国文革后风景名胜区规划的开端。后来又做了普陀山、泰山、庐山、五指山、尖峰岭、嵩山少林寺等众多风景名胜区规划设计，考察了台湾、美国等诸多国家公园，学习先进经验，建立和提高了做风景名胜区的理论和实践水平。成立了清华大学资源保护与风景旅游研究所。建立了与建设部、国家林业局、国家旅游局和兄弟院校的工作联系，主持制定了国家标准《旅游规划通则》，使我国的旅游规划水平有了较大的提高。

20世纪80年代：古城新生——历史文化地区保护建设规划研究

80年代是打开国门的初期，意识形态领域，各种思潮层

出不穷，互相碰撞。在风景园林领域，传统的规划方法已显落后，新的规划理论不断涌现，建设与保护相结合，历史与未来相融合，成为这一年代的重要特征。

什刹海历史文化风景区规划研究成为这一时代背景下的典型。1983年北京市整顿市容，西城区重点清理什刹海地区，大批解放军战士和将军，参加了什刹海挖河泥劳动。这时，我系应邀参加什刹海的规划设计工作。我和朱自煊先生带了1979届一组学生，开始了什刹海地区的调查工作，从此开启了二十多年我系对什刹海地区的保护、规划、建设工作，直到现在。

在漫长的工作中，经历了为恢复恭王府、火神庙等历史古建的工作；拆除沿湖违章建筑，建设滨水绿地步行带；改建银锭桥，疏通前海与后海的湖上游船航道；为增加群众休憩场所，规划建设了潭苑茶室、后海花架、游船码头等景点建筑；特别是恢复因地铁而拆毁了的汇通祠及小山的工作，更是困难重重，经多位专家呼吁，政府决定恢复汇通祠这个历史景点。在新堆土而成的小山上建汇通祠小庙难度很大，由于我有建设地下人防工程的经验，设计了从地铁顶板上修建山中两层建筑，作为第三层汇通祠的基础工程，终于恢复了这一珍贵历史景点。

什刹海规划及汇通祠建筑模型，由以吴良镛先生为首的北京市代表团带到伦敦，参加世界第三届古建筑保护和城市规划大会，在会上介绍展出。此次参会，我们还参观学习了英国八个城市的古建保护和城市规划工作，交流了经验。

清华师生完成了多次什刹海历史文化风景区的规划设计工作，并得到了北京市政府的肯定。当时的市委书记兼市长，明确规定，今后在什刹海规划区内，新建任何建筑，要求业主将设计方案先送清华，经朱自煊老师和我审阅签字，再由规划局最后批准。为此，不少业主要求为他们需要改建扩建的建筑提供设计方案。粗略估计：十多年来，我们设计了大大小小几十幢建筑，面积达万余平方米。这些建筑包括烤肉季饭店、狗不理餐厅、荷花市场、烟袋斜街等。古城保护工作艰巨而困难，矛盾多、问题多，办一件事往往需要几年，甚至十几年。通过这一工作，我们不仅为北京古城保护和建设做出了贡献，更重要的是这一课题为清华十几届规划系毕业班学生及研究生提供了结合实际进行学习的机会，多次与外国建筑院系共同研讨设计，我们的教学和科研工作获得了双丰收。

经过二十多年的共同努力，今天什刹海已与故宫、颐和园、长城等被评为"北京新十景"，成为国内外游人想往的地方。当人们登上景山万春亭举目四望，可以发现只有什刹海地区在近二十多年来，未新建4~5层以上的现代楼房，基本上保持了历史名城的古城风貌。这是值得庆幸的事。

从什刹海规划开始，我们对古城保护，特别是历史文化景区的保护和建设，进行了全面的探讨，不仅对北京城中轴线地区的保护和建设进行了多次规划，还对济南珍珠泉—曲水亭街—芙蓉街历史文化地区；太原晋祠—天龙山历史文化景区；北京前门—大栅栏传统商业地区；北京香山、圆明园地区等众多历史文化地区的保护和建设进行了规划和研究，并考察了日本、欧洲等古城保护工作，使什刹海历史文化风景区的保护建设规划工作有了更大提高，取得了可喜成绩。但是，四合院民居保护和原住民回迁居住还未摸索出成功的经验。如何使四合院避免贵族化，使古都风貌不受商业过度开发的影响，是今后还需努力研究解决的课题。

20世纪90年代：探索创新——滨水度假休憩地区规划设计研究

90年代，改革开放进入了快车道。在风景园林领域，新时代出现了前所未有的机遇，也提出了新的挑战，这些都是中国风景园林行业还缺少经验的方面。从无到有的创新，既需要借鉴过往的实践，学习外国的经验，又需要结合中国的特点，勇于探索。

1992年三亚市副市长来我校，邀请我院去做亚龙湾国家旅游度假区规划。有关专家认为，现在我国在技术上、经验上和资金上还不具备开发亚龙湾的条件，最好留给子孙后代来开发。但是三亚市副市长在与清华副校长见面时还是非常诚恳的希望清华能够承担这项工作，清华建筑学院院长会后找我（时任规划系主任）谈话，希望我带队去做亚龙湾规划，那年暑假立即就去，并住在亚龙湾工作一个多月。我很感意外，不仅业务上准备不足，更重要的是我爱人还在美国高访学习，两个小女儿需我照顾，无法离京。但副市长说："女儿也作为三亚市的客人，一同去亚龙湾吧！"我只好遵照领导的安排，组织了一个庞大的规划班子。边兰春、杨锐是我的得力助手，经管学院的谢文蕙、邓卫也担任了部分课题。冒着三亚盛夏的高温酷暑，我们住在亚龙湾海滨的临时木板房里，开始了紧张的工作。

完成了总体规划要开评审会时，发生了一件令人难忘的事：为了在海口召开专家评审会，会前三亚市王市长约我一同去请当时在海口的三位副省长出席会议（省委书记和省长在北京开会不能出席）。前两位省长顺利同意了，我们最后到主持海南省城市建设工作的孟省长办公室，说明来意，不料省长大发雷霆，提高嗓子大声说道："我叫你们去请世界一流的规划院来做亚龙湾规划，你们却去叫清华大学来做，清华的老师学生见过世界一流的滨海度假区吗？他们住过五星级的滨海度假酒店吗？明天的会我不参加！"听了他的话我非常气愤，就说："您说得对！我们清华的师生确实还没见过世界一流的滨海度假区，也没住过豪华的滨海五星级酒店，但是，我们可以虚心学习，可以收集世界各国的滨海度假区资料，相信我们能够完成任务！"说完，我们就退出了他的办公室。我心里很不高兴，不知明天的评审会将会发生什么事。但出人意料的是，当我走进评审会盛大的会场时，三位副省长已坐在自己的座位上,会议在周干峙副部长主持下圆满顺利结束,亚龙湾国家旅游度假区总体规划最终获得国务院批准。后来我们又做了详细规划、中心广场规划等。

二十多年过去了,最近我应邀又来到亚龙湾,当我登上红霞岭山顶,俯瞰美丽的亚龙湾——当今中国具有世界一流水平的亚热带滨海旅游度假区时,一种欣慰之情不由从心里升起!回想二十多年前我们开始做亚龙湾时的情景:不仅生活条件与工作环境艰苦,更在知识和经验上不足,虽然后来我们考察了夏威夷、迈阿密、帕他亚、布吉岛等世界一流的滨海度假地,顺利完成了任务,但是以更高的标准来看亚龙湾的建设,还存在着很多遗憾和不足。

完成了亚龙湾规划后,我们又做了乳山银滩、海南三亚湾、陵水海滨等众多海滨湖滨度假地,考察了尼斯、戛纳、摩纳哥地中海沿岸、瑞士众多滨湖地区、迪拜豪华度假地等。看看外国,对比中国这样一个人口众多发展迅速的大国,人们对高水平的旅游度假地有很大的需求,我们真是任重而道远!

世纪之交:多学科协作——大型工程地区风景旅游规划研究

世纪之交,我国大型工程项目越来越多,项目周边地区的风景旅游规划也提上了议程。大型工程的科学技术含量高,涉及多种专业和学科,这种地区的风景旅游规划需要协调工程技术要求与当地原有的人文环境,需要协调开发建设与历史保护,需要协调自然生态与人造工程。

1992年4月全国人大通过三峡工程上马的决定。1993年三峡总公司邀请我系为三峡坝区编制风景旅游规划方案,领导要我去做这个工作,任务较急,所幸我曾经参与过1984年巴东新城规划的工作,对于三峡地区还是比较熟悉的,就组织了一批师生匆忙上阵。与三峡工程领导明确了项目任务与要求后,我们带领规划组到达三峡大坝工地现场进行调研,听取大坝设计单位介绍坝区各个部位的设计和功能,查阅有关历史文献和档案,走访相关城镇政府和群众,踏勘周边地区的文物古迹和民居,并考察了周围群山的自然植被和景观等。

为做好三峡坝区风景旅游规划工作,我和杨锐曾随三峡总公司代表团考察了当今世界三个最大的水坝工程——美国大古力水电站、委内瑞拉古里大坝以及巴西和巴拉圭边境上的世界最大大坝——伊泰普水电站。看到这些巨大的水坝,想到我国的三峡大坝比这些更大更先进时,真是感到自豪!

我们的规划方案征求过很多意见,在校内多次向校领导及各方面专家汇报,包括吴良镛院士、张光斗院士等,并向三峡总公司多次汇报讨论。1994年我校收到邀请,要求派两位教师去向以李鹏总理为首的国务院三峡工程建设委员会汇报工作,校党委书记方惠坚同志告诉我,这样重要的会议,校领导应去一人,所以最后决定杨家庆副校长和我同去。我们扛上图纸,拿了资料,按要求到首都机场贵宾楼乘专机飞赴重庆,随即上了专轮"长江公主号",当晚就起航,随同总理一行,在长江三峡各地参观考察。

四天的航程中,只开了一个大会,由我向总理、部长等六十余位三峡工程有关官员和专家汇报。汇报完后,建设部副部长叶汝棠首先发言,对我们的方案给予高度评价。国家林业部徐部长也对我们规划的森林公园表示支持,李鹏总理插话:"三峡地区雾多、雨多、阴天多,有人愿意到森林公园里度假吗?我看人们都喜欢到海边,那里有阳光、海水、沙滩"。我说:"海边度假虽然很好,但是现在森林旅游和度假也很兴旺!"。我请徐部长介绍了世界各国森林旅游的盛况。其他领导也发了言,总理不时提问,我一一作答。会议圆满结束。船到宜昌,我们参加了三峡大坝的开工典礼。

随着三峡工程的紧张建设,我多次应邀到三峡坝区开会,研究讨论有关三峡工程建设问题。应三峡总公司陆佑楣总经理的邀请,我们有幸跟踪三峡工程十多年,见证了这一伟大工程激动人心的前进步伐!

21世纪:继往开来——城市中心广场和干道景观规划研究

新世纪的到来对我国城市建设提出了更高要求,尤其对于承载城市人民群众生活和公共活动的中心广场和干道而言,需要赋予更多的功能,提供更好的环境,塑造更好的城市空间与形象,这是摆在城市规划工作者和风景园林师面前的重要课题。

2002年,北京城市规划学会委托我(时任北京城市规划学会副理事长、北京城市规划学会城市设计及古都风貌保护学术委员会主任)组织七家规划设计单位(北京市规划局、北京市城市规划设计研究院、北京市建筑设计研究院、北京市市政工程设计研究总院、北京工业大学、北京建筑工程学院和清华大学)合作编写《长安街过去·现在·未来》一书。各单位分工合作,清华承担了较多工作。

长安街——天安门广场是北京的核心地区,几十年来我校为此做过不少工作。建国初期梁思成先生主持设计了人民英雄纪念碑,成为这一地区新的标志性建筑。后来在讨论天安门广场面积大小时,有的专家主张不要太大,以免太空旷,风一吹广场成沙漠。现在广场的尺度是周恩来总理定的,他说中国人多,节日时都想到天安门广场玩,小了不行。

1958年大跃进时期,梁思成先生对当时的北京市委书记兼市长彭真同志说:"现在大跃进,我系师生都想为北京的建设出力,北京十大工程设计,能不能拿一个工程给清华做?"彭市长说:"十个工程你们都可以参加设计啊!"。由此,我系就投入到热火朝天的十大工程设计竞赛中。我也参加了人民大会堂的建筑设计竞赛。在竞赛中我系成绩不错,国家剧院、科技馆、革命历史博物馆等均采用了我校方案。1964年我与吴良镛先生合作指导建四班一组学生的毕业设计,完成了长安街——天安门广场规划方案。李道增先生和田学哲老师承担了建筑设计工作，指导建五班学生完成了建筑石膏模型制做，用了近一个月时间。我校的方案气魄很大，在东西长安街上布置了几大组中央部级办公大楼，十分壮观。考虑到下班后大楼就会一片漆黑，我建议在各大楼之间布置一些小游园，游园中设有餐厅、茶座、公厕等设施，以供群众休息游玩。吴先生支持了我的建议。我们还在天安门广场南部设计了公共绿地。

1964年的长安街规划方案，在"文化大革命"时成了一大罪状，几大箱建筑模型被红卫兵砸毁。"文革"后，随着北京市建设的需要，我参加了1985年、1988年和2002年等历次长安街规划的工作，每次规划都有七八家单位提供规划方案，然后由清华大学、北京市规划设计研究院、北京市建筑设计研究院负责做综合方案。

1988年的综合方案清华负责做中段（中段是天安门广场，东起南河沿街，西到六部口，南到前门箭楼）。我和庄惟敏、林彬海等在规划局大会议室工作了一段时间，我们的方案建议在人民大会堂以南地区和革命历史博物馆以南地区各建一大块公共绿地，在绿地中保留历史建筑，并设餐厅、小卖、茶室及公厕等服务设施，以供广场游人之需。方案得到市领导肯定。

2002年的方案，我们建议在西长安街南部，平行长安街建一条绿化水景步行带，此步行带与国家剧院的园林水面相连接，还建议新建中央办公大楼，并提出希望有朝一日，中南海的文物古迹区和园林湖水区能部分或定时对群众开放，这个想法写入了《长安街过去·现在·未来》一书。相信这一理想定会实现！

当初，在制定1964年长安街规划方案的时候，我们还画了一套与世界几大著名首都中心区同比例比较图，这些图文革时被批判，也被毁了。近年，我考察了当年认真研究过的华盛顿、伦敦、巴黎、莫斯科等众多国家首都中心区，欣喜地发现北京以天安门广场——长安街为主的首都中心区，绝不比它们逊色，某种程度上比它们还好！当然，这一地区还有诸多问题需要改善，相信随着我国日益发展，未来的长安街——天安门广场地区将更好！

2002年，我从清华大学教学岗位上退休，继而作为总规划师参与到清华城市规划设计研究院的工作中，与风景旅游所的同仁们共同完成了100余项风景旅游规划项目，例如西藏自治区旅游规划、新疆和硕原子弹试验基地旅游规划、广州白水寨风景名胜区规划等。我们做过的项目涵盖了风景园林领域的多种类型，铜绿山、白云山，太湖、洞庭湖；函谷关、娘子关，乾陵、稻城、海螺沟……中国日新月异的建设为我们的风景园林探索提供了大量的实践机会，在新的挑战中不断的检验、学习和积累，更上一层楼。

从1953年进入清华大学学习，到2013年，在清华学习、工作和生活了六十年。回想过去的时光，有紧张，有劳累，但更多的是快乐！我始终牢记梁思成先生和吴良镛先生的教导，将规划、建筑和园林的知识融会贯通在教学和工作中；牢记蒋南翔校长的话："清华学生不要骄傲，不要翘尾巴，要谦虚谨慎，脚踏实地的干。"我特别记得蒋校长的嘱咐："不要挑工作，要工作来挑你！"。所以几十年来我从不拒绝分配给我的工作，不管是清华大学地下人防工程规划设计和建设、三线工程清华大学绵阳分校规划建设，还是江西鲤鱼洲清华大学试验农场测量、规划、设计和劳动……总之，做任何事，都要认真，要钻进去，不要怕，要敢于担当！

我已退休十多年了，这十年正是我院景观学系成立、发展和壮大的十年，高兴的看到他们在校院的支持和领导下，在欧林、杨锐两位教授、主任的主持下，取得了一个又一个突出成绩。展望未来，他们定将取得更加令人瞩目的成就！我衷心祝愿他们为风景园林专业培养出更多优秀人材，为我国的风景园林事业作出新的更大的贡献！

2.8 一点感想

冯钟平
清华大学建筑学院教授，著有《中国园林建筑》

今年是清华大学建筑学院景观学系建系十周年，打算出一本集子，我借此写上一点感想供参考。

首先要肯定恢复办风景园林专业的决策是非常正确的，这是梁思成、吴良镛等前辈老先生创办、管理清华建筑系时一贯的指导思想和主张，也是建筑学院广大教师的长期期盼。我是 1954 年考入清华建筑系的，听一些教师说：我们系除了城市规划、建筑设计两个专业外还曾办过一期园林班，52 年院系调整"全面学苏"，把园林这个专业合并到北京林学院去了，据说那个时期在苏联，园林专业都放在林业大学，日本放在农业大学，而欧美国家基本都是把城市规划、建筑设计、景观学这几个专业放在一起，在大学里形成一个"建筑学院"。大学中任何一类的学科建设及毕业生的培养目标都应该联系国家建设的实际需要来谋划与安排，并接受实践的检验不断作出调整。从我国城乡建设的实践来看，从大学毕业走向社会的城市规划、建筑设计、景观学这三方面的专业人才多数都进入到相应设计单位的相应专业岗位，彼此配合、协作，共同承担工程设计项目。

大到国土规划、区域规划、城市、乡镇的总体规划、城市设计，小到一个城市广场、滨海滨河地带、一个小区、一个大中小学的规划设计，都需要三方面专业人才的互相配合，各司其责。这样一种实际工作中的需要就要求在大学教学中学科上的互相融合、配合、沟通，在上学时代就要让这几个专业的学生可以去听听别的专业的课，看看别的专业同学的设计作业展览，进图书馆、资料室看到相关学术领域的图书、资料。这三类专业都有一个共同的特点，就是除了必须学的工程技术类课程外，还必须培养对空间、形象、色彩等方面的美学素养，这除了通过大量的基本功训练外，还必须通过一种环境的熏陶与感染，以培养学生的想像力与创造力。

此外，从事风景园林这一行的专家们要不断跟踪国家快速发展的步伐，不断扩展自己的学术视野，扩大自己所应该承担的职业范围。从建筑师、城市规划师、风景园林师三者的职业分工上看，建筑师的工作一般都是在一定的、经有关规划管理部门审批通过的用地红线范围内进行的；城市规划师的工作一般也是在已确定的城市用地空间范围内进行，而风景园林师工作的范围有时在一块明确的城市用地上进行，也有时要远远跳出城市用地的范围与城市外围的山、水环境联系起来进行，有时研究生态规划方面的问题，还要研究天上和地下种种方面的情况。要根据实际发展的需要扩展学术研究的范围有新的担当。1985 年～1986 年系里派我去美国大学作访问学者，我看到一些美国景观系的教授就参于有关区域规划方面的研讨及高速公路选线方面的研究；还有的教授承担某些山区矿区生态、景观方面修复性工程的规划设计；在圣路易斯（ST.LOUIS）我还看到一份某景观事物所向市政府提出的开辟一条自行车线路的规划设计报告，因为原有城市规划中只有机动车道，没有自行车道，该事物所向市府有关部门提出修建一条通过密西西河沿岸又通过城市中心花园广场，还联系了一些主要居住区的供人健身、游览用的自行车道，市府同意后就委托这家事务所从事规划、设计及主持施工。这使我联想到，我们现在的风景园林师要拓展原有的学术领区，面临新情况，研究新问题，像大地震后山地、生态环境的修复，村镇聚落及市政设施等重建，以及国家新的城镇化建设、退耕还林等政策的妥当落实等，都面临国家山川地貌的相应调整与改变，我们的风景园林师也应该站在"国有土地的合理利用"、"生态环境的修复与创造"、"大地景观"的高度参与进去，承担自己应尽的责任。

2013 年 9 月 9 日

2.9 为学要勇 虚心笃志
——纪念景观学系成立十周年有感

孙凤岐
清华大学建筑学院教授，清华大学建筑学院景观园林研究所所长

"为学要勇 虚心笃志"两句话，是我读到《朱子语类》时摘取的，用在系庆之际，也是表达我热忱祝贺和互勉的一点感言。

景观学系在清华建筑学院，从历史的眼光看很是年轻。十年如一日，勇于为学，勇于知，勇于行，勇于进取和创新的精神，可说是过去这十年大家最为着力去做的，尤其是为学。学习的开端，就是沿着首届系主任劳瑞教授精心敷设的学科框架道路前进，这条路无疑是美国景观建筑学专业 100 多年努力奋斗得来的精粹。少谈"装饰、美化"，更多的是关注自然资源、生态、环境保护、技术手段和历史人文精神，实实在在的功能和社会需求。这些在建筑学科范畴也是崭新的，对景观学则更需要学习，更新和扩展我们的知识，踏出一条我们自己的学科建设与发展之路来。

学习是一步一步的，具体、活生，却很艰难。在我和劳瑞教授接触中，随时能感受到他和善平易，又很睿智的风趣。记得在家饭后和他交谈，问起了外出参观，他毫不忌讳地从书包中取出八开大的速写本，我仔细地看过，记录的是他参观长城的水彩速写，单色的，虽不精致，却很有味儿。他还向我秀了一下小小的袖珍"温莎"水彩盒，本子是已经磨得卷了边……，当时他话不多，却让我实实在在得到感受。"学莫如近其人"，劳瑞教授表现出的是一种美国学者孜孜不倦学习进取的精神，最有代表性。听他几次讲课，都是介绍在华盛顿、波士顿很难做的景观设计项目，得过大奖。无一不是渗透着他勇于学习，点点滴滴进取精神的积累和智慧的结晶。

还记得大约是 2005 年在北大，参加一个景观学研讨会，听完卡尔·斯坦尼茨的报告，用餐时很有幸坐在彼得·沃克旁边，让我吃惊的是，这样一位赫赫大名的景观大师，他的身材这么矮小，带着黑边眼镜，言语不多却很精神，着实能让人感受到那种谦虚谨慎的美国学者风范，实在，生活。我十分欣赏他的作品。其实你看，长期在我系任教的 Ron 教授，何尝不也是这种风格，好学实干，不善言辞，却从不掩饰自己意见和评述。我很佩服他在讲课中，不断选用他生活在清华校园，身边所见所闻的材料和图片，讲的是材料和构造及现实的案例，背后渗透的是景观设计中务实的态度和科学精神。看似平常，很有说服力。我平常爱和他聊，虽说这有违他办公习惯，但每次的交谈都很开心有趣，互有启发。

"勇于学习"的好传统在我院老前辈的身上表现的更加突出。记得 1994 年夏一天下午，快六点半了，我给吴良镛先生送一份材料，进了书房看到的是：先生上身只穿了件跨栏背心，直落落站在那里看着我，呀！红红的夕阳映照着他的脸，还有他落在墙上的影子……，真是美极了。先生口中呐呐地说着什么，好像并不在意我的打扰，都这时候了，先生还在努力地投入工作，这种"好勇"的学习精神，在我心中留下的印象终生难忘。

古人教导我们读书要"虚着心，大着肚，高着眼"，"虚心博采"，容纳汲取，孜孜以求至当。现代景观学专业要求的，远不是古代那些造园理念与技术手段能胜任的了，我们要学的东西实在太多。有一次我进入教室，看到满地摆的都是我系学生采集首钢工业遗址的土壤样品，等待分析化验，我们建筑学院过去哪里有过这种事啊。我还记得参观台湾大学景观系，他们的老师在校园都有自己小温室，让学生在里面培育植物花卉，做试验，是啊，我们不能不懂得植物的习性啊，还看到教研组办公室里满是各种花卉，他们邀请我一道喝茶，感到十分雅致温馨，记得那位女教授姓李，说话很慢。想想看：我们生长在一个庞然的建筑学环境里，虽然学院是个良好的母体，但是，景观学要开辟一片自己专业生存的领地，并不容易。我们需要极大地努力和虚心学习，更何况，我感觉到谈艺术性一面，景观学要求更高，更难。

笃志，就是要我们持之以恒，不畏艰难，坚定地朝前走。早在 1837 年爱默生就告诫美国学者：要"避免变成别人思想的鹦鹉学舌者"，"告别学徒时代"，（见爱默生讲演集《美国学者》）就是要让他们摆脱欧洲大陆学术思想的羁绊，树立信心，走出一条自己的路来。于是才有了 1899 年美国创办世界第一个景观学专业的创举。"学者的职责就是代表知识"，读书是学，做事也是学。归根结底，就是要有自信心，笃志好学，还有一个"勇"字。

2.10 岁月荏苒 记忆犹存
—— 清华 Landscape Architecture 发展历程

秦佑国
清华大学建筑学院教授，原清华大学建筑学院院长

一、历史的回顾

抗战胜利前夕，1945年3月9日身在四川宜宾李庄的梁思成写信给当时在云南昆明西南联大的清华大学校长梅贻琦，建议清华成立建筑系。在信中梁思成先生除了阐述清华大学成立建筑系的必要：

"抗战军兴以还，……及失地收复之后，立即有复兴焦土之艰巨工作随之而至；……为适应此急需计，我国各大学宜早日添授建筑课程，为国家造就建设人才，今后数十年间，全国人民居室及都市之改进，生活水准之提高，实有待于此辈人才之养成也。即是之故，受业认为母校有立即添设建筑系之必要。"

还体现了他的建筑教育思想已经与1928年创建东北大学建筑系时"悉仿美国费城本雪文尼亚大学建筑科"（童寯语）的 Beaux arts 体系转向现代主义建筑（Modernism Architecture）的"包豪斯方法"。信中写道：

"今后之居室将成为一种居住用之机械，整个城市将成为一个有组织之 Working mechanism，此将来营建方面不可避免之趋向也。"

"在课程方面，生以为国内数大学现在所用教学方法，即英美曾沿用数十年之法国 Ecole des Beaux Arts 式之教学法，颇嫌陈旧，……。今后课程宜参照德国 Prof. Walter Gropius 所创之 Bauhaus 方法。"

信中最后写道：

"在组织方面，……，在目前情形之下，不如先在工学院添设建筑系之为妥。一俟战事结束，即宜酌量情形，成立建筑学院，逐渐分添建筑工程，都市计划，庭院计划，户内装饰等系。"

这里梁思成先生提到清华大学要设立"建筑学院"，建筑学院设"庭院计划"，也就是"Landscape Architecture"系。

梅贻琦校长接受了梁思成先生的建议，同意在清华大学建立建筑系。1946年夏，正式建系，聘梁思成为系主任。中央大学建筑系毕业的吴良镛为助教。

1948年2月6日，时任清华大学工学院院长的陶葆楷教授给梅贻琦校长写信，信中写道：

"思成亦有信来提及建筑系应向都市计划方向发展，受业甚为赞同。"

1948年9月16日清华大学向教育部（国民党政府）发文，报呈建筑系拟在四年级分两个组：建筑学组和市镇计划学组，并将建筑工程学系改名为"营建学系"。呈文中写道：

"梁教授，深感近年欧美建筑界对于都市计划之特加重视。实以建立有组织有秩序之新都市，为近代人类文化中之重要需求，尤足为我国战后建设之借鉴。爰按时代实际需要，将本校建筑系高级课程分为建筑学与市镇计划学两组。且因"建筑工程"仅为建筑学之一部分范围，过于狭隘。为使其名实相符，拟 准将建筑工程学系改称'营建学系'"。

教育部批复不同意分组，也不同意改名。1948年冬，清华园解放，教育部批文失效，1949年系名改称营建学系。

1949年7月10日，清华营建学系在文汇报公布《清华大学营建学系(现称建筑工程学系)学制及学程计划草案》。"草案"中构想的营建学院，"可以设立下列各系：（1）建筑学系，（2）市乡计划学系，（3）造园学系，（4）工业艺术学系，（5）建筑工程学系。"

这里把1945年提到的"庭院计划"系改称为"造园学系"。在"草案"中列出了造园学系课程分类表。

"甲、文化及社会背景 国文，英文，社会学，经济学，体形环境与社会，欧美建筑史，中国建筑史，欧美绘塑史，中国绘塑史；

乙、科学及工程 物理，生物学，化学，力学，材料力学，测量，工程材料，造园工程（地面与地下洩水，道路，排水等）；

丙、表现技术 建筑画，投影画，素描，水彩，彫塑；

丁、设计理论 视觉与图案，造园概论，园艺学，种植资料，专题讲演；

戊、综合研究 建筑图案，造园图案，业务，论文（专题研究）。"

1951年在梁思成先生支持下，年前从美国学成回国的

吴良镛与北京农业大学的汪菊渊商议联合设立造园学专业。1951年9月，汪菊渊带领助教陈有民及农大园艺系10名读完二年级的学生来清华大学营建系合办"造园组"，学生在清华再学习两年。这是把农科的园艺系与工科的建筑系结合，正是"Landscape Architecture"学科在中国的创始（尽管在解放前国内不少大学在农学院设立过园艺学、观赏园艺、森林学等，但都不是真正意义上的Landscape Architecture）。

汪菊渊先生1934年毕业于金陵大学农学院园艺系，在庐山森林植物园工作两年后回到金陵大学园艺系任教，抗战后到北京大学农学院园艺系任教。1949年，北京大学农学院、清华大学农学院、华北大学农学院合并为北京农业大学，汪菊渊仍然任园艺系副教授。

1952年9月，北京农业大学园艺系选了第二批10名学生到清华为造园组学生。其时，中国大学正经历"院系调整"，清华大学改为专门性工业大学，北京大学建筑系并入清华，"营建系"的名称按教育部统一规定改回"建筑系"。1953年夏，第一批造园组学生毕业，第二批造园组学生在清华学习一年后即返回北京农业大学，两校联合"造园组"终止。1956年8月，高教部"学习苏联"，将造园学专业定名为"城市及居民区绿化专业"，并从北京农业大学转入北京林学院（今北京林业大学）。1964年北林将其改为"园林"专业，系名为园林系。

二、申请成立"景观建筑学系"

我在1996年9月至1997年3月在哈佛大学GSD（设计研究生院）做高访学者，了解到GSD由三个学科构成：建筑学（Architecture）、城市设计（Urban Design）和景观建筑学（Landscape Architecture）。而且哈佛是美国最早（1900年）成立Landscape Architecture系的。

回国后，时年7月，我被选为国务院学位委员会建筑学学科评议组成员。第一次参加评议组会议，看到建筑学的二级学科目录，在"城市规划与设计"后用括号标示"（含风景园林规划与设计）"。此前在1990年国务院学位委员会颁布的学科目录中，"园林规划设计"由"农学"门类的"林学"划归到"工学"门类的"建筑学"，改称为"风景园林规划与设计"（二级学科）。而1997年被纳入"城市规划与设计"，放在括号中"含"。当时就和齐康、彭一刚、郑时龄、黄光宇等先生议论，"我们建筑学学科评议组还要接受和评议农林院校的风景园林博士点和博士导师的申请吗？"。事实上，我当了11年建筑学学科评议组的成员，评议组从来没有收到过一份农林院校的申请。他们去的是农学学部林学（一级学科）学科评议组。

1997年11月我在建筑学院副院长（主管科研、学科建设）位置上被学校任命为院长。在我的学院发展的构想中，有一项就是发展景观建筑学。那年，杨锐考取了教育部公派留学生资格，记得他和我说，他是规划的硕士，这些年一直在景观方面努力，其他规划方面的工程一概不接。我说，那你就去哈佛，哈佛的景观专业非常有名，我帮你与哈佛建筑学院院长皮特·罗联系。就这样，杨锐去了哈佛，在GSD景观建筑学系当了一年的访问学者。

在与校领导沟通和汇报、获得首肯的基础上，我在2002年7月11日正式向清华校领导呈交了《关于在清华大学建筑学院设立景观建筑学系（Department of Landscape Architecture）》的报告，并附有杨锐执笔的"教学计划和课程设置"草案。"报告"中写道：

"在今年4月8日建筑学院向校领导小组汇报学院十五学科规划时，曾提出设立景观建筑学系的设想。经过这几个月的讨论和酝酿，现正式向学校提出申请。

吴良镛院士在广义建筑学中提出建筑学、城市规划和景观学三位一体。景观建筑学（Landscape Architecture）是世界一流建筑院校的三大支柱专业之一。以哈佛大学为例，景观建筑学专业是在1900年设立的，而城市规划则是1909年从景观建筑学专业中分化出来的。直到今天，这个专业仍然是哈佛大学建筑学院（GSD）的名牌。此外Upenn, Berkley的景观建筑学也很突出。

景观建筑学研究领域宽广，以美国为例，景观建筑学的专业领域包括景观设计（Landscape Design）、场地规划（Site Planning）、区域景观规划（Regional Landscape Planning）、公园规划与设计（Park Planning and Design）、旅游与休闲地规划（Tourism and Recreational Area Planning）、国家公园规划与管理（National Park Planning and Management）、土地开发规划（Land Development Planning）、生态规划与设计（Ecological Planning and Design）、自然与文化遗产保护（Natural & Cultural Heritage Conservation）等十大领域。有学者认为，在新的世纪中，如果景观建筑学能够与生态保护以及可持续发展紧密结合，它将是当代社会的领导性专业之一。

成立景观建筑学系也是我国经济社会发展的需要。首先，随着城市建设规模的不断扩大和对城市环境的日渐重视，城市美化运动在全国各地迅速展开。根据发达国家的历史经验，城市美化运动的主力军是景观建筑学专业。再者是关于自然与文化遗产保护。我国目前被列入世界自然与文化遗产目录的达28处，居世界第四位；同时设立有国家级自然保护区124处、国家重点风景名胜区119处，国家森林公园291处，以及数量众多的历史文化名城。景观资源保护的严峻现实要求景观建筑学专业的尽快出现。此外，旅游业的迅速发展也迫切需要景观建筑学方面的专业人才。

需要说明的是，这里所说的景观建筑学专业与我国目前设在林业大学、农业大学的园林专业有很大的不同。国际上现代的Landscape Architecture，其学科领域、学术思想、技术应用已大大超出了我国目前风景园林专业的范畴。但教育部在上一次专业目录调整时，反而把原来还是独立的二级学科：风景园林专业取消，归入城市规划专业，目录中列为：城市规划与设计（含风景园林）。这是和国际上学科发展和我国的建设需要相悖的。但这种发展趋势和社会需求是客观存在的，因为受到《专业目录》的限制，国内一些大学就以其他名称成立相关的系和专业。

"名不正，则言不顺"，清华大学建筑学院要在全国第一个成立名正言顺的景观建筑学系（Department of Landscape Architecture），和国际一流建筑院系接轨。这个想法得到吴良镛、关肇邺、李道增三位院士和教授们的赞同，在学院教师会上宣布过，并和来访的哈佛大学建筑学院院长、墨尔本大学建筑学院院长、哈佛大学和宾夕法尼亚大学景观建筑学系前系主任等讨论过，得到他们的赞赏，并表示支持和帮助。这个消息也已经传到校外，得到了学界的赞同，在外校引起了反响。清华要在这件事上抢先一步，带这个头。

清华大学在景观建筑学领域具有很好的学术基础，形成了学术历史悠久、理论实践并重、学科交叉融贯、国际交往密切四大特色。1949年梁思成先生提出"体形环境"（Physical Environment）的思想，构想成立营建学院，下设"建筑学系"、"市乡计划系"、"造园学系"。1951年梁先生委派吴良镛先生与北京农业大学汪菊渊教授组建了中国第一个"造园组"。半个世纪以来，众多的专家学者为本学科的发展奠定了深厚的学术基础，他们包括吴良镛、汪菊渊、朱畅中、汪国瑜、周维权、周干峙、朱自煊、朱钧珍、郑光中、冯钟平等诸位教授。……在1998年学院成立了"景观园林研究所"，1999年成立了"风景旅游与资源保护研究所"，人员学历背景多样，两人曾在美国哈佛大学建筑学院景观建筑学系做过访问学者，一人在日本获得景观园林博士学位，一人林业大学园林专业硕士、清华大学博士，一人地理学博士、清华博士后。学科已建立了广泛密切的国际学术联系，与哈佛大学、宾夕法尼亚大学、国际旅游组织、联合国教科文组织等相关学术机构和国际组织建立了经常性联系。

景观建筑学系建系就要高起点，培养目标、教学计划、课程设置向国际一流大学看齐，（当然也要有中国特色：中国古典园林、中国历史文化、中国自然资源等）。

系主任拟外聘，人选初步商讨为曾先后担任过哈佛大学和宾夕法尼亚大学景观建筑学系系主任的劳瑞·欧林教授（以讲席教授的名义）。教学计划、课程设置，通过调查国内外的情况，已初步拟置。

三、名称之争

但是，申请报告交上去后，迟迟未见学校批复，我很是纳闷。直到2003年3月，学院党委书记左川告诉我，对于"景观建筑学系"这个名称，有一些不同意见。面对不同意见，我写了一篇六千字的答辩文章：《"Landscape"及"Landscape Architecture"的中文翻译》。文中我阐述了英文原文辞典对landscape的释义：1933年出版的《韦氏大字典》将landscape译为风景；汪菊渊先生提到英国申斯通在1764年首次使用风景造园学（landscape gardening）一词，1858美国奥姆斯特德创造了'风景建筑师'（landscape architect）一词，开创了'风景建筑学'（landscape architecture）；1999年《中国园林》发表两篇讨论Landscape Architecture翻译的文章：王晓俊主张其相应的译名应为'园林学'，而不是'××建筑学'，王绍增倾向于使用'景观营造'；吴良镛先生提出"地景学"；周干峙先生的意见："还是回到原来的风景园林好，不要提什么现代景观学。"；我的看法是：Landscape Architecture在今天来翻译，必须跳出林业大学和农业大学的"圈子"，纳入architecture学科，不能再围着"园"（garden）字做文章，"风景"一词含义亦窄，已容纳不下学科的发展。Landscape（an expanse of natural scenery seen by eye in one view）还是译为"景观"一词为好，"景"是物，是对象，是object（an expanse of natural scenery）。而"观"是人，是人在"观"（seen by eye in one view）。Landscape译为"地景"，一是"地"与"景"都是指物，指对象；二是和以前译为"风景"比，译得有点直。Landscape Architecture译为景观建筑学似无不可，如果一定要考虑农林界的"情绪"，或担心发生"盖房子"的歧义，用景观学亦可。

（这篇文章六年后，在《世界建筑》2009年第5期刊登。文前我写了"写在前面"，阐述了文章的背景和六年后发表的原委。）

我把此文给了吴良镛先生，并在学院核心组会上讨论，我又到学校校务会议上阐述和解释我的观点，终于得到学校批准，2003年7月13日，清华大学2002～2003年度第20次校务委员会讨论通过："决定成立景观学系（英文名称：Department of Landscape Architecture），隶属于建筑学院。" 2003年10月8日召开了清华大学建筑学院景观学系成立大会。我在会上致辞。

随后，国内许多大学的建筑院系纷纷成立景观学系和景观学专业，同济大学也把原来的"风景旅游系"改名为"景观学系"，东南大学、哈尔滨工业大学、华南理工大学、重庆大学、西安建筑科技大学、华中科技大学、湖南大学等大学的国内最重要的建筑院系都相继增设了景观学（或景观建筑设计）专业。

四、后续的波澜

景观学系成立以后，拟定的系主任是曾经担任过哈佛大学景观建筑学系系主任的劳瑞·欧林教授。那时，教育部给清华、北大等重点高校有"讲席教授"的名额，聘请国外教授任教，年薪 10 万美元，加上相关费用，一个名额一年 100 万人民币。清华"讲席教授"名额此前是给"高精尖"学科，建筑学院这次申请一个名额，建筑学可是"老学科"。我与校领导讲，清华在全国建筑院校第一个办景观建筑学系，一定要高起点，系主任要外聘，要聘世界著名的学者教授，需要一个"讲席教授"的名额。校领导倒是很理解，同意了。我也与劳瑞·欧林教授见面，交谈清华成立 Department of Landscape Architecture 的构想，请他出任系主任，他欣然同意。劳瑞·欧林教授做事非常认真，拟定了详细的教学计划，还组织国际上（不仅限于美国）知名教授的讲席团。劳瑞·欧林教授在应聘清华期间，竞选美国"艺术与科学（Art and Science）"院院士成功。

在劳瑞·欧林教授任系主任期间，杨锐任副系主任，主持日常工作。劳瑞·欧林教授离任后，系主任由杨锐接任。

2008 年底，国务院学位委员会和教育部准备启动新一轮的学科目录调整。传来了"农林口提出要把'风景园林'设立成一级学科"的消息，而 1997 年的学科目录中，"风景园林"隶属于工学门类的"建筑学"一级学科，而且连二级学科都不是，写在"城市规划与设计"二级学科的括号中"（含风景园林规划与设计）"。

这个消息震动了建设部和建筑院校，出现了农林口与建设口对学科归口与主管权属的"争夺"，以及学科是归于农学还是工学的争议，当然还有名称是"风景园林"还是"景观学（或景观建筑学）"的争议。如果农林口在农学下设"风景园林"学科，建筑口在工学下叫"景观规划与设计"，从"城市规划与设计"二级学科的括号中拿出来，与"建筑设计""城市规划与设计"并列，也就各不相干了。建设部为难了，此前，2004 年 12 月，建设部人事教育司在北京召开了全国高校景观学（暂定名）专业教学研讨会。会议起草并形成《全国高等学校景观学（暂定名）专业本科教育培养目标和培养方案及主干课程教学基本要求》，并筹建"高等学校景观学（暂定名）专业教学指导委员会"。尽管用了"（暂定名）"，但建设部的意图是用"景观学"的名称。但现在（2009 年）建设部改变了，也要用"风景园林"的学科名称向教育部申报一级学科，隶属于工学门类。这就出现建设口与农林口用相同名称"争夺"风景园林一级学科的态势，双方都明白，将来还涉及到注册 Landscape Architect 的权属问题。（注册建筑师和注册规划师属建设部管理）。我感到有必要出来"发点声音"。这本来是一个学术争议问题，是可以表示不同意见的，何况全国建筑院系这几年成立的相关系和专业绝大多数称为"景观学"、"景观规划与设计"和"景观建筑学"。我当时虽已不当建筑学院院长四年多了，但还是全国高等院校建筑学专业教育评估委员会的主任。

2009 年 2 月 21 日我给国务院学位委员会、教育部、住房与城乡建设部写信，阐述我的观点。我在信中写道：

"我写此信的目的，一是，作为一个学科，名称如何定，是一个学术问题，需要客观的实事求是的充分讨论，听取广泛的意见；二是要考虑和尊重全国建筑院系的意见，而不仅仅考虑农林院校的意见，两者设置专业的出发点、教学内容和学科目标不尽相同。建筑院系并不要求农林院校向"景观学"的学科范畴看齐，他们当然还可以坚守"风景园林"的阵地；但他们也不要限制建筑院系按照国际 Landscape Architecture 的发展方向和国内景观规划与设计的社会需求开拓学科领域。农林院校可以在农林学部下成立"风景园林"学科（二级学科或一级学科），而建筑院系可以在建筑学一级学科下设立"景观学（景观规划与设计）"的二级学科。无需强求一致。"

我在建筑学院内部，通过 email 把我 6 年前的文章和最近的思考发给了每一位教授。学院主办的《世界建筑》杂志知道后，希望发表我的文章，我思考再三后，同意发表。

之后事情的发展超出了该学科的名称之争。当建设部也以"风景园林"的名称申报工学门类下的一级学科，并由众多学者教授包括院士联名写信时，原来建筑学一级学科下的二级学科"城市规划与设计"显然要比"风景园林"更加具备独立成为一级学科的条件，参加教育部学科目录调整评议的郑时龄院士（同济大学）就说到过这一点。就在这样的"推进"下，建设部向国务院学位委员会和教育部提出，把原来建筑学一级学科一分为三，申报建筑学、城乡规划学和风景园林学三个一级学科。拆分原有一级学科，增加一级学科数量，不是学位委员会和教育部这次学科目录调整的初衷，但以"由建设部自行决定"批复，建设部人事教育司下发了一个论证报告征求意见。我在 2010 年 3 月 18 日向建设部表达了我的意见：《秦佑国关于设置建筑学、城乡规划学和风景园林学三个一级学科的意见》，"意见"中写道：

我明确表示反对设这 3 个一级学科。

我认为此次学科调整，仍然在工学门类下保持"建筑学"为一级学科，下设 5 个二级学科：建筑设计、城乡规划、景观规划与设计、建筑历史与文物建筑保护、建筑技术科学。本科专业可设"建筑设计"（可不叫建筑学）、"城乡规划"、"景观学（或景观规划与设计）"。（如果本科在一级学科下只设一个专业，那就是"建筑学"）。上述三个专业对应的职业名称是"建筑师"（architect）、"规划师"、"景观师"（landscape architect）。其执业资格考试和注册由建设部主管。（景观师 landscape architect 的"architect"一词就决定了当然由建设部主管其资格考试和执业注册。）

至于农学门类下是否设"风景园林"一级学科，由农林口的院校讨论决定。他们有他们的学科领域和教学传统及毕业生就业渠道，本来和建筑院校的"景观学"（景观规划与设计）不尽相同，无需强求统一，更没有必要两家争抢"地盘"

和"归口权"。他们的毕业生想成为注册景观师（landscape architect）当然可以，但必须参加资格考试，如同建筑师和规划师一样。

从去年秋季开始的这一轮学科目录调整，开始建筑院校反馈的意见，并没有多少院校提出把原建筑学一级学科拆分成3个二级学科的建议。但是，当传来农林院校建议在农学门类下设"风景园林"一级学科，且排在农学门类的第一提名的消息后，就造成农林口与建设口，争抢相同名称的"风景园林"一级学科的归口与主管权属。但这时，在建筑口就出现一个问题，城市规划与landscape architecture相比，更具备条件成为"一级学科"，这就导致建设部人教司出面组织论证"设置3个一级学科"。事情就是这样，被"landscape architecture"的译名是"风景园林"还是"景观（建筑）学"这样一个问题，一步一步引到目前这个局面。

如果建筑口将"landscape architecture"名为"景观学（或景观建筑学）"，将其设为二级学科，正如注册建筑师和注册规划师都是在二级学科下设的职业资质，景观学（或景观建筑学）在二级学科下设景观师职业资质，并归口建设部管理，是顺理成章的事。何来如此大的动静呢！

建设部人教司组织论证，将原建筑学一级学科拆分成3个一级学科，撰写了《论证报告》，尽管论述建筑学、城乡规划和landscape architecture的差异和各自发展的文字不无道理，但三者的相同性、统一性和关联性却没有进行论述。建筑设计、城乡规划和landscape architecture三者的差异不足以使它们各自独立成为一级学科，其差异只是在一级学科（建筑学）下3个二级学科的差异。

事实上无论国内还是国外，这三个专业都是被组织在一个学院中，美国如哈佛大学、MIT、宾夕法尼亚大学等等，国内更是所有建筑院系都是包含三者（如果专业齐全的话）。国外无"一级学科"之说，但三者被组合在一个学院中，表示三者具有同一性和统一性。如果三者成了3个一级学科，还在1个学院，那么，一是在大学内1个建筑学院包含3个一级学科，清华建筑学院还会含有4个一级学科，太多了；二是学院名称都难起（建筑学院？建筑与规划学院？建筑、规划与风景园林学院？）。此外还涉及到现有的"建筑学一级学科学位授予权"、"一级学科重点学科"、"一级学科学科评估"等等现实问题。

两院院士吴良镛先生一直主张"广义建筑学"，其理论与观点还写进国际建筑师协会UIA的《北京宪章》。当年1980年代中期，在建筑学一级学科下设置的二级学科名称还是吴先生起的。现在的建筑学一级学科之"建筑学"的涵义实际是"广义建筑学"，包含城市规划和landscape architecture，而不是只指建筑设计。

2011年，教育部公布了新的一级学科目录，在工学门类下，除建筑学一分为三外，只增设了软件工程、生物工程、安全科学与工程、公安技术四个一级学科，其他原有的31个一级学科都没有改变。而在"风景园林"一级学科下，用括号标示（可授工学、农学学位）。

结语

两天来写到这里，发觉太长了。但作为当事人又似乎应该留下历史的真实，供后人了解，不管我的观点是对是错。

2011年4月是清华大学百年校庆，也正逢梁思成先生诞辰一百一十周年。建筑学院在清华大礼堂召开纪念会，我是最后一个发言，我的题目是"从宾大到清华（From Upenn to Tsinghua）——梁思成建筑教育思想（1928~1949）"。在发言的结尾我说道：

"1945年梁先生在给梅贻琦校长的信中设想："先在工学院添设建筑系……，一俟战事结束，即宜酌量情形，成立建筑学院，逐渐分添建筑工程，都市计划，庭院计划，户内装饰等系。"

他的愿望，中国大学中的第一个建筑学院1988年在清华成立，当时设了2个系：建筑系和城市规划系；2001年，先期已从热能系进入建筑学院的暖通空调专业与原建筑学院的建筑技术科学研究所组建了建筑技术科学系；同年，中央工艺美术学院与清华合并，成立了清华大学美术学院，设有工业设计系；2003年10月清华大学建筑学院成立景观学系。至此，梁先生当年提出建5个系的愿望，在58年后才得以全部实现，而他已逝世31年！

斗转星移，世事沧桑，怅惘耶？告慰耶？"

值此清华大学建筑学院景观学系成立十周年之际，写下此文以为纪念。

2013年8月4日

2.11 清华景观·风景独好
——纪念清华大学建筑学院景观学系成立十周年

朱文一
清华大学建筑学院教授，2004年~2013年任清华大学建筑学院院长

  2003年10月，清华大学景观学系成立。这是建筑学院历史上的一件大事。十年磨一剑，今天的景观学系已经成长为中国景观学教育领域一支不可忽视的力量。回想景观学系成立前后，正值我担任建筑学院主管教学副院长，有机会协助时任院长秦佑国教授和左川书记组织景观学系有关教学安排方面的工作。2004年12月至2013年1月期间，我担任建筑学院院长，主抓全院工作，景观学系成为我主管的一项重要工作。今年8月初，景观学系系主任杨锐教授来电话，邀我写一篇清华大学景观学系成立十周年的纪念文章。我想就我在过去十年中接触到的有关景观学系的发展情况谈几点感想。

  一、十年和六十年

  在我的印象中，清华大学建筑学院的园林专业方向很早就有；朱畅中先生、周维权先生、朱钧珍先生、郑光中先生、冯钟平先生、孙凤岐先生等老一辈学者对园林、特别是中国园林有着深厚的造诣。朱畅中先生是中国国家风景名胜区保护规划领域的开创者，他于20世纪90年代组织起草并正式制定的《国家风景名胜区宣言》，成为保护风景名胜区的重要文献。周维权先生的遗著《中国古典园林史》已经出版了第三版。这本已经成为景观学界经典的著作凝聚了这位老学者毕生的心血。记得2007年我代表学院到京北郊区康复医院看望周先生，在病房中看到他正在仔细校订这本书。后来知道那时已经是周先生生命的最后时刻。他用生命完成了这部传世之作。朱钧珍先生也出版了多部有关园林植物配置和中国古代园林方面的中英文专著。前辈园林学专家的丰厚研究成果成为清华大学园林专业的宝贵财富。

  2003年，清华大学建筑学院景观学系正式成立。我从中了解到若干细节，例如，早在1951年，吴良镛先生和汪菊渊先生就创立了中国第一个园林学组。也就是说，清华大学的园林学科已有62年历史了。每一个专业的创办都有自己的发展轨迹，清华大学景观学系的成立也经历了几代人的努力和积淀。两院院士吴良镛先生在20世纪80年代出版的专著《广义建筑学》中就提出了"建筑、规划、园林"三位一体的学科发展思想。特别要提到的是，他在1993年提出的人居科学理论以建筑学、城乡规划学和风景园林学为核心，与相关学科交叉融贯。这不仅为清华大学、也为中国风景园林学科的发展提供了广阔的理论平台。2009年，在住房和城乡建设部组织下，经过反复论证，风景园林学作为新增的一级学科，于2011年3月被列入国务院学位委员会颁布的学科目录。

  60多年来，清华大学景观学科循序渐进的累积顺应了新中国不同时期的发展需求；而十年前成立的景观学系则使清华大学景观学科实现了跨越式发展，成为新时期中国大学学科建设的成功范例。

  二、景观大师来了

  将已有的专业方向按照高水平学科建设的理念和规律进行整合、落实，既是操作层面的事

务，更是一项创造性的工作。在时任建筑学院领导左川和秦佑国两位教授的主持下，通过借助学校讲席教授项目资金支持等方式，建筑学院在短时间内实现了清华大学景观学科破茧成蝶的愿景。到2004年我接任建筑学院院长时，外聘的美国景观设计大师劳瑞·欧林教授已经走马上任，担任清华大学建筑学院景观学系首任系主任。接踵而至的是来自世界各地的各路景观学顶级专家教授。三年多的时间里，共有9位、16人次的专家教授来清华大学建筑学院景观学系授课。在副系主任杨锐教授安排下，接待景观学专家教授和听景观讲座一度成为作为院长的我的中心工作。不夸张地说，在那段时间里，清华大学成了世界景观学教育的中心；也成为中国景观学界各路人才汇集的地方。

必须要提到的是，除了著名专家教授，前来授课的还有欧林系主任推荐的罗纳德·亨德森先生。这位貌不惊人的美国胖子毕业于著名的宾夕法尼亚大学景观学专业，景观设计水平高，同时对中国文化兴趣浓厚；他授课时耐心细致、循循善诱，得到建筑学院师生的一致好评。后来，他应聘清华大学副教授，留在建筑学院景观学系继续任教。两年前，他应聘美国宾夕法尼亚州立大学景观系，受聘担任系主任职位。像亨德森先生这样的"逆向"交流从一个侧面表明，清华大学建筑学院景观学系的学科发展模式取得了双赢的效果。

景观大师来了！这不仅为清华大学景观学科带来了前沿的景观学理论和方法，使清华大学景观学科站在了与世界一流景观学科零距离接触的平台上，同时也搭建了清华大学景观学科一座面向未来的、持续发展的国际交流桥梁。

三、做设计拿学位

在20世纪90年代，前院长秦佑国教授就提出了在硕士研究生培养环节中增加研究性设计专题的思路。景观学系的成立为完整制定和实施设计型硕士研究生培养方案提供了契机。2004年秋季，清华大学景观规划与设计专业开始实施两年制硕士培养方案。这种培养方案的关键点是"设计"，意思是硕士研究生培养以连续多个景观设计专题为主线，以最终设计专题规定的图纸再辅以2万字以上的专题论文，作为等同于现行硕士论文的研究成果；在通过最终设计公开评图和专题论文答辩后，研究生即完成了硕士阶段培养的全过程。这是体现景观规划与设计教育规律的硕士培养方式，也是世界上大多数建筑领域设计专业教育采用的培养方式。然而，这样的培养模式与中国通行的硕士研究生培养模式存在很大的差异。从培养方案的顶层设计，到课程安排等培养环节与通行培养模式的衔接，再到差异最大的最终论文成果和答辩环节，都需要探索和创新；而培养方案的实施则有更多的现实困难需要解决。

记得在2004年及后来的几年中，杨锐教授多次找我一起到学校研究生院，争取景观规划与设计专业硕士研究生培养方案在政策等方面的支持。学校研究生院非常支持建筑学院景观学教育的这项改革，大开绿灯，给予了多项特殊政策支持，并帮助落实了繁多的培养过程细节。期间，我也多次受邀参加景观学系硕士研究生景观设计专题评图；两年后，第一批以设计专题为主导培养的硕士研究生顺利毕业。现在来看，清华大学景观规划与设计专业两年制硕士培养方案的成功实施应该是中国建筑教育领域"第一个吃螃蟹"的先行者。

2009年，教育部开始实施全日制专业型硕士研究生培养模式；2010年，国家"卓越工程师教育培养计划"正式启动。清华大学景观规划与设计专业两年制培养模式也为建筑学和城乡规划学专业实施全日制专业型硕士研究生培养模式和国家"卓越工程师教育培养计划"提供了宝贵的经验。

四、请佛建庙并举

"先请佛、后建庙"或"先建庙、后请佛"，是两种办学模式的形象表述。而对于清华大学建筑学院景观学系这样的师资、学生等资源均缺乏的状况，想要在较短的时段内搭建景观学科的可持续发展平台，上述两种办学模式都不适用。在我看来，清华大学建筑学院采用的是"请佛与建庙并举"的方式创办景观学科。也就是说，在邀请大量世界顶级景观学专家教授来清华授课的同时，清华大学景观学教育"本土化"的工作就在紧锣密鼓的进行中。具体的做法是采用"人盯人战术"，即指派年轻教师、博士后、博士研究生分别担任外聘景观学专家教授的助教，"一对一"传接景观学的主干课程。几年下来，清华大学景观学科的"本土化"工作取得成功，一方面传接了世界先进景观学教育的整套课程体系；另一方面，青年教师也在学习过程中加速成长。通过学校人才引进政策的支持，刘海龙、邬东璠、庄优波等年轻人先后成为今天景观学系的教学骨干。

创作实践平台建设是景观学系学科建设的又一项举措。从美国归来的景观设计专家胡洁先生在清华大学城市规划研究院主持景观研究所的工作，主要从事景观设计实践，同时也担任建筑学院景观学系的授课工作。他主持的北京奥林匹克森林公园设计获得多项国际、国内景观设计大奖，他本人也获得北京市政府颁发的外国专家长城友谊奖。我至今还记得时任北京市长的郭金龙先生在北京市政府为胡洁颁奖的场景。杨锐教授在传承朱畅中先生、郑光中先生等在国家风景名胜区保护领域所做出的开创性工作基础上，将该领域拓展至全球，为中国和其他国家及地区的世界自然遗产保护工作做出了积极的贡献。此外，景观学系副主任朱育帆教授在景观设计领域也获得多项国际大奖。作为清华大学景观学科的组成部分，清华大学城市规划研究院搭建的景观设计平台有效地推进了景观学科在理论和创作实践方面的结合。

现在清华大学建筑学院景观学系任教的李树华教授3年前在中国农业大学风景园林系担任系主任职务。这位从日本归来的学者的主攻专业领域是园林植物，而这正是清华大学景观学科亟需填补的空白领域。到底是杨锐教授求贤若渴主动请贤，还是李树华教授更加热切希望到清华任教，我已记不太清楚。院长的工作是，听候杨锐系主任的搭桥和安排，随时随地尽全力做好人才引进的服务工作。经过近两年时间的努力，李树华教授终于来到清华大学。现在，每当我上下班经过位于清华大学游泳馆东侧的"世纪林"，我都会想起李树华教授。这是他为清华大学百年校庆完成的景观设计作品。

还要提到的一位是景观学专家章俊华先生。20 世纪 90 年代，这位老兄曾在清华大学建筑学院景观园林研究所任教；后来，他移居日本，现为千叶大学景观学科教授。他有着强烈的清华情节，经过他的全力搭桥，清华大学和千叶大学在景观学领域实现了多种方式的学术和教学交流。他促成的两校景观学硕士双学位培养项目成为建筑学院首个硕士双学位培养项目。

五、跻身主战场

从前文中可以看到，对于清华大学建筑学院景观学系，我用了景观、景观规划与设计以及园林、风景园林等多种不同的名称来称呼。过去十年中，有关该学科统一名称的讨论甚至争论不仅让我学到了很多知识，更启发了我对学科建设的思考。2011 年，随着国务院学位委员会新学科目录"风景园林学"一级学科的颁布，该领域学科名称的讨论暂告一个段落。现在的状况是，尊重由于历史原因形成的该领域横跨工学和农学两个学科门类的现况，搁置争议，各种名称共存、共荣。例如，清华大学建筑学院景观学系的硕士专业名称为景观规划与设计；而全日制专业型硕士专业的名称为风景园林学，授予的学位名称为风景园林硕士。

关于这一比顶层设计还要根本的问题，我曾经请教过吴良镛先生。我已记不清吴先生回答的原话，大意是大建设时期的中国最需要的是发展，有关学科名称的讨论不能影响发展。我也曾经多次与杨锐教授讨论："哪一个名称对中国该领域的表述更准确？"他认为，目前中国景观学科的发展处在群雄纷争的时期。名称的讨论可以澄清学科概念，在一定程度上有助于学科发展；但如果因为过度讨论而错过了发展机遇，则将很快被历史淘汰。今天回想起来，杨锐教授采取的是以学科发展为主导的理性务实策略。这样的策略不仅为年轻的清华大学景观学科在短时间内崛起提供了正确的线路，也使之很快融入到中国风景园林领域的主战场中，并在一定程度上引领当代中国风景园林学的发展。

2009 年 9 月，升级为一级学会的中国风景园林学会首届年会在清华大学召开。2011 年，杨锐教授被增补为国务院学位委员会建筑学学科评议组成员；并负责起草了《风景园林学学科简介》等指导性文件。2013 年，他又被任命为全国高等学校风景园林专业教学指导委员会首任主任，清华大学成为该委员会的主持单位。从积极参与到大力推动，再到引领中国风景园林学科的发展，清华大学景观学科在短短的十年内，创造了新时期学科创办和快速发展的奇迹。

六、风景这边独好

十年来，清华大学建筑学院景观学科团队，克服多重困难，锐意创新、全力发展，使创办仅十年的清华大学景观学科取得了 2012 年教育部学科评估排名并列第二的优异成绩。辉煌之后，必然要面对的是学科的可持续发展问题。在此，衷心祝愿清华大学建筑学院景观学系在下一个十年里继往开来，取得更大的成绩。

清华景观，风景这边独好！

2013 年 8 月 25 日

2.12 略谈对景观学系的认识和期望
（根据访谈整理）

边兰春
清华大学建筑学院教授，2006 年至今任清华大学建筑学院党委书记

适逢建筑学院景观学系举办建系十周年的系列活动，杨锐老师和景观学系的师生屡次邀我写写回忆，希望我作为建筑学院党委书记，给景观学系提点希望。景观学系的成立实在是很值得说的事情，但其实我的作用很有限，很长时间以来，我认为我只是以一个普通老师的身份，和景观学系的教师一起参与学术交流、参与学院的建设。大概是因为我参与景观学系的评图等教学活动稍多一点的缘故，也在这样的学术交流中颇受启发，就借此机会略谈一点自己对景观学系的认识。

建筑学院各个学科发展至今，和梁思成先生创办建筑系时的构想是十分接近的。梁先生在谈到建筑的时候会拓展到环境等领域，当时就建立了"市政组"（城市规划、城市设计方向的雏形）、"造园组"，梁先生本人也十分关注历史、技术等方向。那个时候（20 世纪 50 年代）建立的就是一个很宽的框架，这是很有清华背景和清华特色的。

从风景园林学科在建筑学院的发展来看，它是从规划这边生长出来的，也受建筑的影响，在景观学系成立之前，在清华建筑学院就有宏观尺度的研究，也有中微观的一些设计，也有从历史角度的探索，这些方面来看，景观学系建立所依赖的学科基础的核心内容，在建筑学院长期以来就是相互促进着发展的，景观学系的最后建立是一件水到渠成的事。请美国的劳瑞·欧林教授来做第一任系主任，形成景观学系的发展架构、课程体系等，回过头来看从宏观到微观，从理论到实际，和国外的 Landscape Architecture 在框架的前瞻性和完整性方面，是一致的，最核心的内容也在景观学系体现出来。

在景观学系成立之初，能形成这种学科建设的前瞻性是十分难得的，前瞻性的认识必然产生于深厚的基础。我们经常说景观学系的建立、或者清华风景园林学科的发展是高起点的，这跟当时能够向学校申请经费请到国外知名学者来按照设定的框架讲学，是有很大关系的，是难能可贵的。同时，这也跟清华建筑几十年的传统息息相关，是在过去五十年的积淀中成长起来的，离不开建筑学院前辈们的努力和几代人的奋斗。在这个方面，景观学系做的很好，从创办到 5 年、10 年，一直不忘记回顾和总结过去的历史，对老一辈的工作和开创的事业进行梳理，这是一个非常好的传统。

景观学系建系之后这十年的发展是跨越式的，是快速起步、快速积累，取得了大量成果的 10 年。梳理了框架的基础上，更多的是结合了国家快速城市化进程，在国家快速的规划建设中，更加认识到了学科的重要性和面临的问题，以问题为导向带来了学科发展的完善和理论上的思考。景观学系在人员很少、资源并不充足的情况下，力争在风景园林学的几个层面都有所推动，在几个重点领域有所突破。

宏观尺度上，在国家大的风景资源保护与旅游开发、遗产地保护等方面，跟过去我们做的风景旅游规划有了很大的区别，这种区别实际上最重要是视角方面的，资源保护、文化遗产保护被非常突出的强调出来，这在思想认识上是一个很大的提升。

在中观层面上，对城市一些重点地区，乡村的一些具体地区，做了很多跟景观相关的、大

地景观规划方面的工作。从具体的实践项目来看，在很多地方把最先进的理念和中国国情结合起来了。比如水资源，过去都把他当成学科之外的东西，现在作为一个基础部分，来探讨保护、利用、与风景园林的关系等等。再如棕地，也成为一个重要的方向，这在国外是个热点，跟我们国家的城乡规划建设也密切相关，过去是被忽视的或被简单化处理的部分，现在和土地的再利用、工业遗产的保护等都关联起来了。旅游也一直是景观学系研究的一个重点，怎么把景观资源的保护、再利用与休闲生活、游憩空间的组织结合起来，拓展出来，这是和人们的生活息息相关的部分。实际上在传统园林领域，相对而言，我们关注的是私家园林和城外的风景这两个极端，中间的相当大的尺度被忽略了，中间带就是城市。城市的风景这一块，也是中国城乡发展非常有特色的内容，是跟城市发展相结合的内容，但一直以来一是精细化程度不够，而且跟市民的关联不够直接，现代的景观学，实际上更关注这一块，这些年来已经逐渐成为景观学的核心内容之一，大量工作都集中在这里，清华这十年也有很多这样的理论和探讨。

更微观尺度上的，更加具有人性化的区域，具有景观造园意向的环境、设施的处理，我们在不长的时间里，在整体风景园林学的框架下，也取得了很好的成绩。

从办学的角度讲，景观学系在这些方面的探索都是非常具有深度和高度的，体现了清华的特色。另一方面，从我自己与景观学系的很多交流、与景观学系师生的接触中，我觉得虽然这是一个规模不太大的队伍，但大家有开放的心态，是很有凝聚力的团队，大家相互支持相互帮助，这一点是非常重要的，在建筑学院来讲是很值得赞赏的，景观学系取得的成功跟这个团队的凝聚力有直接关系。学科发展也好、教育办学也罢，人是核心，我们的专业领域服务的对象也是人，是为人的美好生活服务，人也是我们联系学科发展、学科交流的纽带。一个由充满活力的人组成的团队，这是景观学系的优势，也是清华大学建筑学院的优势。

当然，我们的发展也存在一些不足。最大的一个问题就是人员不足。毕竟我们面对的是一个正在蓬勃发展的领域，但是我们在整体的师资力量和办学规模上，和国家在这个领域的人才需要、实践发展的需要来比，还存在很大的缺口。实际上，我们现在是以一当十、甚至当更多的状态。短时间内，在建立框架、形成雏形的阶段可能是可以的，但长期来看，如何跟国家发展相匹配，还需要在规模和质量两个方面提升。

第二是我们在学科领域已经拓宽、已经具有了一定高度之后，更需要加强和相关学科领域的合作研究和教育培养，尤其是与城乡规划学和建筑学的合作。这个方面，景观学系做出了很多努力，杨锐老师在这个方面有很强的意识，也很积极的寻求各方面合作，但这不应该仅仅是景观学系自己的认识。有些时候需要我们突破现有的条件和资源限制，各个学科都要努力来实现跨学科的交流和合作。

第三，在整体形成框架的基础上，还是要强调更加突出优势领域的地位，尤其在人员规模有限的情况下，突出特色也是很重要的。下一步发展过程中，在师资力量的搭配，人员引进方面都要突出我们自己的特色。

身处清华大学，任何一个学科都已经有了一个面向世界一流、引领学科发展的平台，我们自己也希望能够承担起这样的角色。对于景观学系而言，虽然受到各种各样的限制，但是定位和高度不能改变。希望未来的景观学系，要克服困难和不足，要强化办学特色，不能以规模取胜，那么特色和质量就尤为关键，坚持开门办学、扩大联合的思路。这也是景观学系过去十年做的比较好的方面，非常注意与国内国际同行的交流合作。在有限规模的条件下，尽可能的传递思想、扩大交流、提高水平。这三个方面是相关的，要继续坚持和发扬。在人员很少的条件下，不放弃成为世界高水平的目标，高起点、特色化的办学，是景观学系的任务，也是建筑学院和清华大学都需要探讨的。

2.13 人物速写

罗纳德·亨德森
美国宾夕法尼亚大学艺术与建筑学院景观学与东亚研究系主任，原清华大学建筑学院景观学系副教授

教师、同事、朋友与雇主

我在宾夕法尼亚大学求学之时，劳瑞·欧林（Laurie Olin）是我的老师。我毕业后曾在他的事务所工作了一年，与欧林及其他人的共事令人难忘。之后，我离开那里参与创办了位于波士顿附近的史蒂芬·史迪姆森事务所(Stephen Stimson Associates)，其业务后来蒸蒸日上。随后，我开办了位于罗得岛的自己的事务所。欧林似乎总是在我之先就知晓我的下一步事业或人生的下一个阶段。或许因为他敏锐的预见性，或许他本身就是一位出色的掌控者。当他欣然接受了清华大学景观学系主任职位的时候，我感觉他对于说服我随行前往是胸有成竹的。在发出正式邀请差不多一年之前，他就与我进行了试探性的讨论，这也给了我充分的时间来考虑接受这个邀请。欧林总是这样先知先觉。

官僚式的对弈

在我任教于清华的第二年，我在建筑学院院长办公室的张晓红老师的陪同下来到清华大学财务处。这是因为我就一项补偿金的事情很有意见，因此我们去财务处解决此事。记得当时我说："中国不仅仅发明了官僚制度，而且还使之如此完善。"而那时简直就是底层官员行使权力的经典时刻之一。张晓红（上帝保佑她）在我坚持己见的情况下依然能保持心平气和地对待我，甚至当她内心的情绪比我更强烈的时候，也依然对财务主管保持着和善的微笑。我们陷入了僵局，我摆出了若不解决誓不罢休的姿态，但财务主管只是强调要不打折扣地按规章行事。最后我不得不放弃，并且离开了。然而在这件事之后，没有人再愿意让我自己去清华任何行政办公室了，张晓红和何睿总是很乐意地帮助。我认为他们只是想让我不再涉足任何与行政官员的接触。处理行政事务的最佳方式是找人代理，并且能够以和善的方式来处理，就像张晓红老师和何睿老师那样。

在北京唯一一次开车

孙凤岐教授邀请我参观一处位于清华大学北边、相距几公里的项目。我记得那是一个寒冷的周六中午。孙教授驾驶着他女儿的大众汽车特意到我的居所前来接我。我朝着副驾驶的位置走去，但是他却下车并绕至副驾驶位置，说："你来开车。"我答道："我没有国际通用驾照，我从来没有在北京开过车。""是的，但你看过北京人如何开车，所以现在你也能开。"请不要与这位睿智的教授进行辩驳。

幽默的教授

朱育帆是一个很幽默的人。在参与设计评图的教授当中，他是我见过最风趣的一位。他总是用幽默的方式传达出清晰、尖锐的批评意见。那些"可怜的学生"，他们对于自己的作品已经被"嘲弄"的事情心知肚明，但是依然会禁不住开怀大笑。在朱育帆教授的超凡才能之中，

这个是他最强有力的"秘密武器",我认为这也是为什么他的学生会以如此认真和诚意的态度来与他合作的原因。

寻找公寓

随着我成为清华大学的全职教师,我便分到了一套永久性的公寓。公寓的各方面状况似乎都很差:墙纸已经脱落,水管设备不全,还有各种各样的问题。虽然随后也去看了其他教师公寓,但是状况却是更差。在看过的最后一栋公寓的地板上竟然随地丢弃了一些死鸟。我认为,那不是一种好兆头。

就像我在清华遇到的其他事情一样,我的问题终于得到了关注,并且也得到解决。最后向我展示的公寓非常舒适,也最终成为了我的家(位于靠近校园西门的17号公寓的最后一个单元),我一直在那儿住了四年。一些建筑学院最知名的教授也曾经住在那栋楼里,后来得知我的同事胡洁的童年也在那里度过。我现在依然想念那栋公寓,我在北京的家。我在那里邀请了其他老师及学生举办了令人怀念的乔迁聚会,而且还教会了我的学生杨曦如何用启瓶器开启红酒。课堂之内,师者传道授业也,但课堂之外,师者亦可在某些方面施教于人。

"烤鸭"院长

朱文一院长最喜欢的事莫过于请造访者去全聚德品尝烤鸭了。在晚宴当中,朱院长特别喜欢的时刻就是当服务员出现并且向来宾展示烤鸭"证书"的时候——无论是来自意大利、德国,还是美国的客人。这些证书的标识表明这只烤鸭的序列号为1356883,或者是其他一些类似的庞大数字,这正是这所著名餐厅历史上所售出的烤鸭的数量。像以前那些已成为盘中美食的飞禽一样,这一只不走运的鸭子也成为我们正在享受的晚宴。然而,能够与朱院长共同享用那些"北京烤鸭"的我们,也算的上是非常幸运的鸭子了。

冰激凌

炎炎夏日,清华的冰激凌的种类实在是让人叹为观止:甜豌豆冰激凌、梦龙香草冰激凌(magnum bars)、糯米团冰激凌以及几十种类型(如果不是说成百上千的话)。建筑学访问教授艾米·莱维瓦德(Amy Lelyveld)和她的女儿爱丽丝·罗斯(Alice Rose),可算的上是中国冰激凌的世界级专家了。如果艾米最终要写一本关于中国住房的书,我实在认为她的第一本书应该是关于中国的冰激凌的。而我还希望她和罗斯能够将冰激凌的包装纸收集起来作为书籍的插图。

比鹿小,比鸡大

我品尝过各种各样的佳肴,但是对西芹百合情有独钟。午餐是从清华科技园的日本外卖店送来的,饺子来自清华南门成府路的一家餐馆(现在已经被拆除了),至于素食就在谷歌大厦旁的素食餐厅,还有很多很多,这里不一一表述了。当我回到美国,我朋友和家人唯一想知道的事情就是:你在中国到底吃什么呢?我向他们保证我已经尽力去避免任何濒危物种,并且我认为在这方面做得非常不错。然而我还不能说,我总能弄清楚我吃的到底是什么东西。

我与胡洁及清华城市规划设计研究院有许多合作,这是我在清华的职业生涯中最令人满意的关系之一。在这些项目之中,有一个是为福州大学做的校园景观总体规划。在福建,我们与贝茜·戴蒙(Betsy Damon,一位环境艺术家,我们之前也合作过几个项目)及规划院的吴宜夏 一起。我们刚刚攀登过武夷山,甲方请我们吃午饭。你可以想象到满桌都是美味佳肴,我也基本能够辨认出那些菜肴是什么,只是除了一道菜。"洁",我问道,"那是什么?"我指向盘中的一些肉。他看了看吴宜夏,然后两人小心谨慎地用中文交谈。"我们不知道用英语怎么说。"这是给我的最后答复。"哦……把这种动物描述给我听听。或者我们可以猜出来它是什么。"我建议到。胡洁和吴宜夏又开始用中文嘀咕。胡洁最后宣称:"它比鹿小一点,但是比鸡要大一点。"至今我仍然不知道那天中午我吃的是什么。

杨锐和那条平坦的崎岖道路

没有比杨锐更加坚定的风景园林师倡导者了。他那无穷的精力、坚毅的说服能力以及战略性的思维,对于中国风景园林领域的兴起、成长及专业地位发挥了巨大作用。他许多方面都做出了出色的贡献,比如他说服中央政府部门认识到风景园林对于中国人的未来健康、中国自然遗产的美学价值以及中国大城市的宜居性等方面的重要意义。然而,我认为他最大的阻力常常来自于清华大学建筑学院内的传统格局。景观学系是建筑学院中第一个聘任外籍系主任的系,也是全校中首个进行双语教学的专业之一,而且也全力支持我作为建筑学院首位非中国籍的全职教师。通过这些大胆的开创性举措,杨锐已经在引领景观学系的发展。今天,经过十年努力和百余位学生的参与,景观学系在这一系庆的时刻应该有许多理由好好庆贺一番。对于我们所有人来说,那曾经是一条崎岖不平的道路,但是我们几乎没有感觉到其中的辛苦,因为这条道路在杨锐那坚持不懈的意志、无限宽广的胸怀的精神引导下,已经变得平坦而顺畅了。

Character Sketches

Ron Henderson
Department Head and Professor of Landscape Architecture and Asian Studies, College of Arts and Architecture, Penn State University. Former Associate Professor, Department of Landscape Architecture School of Architecture, Tsinghua University

Teacher, colleague, friend, and master manipulator

Laurie Olin was my teacher at Penn and I spent a terrific year working with him and the others at OLIN before heading off to help build what would become a thriving practice at Stephen Stimson Associates near Boston and then my own firm in Rhode Island. Laurie always seems to know my next project or life phase before I do. He is either prescient or a great manipulator. My sense is he knew when he accepted the Chair Professor position to lead the new landscape architecture department at Tsinghua that he would be able to convince me to come along. There was an exploratory discussion almost a year before a formal invitation, which was just enough time for me to accept the invitation. Laurie knew long before I did.

Bureaucratic standoff

Zhang Xiaohong (Lily) in the Dean's office accompanied me to the Tsinghua salary accounting office in my second year of teaching. I was grumpy about a compensation matter so we went to the office to try to work it out. I have said, "China not only invented bureaucracy but also perfected it." This was one of those perfect bureaucracy moments when the lower bureaucrats exerted their power. Zhang Xiaohong, bless her, was sweet to me as I become stern and resolute and she was equally sweet with the administrator as she also become perhaps even more resolute than I. It was a standoff. I wasn't going to leave until I got my way and the administrator was following the rules without compromise. I finally had to give in and leave. After that however, no one ever let me go to any Tsinghua administrator's office again – Zhang Xiaohong and He Rui were always happy to help me. I think everyone just wanted to keep me away from the Tsinghua administrators. The best way to deal with bureaucracy is to have someone work on it for you – especially someone with a sweet disposition like Zhang Xiaohong or He Rui.

The only time I drove in Beijing

Professor Sun Fengqi invited me to see a project that was a few kilometers north of Tsinghua. I remember it as a cold Saturday afternoon. I met Professor Sun in front of my apartment as he drove up in his daughter's Volkswagen. I walked toward the passenger door but he got out and walked around to the same door to which I was headed. "You are driving," he said. "But I don't have an international driver's license and I have never driven in Beijing," I replied. "Yes, but you have seen how Beijingers drive so now you can drive too." Don't argue with the logic of wise professors.

The funny professor

Zhu Yufan is a comedian – the funniest professor in a critique that I have ever witnessed. He uses humor to deliver startlingly clear and sharp criticism. The poor students; they know their work has just been strongly derided but they still laugh. Among all the immense talents of Professor Zhu, this one is among his most powerful – and why I think his students engage their work with him with such commitment and camaraderie.

Apartment hunting

Upon my full appointment to the faculty at Tsinghua, I was granted a permanent apartment. Nothing I was shown seemed suitable: wall plaster was falling off, the plumbing was missing, and other problems seemed pervasive. The more faculty apartments I was shown, the worse they became. The floor of one of the last ones I was shown was littered with dead birds. This, I thought, is not a propitious sign of vitality.

Like many things that happened around me at Tsinghua, my concern was noticed and there were actions taken behind the scenes. The last apartment I was shown, and which became my home at Tsinghua for four years, was a perfect apartment – an end unit of the well-known Building 17 near the west gate. It is the building in which some of the most distinguished professors of architecture have lived and, I was to learn, the boyhood home of my faculty colleague, Hu Jie, who grew up in the apartment across the stair hall. I still miss this apartment, my home in Beijing, which was celebrated with a memorable housewarming party with faculty and students during which time I remember we taught Yang Xi how to open wine with a corkscrew. Teachers must teach many things and some of those things have to be taught outside the classroom.

Dean Duck

Dean Zhu Wenyi likes nothing better than taking visitors to Quanjude for duck. His favorite time of the meal is when the servers come out and present the certificate to the visitors – esteemed faculty from Rome, Germany, the United States, and elsewhere. The certificate declares that this is duck number 1,356,883 – or some equally large number – that has been served in the history of the famous restaurant. Like those fowl who came before, this was no lucky duck if we were enjoying it for dinner. However, those of us who were able to share so many Beijing kao ya dinners with Dean Zhu were indeed lucky ducks.

Ice Cream

The variety of ice cream treats that one can find on the Tsinghua campus on a summer day is unfathomable: sweet pea ice cream, magnum bars, mochi ice cream, and dozens (if not hundreds) of varieties. Visiting architecture professor, Amy Lelyveld, and her daughter, Alice Rose, are the world's experts on Chinese ice cream.

While Amy may eventually write a book on housing in China, I really think her first book should be about Chinese ice cream treats. I hope she and Alice Rose saved all their wrappers to illustrate the book.

Smaller than a deer but larger than a chicken

I have eaten many outstanding foods and among my favorites are lily root and celery, the lunch bowls from the Japanese take-out shop in Tsinghua Science Park, jiaozi from the shop in a building that was demolished across Chengfu Lu from the south gate, anything from the Buddhist cuisine at the restaurant near the Google headquarters, and many, many others. When I returned to the U.S., the only thing my friends and family wanted to know was, "What did you eat?" I promised them that I tried to avoid any endangered species and I think I was pretty successful at that. However, I can't say that I always understood or could figure out what I was eating.

I collaborated with Hu Jie and the Tsinghua Urban Planning and Design Institute on many projects and this was one of the most fulfilling relationships of my career at Tsinghua. Among those projects was a landscape architecture master plan for Fuzhou University. We were in Fujian Province along with Betsy Damon, an environmental artist with whom we collaborated on several projects, and Wu Yixia (Xiaxia) from the Institute. We had just climbed Wuyi Shan and the clients invited us to a lunch. As one can imagine, there were spinning tables of enormous quantities of food – most of which I knew what it was. Except one thing. "Jie," I asked, "what is this?" and I gestured toward a platter with some meat on it. He looked at Xiaxia and then they had a discreet conversation in Chinese. "We don't know how to say in English," was the eventual reply. "Well ... describe the animal to me. Maybe we can figure it out," I suggested. Jie and Xiaxia had another discussion in Chinese. "It is smaller than a deer but larger than a chicken," Jie finally declared. I still don't know what I ate for lunch that day.

Yang Rui and the smooth bumpy path

Landscape architects have no stronger advocate than Yang Rui. His immense energies, powers of insistent persuasion, and strategic thinking have contributed mightily to the emergence, growth, and professional standing of landscape architecture in China. It was a large feat to contribute as he did to convincing the central government ministries of the significance of landscape architecture to the future health of China's people, beauty of China's natural heritage, and livability of China's great cities. However, I think his strongest adversaries were often within the traditional walls of Tsinghua's School of Architecture. The department was the first in the school to have a foreign chair professor, one of the first in the university to be bi-lingual, and was the department who supported me as the first non-Chinese appointed full-time faculty in the School. Through each of these (and other) initiatives, Yang Rui has led the department. After ten years and barely one hundred students to date, the department has much to celebrate in this anniversary year. It has been a bumpy path for all but we have hardly felt jostled by those bumps as the way has been smoothed by the insistent will and immensely generous spirit of Yang Rui.

2.14 拾记

杨锐
清华大学建筑学院景观学系主任，教授

十年成长，十载苦乐；拾忆拾记，拾遗拾珍。

自1997年开始，我有幸全程参与了清华大学建筑学院景观学系的筹备、创建和管理工作。对我来说，这十余年是我生命中最重要的时光。在激情与沮丧中，在理想与现实中，在悲喜苦乐中，我随着景观学系的成长而成长。从华发青年到人近半百我经历了学习的乐趣，蜕变的痛苦和感悟时的欣喜。我深深感谢我的前辈、同辈和后辈，感谢师长、学生和亲友，正是他们给了我机会、动力、支持、宽容和理解，使我得以探索生命的意义，品尝生活的真味，经历生长的痛与快。朝花夕拾，通过记录点滴感受，我想与有缘的读者一起分享成长的滋味。

一

在正式回忆和景观学系有关的事情之前，我想先谈谈清华老师和同学对我的影响和我对清华的感情。

我于1984年阴差阳错地从陕西省西安中学考入清华大学建筑系（1988年成立建筑学院）。之所以说"阴差阳错"，是因为当时根据我平日成绩，家里帮我填报了清华大学"生物医学电子工程"作为第一志愿，它是当年最热门的专业。但是1984年我高考彻底考砸了！那是我参加的所有考试中成绩最惨的一次，勉强过了清华的录取分数线，但想上"生物医学电子工程"绝没可能。巧合的是，这一年陕西省过清华分数线的考生中居然没有人填报"建筑学"为第1志愿，甚至第2志愿。赴陕招生的李忠虎老师发现我第二志愿报考华南工学院（1988年改为华南理工大学）"建筑学"专业，于是就通知我父亲带我去清华在陕西户县的招生处加试。我记得他当时让我画了一张静物素描（热水瓶和茶杯），然后进行了面试。李老师说话带有明显的陕北口音，很亲切，待人也很真诚。这是我对清华老师的第一印象。他说清华建筑系希望招收文理平衡的学生，而我在中学一直担任理科班的语文课代表，似乎多少也符合这个条件。

本科阶段的学习生活让我至今难忘：大礼堂前红旗招展的迎新场面；班级第一次聚会时我面红耳赤、结结巴巴的自我介绍，流露出内心的怯懦和自卑；香山水彩实习时，张歌明老师一句"你的紫色调很有梦幻感觉"竟激发出我很强的绘画兴趣；吕舟老师辅导二年级别墅作业时告诫不要"好高骛远"，我虽谨记在心，但依然本性难移；庄惟敏老师动笔在我的表现图上加上一棵树，那种潇洒令我羡慕不已；和同班另一个"右派"之子李绘顶着星星（那时北京真有星星！）在西大操场谈天说地，现在看起来像是相互在做"心理治疗"；1989年春夏之交时袁滨和邹瑚莹老师对我的呵护和关怀；推研面试时关肇邺先生和高亦兰先生认真负责的神情。

取得直推资格后，忐忑中我给朱自煊先生打了一通电话，询问是否可能成为他的硕士研究生，朱先生爽快地答应了。从1989年9月入学到1991年7月取得城市规划与设计方向的工学硕士学位，我用了不到两年的时间，是同班同学中较快的几位之一，这与朱先生精心、细致、环环相扣的指导密不可分。我硕士论文的题目是《西安北院门历史街区保护与更新规划研究》，论文的一个基本观点就是以"价值分析"为研究核心，从它出发制定具体的保护和更新规划。这和当时传统街区规划的一般方法有较大的不同。在这一点上，朱先生反复思考了很久，期间也找我进行了深入的讨论，最终同意了我的观点。这令我非常感动，也让我学习到很多东西。感动的是朱先生"学术平等"的态度；学到的是严谨负责的作风。

硕士毕业后，从1991年至2003年，景观学系建系之前的12年，我一直在城市规划系工作。我印象中的城市规划系是一个充满活力、民主和平等的集体，虽然不乏争论，有时甚至争得面红耳赤，但大家总能开诚布公地讨论各种问题，最终找到行之有效的方法。因此多年以后，同事们也都成为了朋友。时任系主任的郑光中先生对规划系这种文化的形成居功至伟，是郑先生将他自身充满活力、坦率直接的性格带入到规划系的管理和建设之中。说到郑先生的活力，我想讲讲以下这个故事：1992年郑先生带领一个团队（包括边兰春、邓卫和我）承担亚龙湾国家旅游度假区规划设计的任务时，事先既没打电话也没找关系，一个人蹬着自行车径直闯到国家旅游局索取资料，建立联系。这一"闯"竟然闯出了清华大学在旅游和休闲领域的一大片天地！当然，没有一群旨趣相投的同事们这种无形文化的建立也不可能形成。老先生们如张守仪、朱自煊、赵炳时、吕俊华、李德耀、凤存荣、金笠铭，同辈们如于学文、谭纵波、庄宇、陶滔、边兰春、张敏、邓卫、袁牧、钟舸、刘宛，每个人都个性鲜明生动，形成了一种和而不同、生机焕发的工作局面。在规划系与郑先生合作多年，其间郑先生鼓励我在职攻读博士学位（师从赵炳时先生），其后又支持我赴哈佛访学……我十分感激郑先生的指导、支持和提携，也感谢规划系的前辈、同事带给我的珍贵回忆！

曾经有中学同学说我："你是一个典型的清华人"。我能听出其中的揶揄，也深知自己离一个"基本的清华人"仍有差距，何谈"典型的清华人"？！但当时内心确实泛起一丝自豪：我为有机会接受"清华人"的教育而自豪，为有机会与"清华人"同学、同事而自豪，为那些真正典型的清华人——梅贻琦、陈寅恪、王国维、闻一多等知名不知名、见过没见过的老师、同学而自豪，更为清华校训"自强不息，厚德载物"而自豪。每当我在景观学系工作遇到压力和困难时，这种来自"清华"二字的自豪感和对"清华"二字的责任心总是成为我重新鼓起勇气、奋力前进的力量之源。

二

1997年，我通过了"全国外语水平考试(WSK)"，获得国家留学基金访问学者的资格。时任建筑学院院长的秦佑国先生亲自和美国哈佛大学设计学研究生院（Harvard GSD）院长Peter Rowe教授联系，推荐我赴哈佛访学。吴良镛先生在我动身赴美前的两天，即12月15日晚饭后，约我到他位于清华园14所的家中谈话。由于这是我第一次和吴先生一对一的谈话，所以印象深刻。吴先生主要谈了两点内容：第一，如何充分利用在哈佛的一年时间提高学术水平；第二，清华大学设立地景系的目的。关于第一点，吴先生说在国外学习的主要任务有三项，一是建立学术联系，二是现场考察和参观，三是积累知识。积累学知识可通过复印资料的方式，把复印的资料带回国再仔细阅读，这样就可以节省出更多时间用于参观考察和与人交流。吴先生认为建立学术联系是第一位的任务。关于第二点，吴先生首先讲述了清华风景园林发展的历史，包括梁先生营造学院的构想，1951年清华大学与北京农业大学"造园组"的经过，以及改革开放后数次建系努力。接着他说，清华大学要成立地景学系，要在大尺度上做功夫，而不是在建筑物周围的小尺度设计上打转转。因为后者建筑师本身也可以做，并不需要专门建系培养人才。清华地景的主要任务就是要解决中国在流域、山水等大尺度上的问题，并培养这方面的人才。吴先生的这席话对我的影响是深刻而持久的，因为这种高度和远见是我在其后十几年间反复体会并深刻认同的。2004年，我在陪同劳瑞·欧林讲席教授组成员、美国哈佛大学著名的景观生态学家的理查德·佛曼教授考察香山时，同他谈起了吴先生的这席话，并阐述了我的理解和在清华大学景观学系的实践，他深表赞同，并认为从世界范围来讲，风景园林学的重心也该进行如此转移。

在哈佛访学期间，我的指导教师是Carl Stenitz教授。选择Stenitz教授是因为他是大尺度景观规划方面的专家，并在景观规划理论方面颇有建树。在我到达哈佛的第三天，Carl请我在教工餐厅吃饭，了解了我的访学计划，并提醒我选课时可以向GSD申请学分，并告诉我如果将来想攻读哈佛博士学位的话，这些学分都用得上。由于我从1995年起已经开始攻读清华的在职博士学位，也希望时间更有弹性，于是就没有申请哈佛的学分。第二周，我拜访了GSD时任院长Peter Rowe教授，我们聊得非常愉快。可以明显看出Peter对中国和清华的友好，在了解到我希望环游美国时，他主动提出可以提供4000美元的游学基金供我使用。这对于每月只能获得500多美元基本生活经费的普通访问学者而言，真是雪中送炭的好消息！后来我就是利用这笔经费进行环美考察的，受益良多。在哈佛印象比较深的有：Carl的景观规划课程，Richard的景观生态学课程，哈佛GSD学生的刻苦努力，GSD图书馆丰富的图文资源等等。其中Carl和Richard在"哈佛森林"的联合田野授课生动有趣，现在想起来都觉得栩栩如生。另一件有意思的事发生在Carl主持的景观规划STUDIO中，当时他邀请我参加教学。题目是从几十平方公里的区域中选择一片十几公顷的土地，规划设计一个供拥有相同宗教信仰的人群居住的社区。9个小组中居然有4个选择了与中国文化有关的宗教：道教、禅宗、藏传佛教和回教。这令我大感惊异，中国文化太有魅力了！

1998年5月我正在GSD分配给我的办公室内读书时，接到了时任清华大学建筑学院党委书记左川教授的电话，希望我能回国一段时间参加吴良镛先生主持的"滇西北人居环境"项目的考察工作，并具体承担其中有关"国家公园"方面的研究。现在看起来，左老师的这一通电话对我的影响是巨大而深远的！它提供给我广阔的学术研究和实践机会，尤其是在"国家公园和遗产保护方面"。后来在左老师的协调和支持下，我回国后又参加了"三江并流世界遗产申报"、"梅里雪山总体规划"、"千湖山总体规划"、"老君山总体规划"等滇西北的实践项目以及"黄山风景名胜区总体规划"，积累了较为扎实的研究和实践基础。我总觉得左老师身上有一些不同常人的东西，举两个例子：在承担"滇西北人居环境"项目时，只有左老师一个人跑全了项目所涉及的23个县市，包括交通状况十分危险的兰坪和贡山。左老师是景观学系创建过程中的关键人物之一，可是在收集整理建系照片时，居然找不到一张她的照片，当我只好心怀愧疚的打电话询问时，她告诉我：找不到就对了！

三

恢复景观建筑（Landscape Architecture）专业和成立相关研究所的建议是在1997年1月由建筑学院向学校提出的。其后，景观园林研究所、资源保护和风景旅游研究所很快建立起来。前者由孙凤岐先生担任所长，后者的所长是郑光中先生。上述两个所是景观学系的建系基础。2002年前后，秦先生访美时广泛联络，最终和宾夕法尼亚大学教授、哈佛大学景观学系前任系主任劳瑞·欧林先生达成意向，邀请他出任清华大学建筑学院景观学系的首任系主任。2003年春，秦先生带着我去劳瑞·欧林居住的王府井大饭店，和他商谈建系的具体事宜，并计划尽快举办建系典礼。劳瑞·欧林一走，中国就进入抗击SARS病毒的战役中。尽管如此，在秦先生的强力推动下，2003年7月13日清华大学第20次校务会议讨论通过，批准清华大学建筑学院建立景观学系。

我有些犹豫要不要在这篇文章中讲一讲关于确定系名中的一些情况。最终写下这一段，其目的有二：第一，为历史负责；第二，希望这段历史有助于当下有关风景园林学科的思考和讨论。坦率地说，我对系名的思考存在一个转化的过程。吴良镛先生在《人居环境科学导论》中将"landscape Architecture"称为"地景学"是有深意的，这一点我现在的体会越来越深："大地"是"landscape Architecture"研究和实践的载体，因此"地"在这个学科中的地位举足轻重。秦佑国先生倾向使用"景观建筑学"，第一是基于他的学术钻研，第二是作为院长，他需要考虑学生及其家长的接受程度。我很敬佩吴先生的高瞻远瞩和洞见，也很钦佩秦先生的学术坚持。作为后辈，我确实在其中学到了很多。与吴良镛先生和秦佑国先生经过深思熟虑后，分别选择"地景学"和"景观建筑学"不同，我最初根本没有花时间深入研究和思考这个问题，首先是因为学力不足，其次那时作为一个具体执行者，我更关注的是怎么能尽快在操作层面把系名确定下来。因此，我穿梭在两位先生的办公室间，最终协调出一个可操作下去的名称"景观学系"。

建系庆典最终得以在2003年10月8日举行。庆典中还发生了一段有意思的故事：时任清华大学校长的顾秉林先生的致辞文稿中本来有这样一段话："北京的秋天是最美丽的季节，也是充满丰收希望的季节"，结果顾校长开口说成了"北京的春天是最美丽的季节……"。其实，我喜欢顾校长的这个说法，因为春天是有生命力的季节，是耕耘的季节，是留有无限可能性的季节，是生长的季节！

四

高高瘦瘦、蓝色的毛衣、咖啡色条绒裤、半旧的棕色皮鞋，黑框眼镜和修剪精致的花白胡须是劳瑞·欧林先生在我头脑中的形象，优雅高贵，别具一格。我很喜欢欧林的气质和风度，甚至在认识他不久，也买了一件天蓝色的毛衣和一双棕色休闲皮鞋。现在，那件穿了近10年的线衣已经破了好几个洞，终于在今年去新西兰时由于行李超重，丢在了奥克兰机场。但穿棕色皮鞋的习惯倒是保留至今，尽管鞋子已经换了好几双了。劳瑞·欧林第一次来清华工作时，住在照澜院旁的高访公寓中。有一天早晨，大约7点多钟，我开车接他，看见他正在单元门口对着一群聊天的老太太写写画画。上车后他告诉我，每到一个地方，他都习惯观察各种人的行为，并将各种人物、景观、树木等画在他的速写本上。一边画，一边还会根据神情和手势猜想人们的聊天内容。劳瑞很勤奋，我印象中有一次天没亮就带他去天坛"采风"，还有一次日落时，看着他在颐和园西堤上画水彩：一抹金黄色的光线，一池微波，挺立的佛香阁，和他坐在矮凳上的背影，很美、很和谐。有一次在主楼前等车时，我问他为什么会到清华任教，他说中国需要高水平的风景园林教育，而清华有可能为此做出贡献。我告诉他，这也是我的梦想。能与一个异国老人分享着同一个梦想，令我感动、感慨和兴奋！

理查德·佛曼是美国著名的景观生态学家，哈佛大学的资深教授，劳瑞·欧林讲席教授组的成员。他前后两次来清华任教，当时已经七十多岁，并且患有不太严重的帕金森病。他真是一位伟大的教师！他能够在一天内，连续8小时讲授"景观生态学"，也能够在上午带学生在香山野外实习后，下午接着再讲3小时的课程。我估计学生都受不了这种强度，但是他却始终充满了激情，手势丰富，深入浅出，并且不用讲稿。弗雷德里克·斯坦纳是劳瑞·欧林讲席教授组的另一位成员，他可能是美国第一位以风景园林背景出任建筑学院院长的教授，长期担任美国德克萨斯大学奥斯汀分校建筑学院院长。弗雷德里克对中国很感兴趣，他是麦克哈格的学生，在景观规划和生态规划上的教学令人印象深刻。罗纳德·亨德森是在清华工作时间最长的讲席教授组成员。2006年，劳瑞·欧林讲席教授组任期结束后，他接受邀请担任清华大学建筑学院景观学系副教授，直到2011年他被任命为宾夕法尼亚州立大学景观学系教授和系主任。罗纳德教学认真，深受学生喜爱。劳瑞·欧林席教授组的其他成员包括彼得·雅各布、科林·弗兰克林、巴特·约翰逊、高阁特·西勒、布鲁斯·弗格森，他们每个人都有自己的绝活，均为清华景观学系的建立和发展做出了杰出贡献。

五

2008年10月中国风景园林学会第四届理事会成立后，我向新任理事长陈晓丽先生提议由清华大学组织召开2009年中国风景园林学会年会，这将是学会第一届综合性年会。在陈理事长的领导下，2009年9月12日至13日，年会在清华大学主楼成功召开。时任风景园林学会副理事长兼秘书长的刘秀晨先生后来告诉我，12号会议结束后，当他走出会议大厅，站在清华主楼前的大台阶上，开阔的天空给他留下了很深的印象。这届年会的主题是"融合与生长"。配合这个主题,我设计了一枚会徽,由我的学生胡一可篆刻(下图)。这个会徽目前已经成为中国风景园林学会年会的永久会徽。当时写了一段关于会徽的说明,兹录于下:中国风景园林根植于中华数千年之文化,故会徽以甲骨文圃(圖)为基础演化。"宀"(介)、"木"(Ψ)、"羊"(Ψ)、"土"(Ω)分别是"宅"、"林"、"美"、"地"的偏旁部首,代表"建筑学"、"林学"、"艺术学"、"地学"对风景园林学的贡献。它们融合、生长于希望之"田"上。"田"也寓意"农学"对风景园林学的贡献。

六

年会期间,同济大学刘滨谊教授、重庆大学杜春兰教授、西安建筑科技大学刘晖教授、湖南大学叶强教授等几个建筑背景院系的同事和我在清华附近喝茶聊天。大家集中讨论了如何应对 2009 年 6 月国务院学位委员会开始的新一轮学科调整所带来的挑战和机遇。大家一致认为,应该努力促成 LA 学科晋升工学门类一级学科,这也是业内不同背景同行们的共同心愿。2002 年 7 月,北京林业大学孟兆祯院士和王向荣教授撰写了《关于要求恢复风景园林规划与设计学科的报告》;2004 年 12 月 5 日至 6 日,建设部人事教育司组织召开全国高等学校景观学(暂定名)专业教学研讨会,18 个院校参加了会议。会后建设部赵琦处长又组织若干北京专家赴爨底下继续深入讨论了学科发展问题。冬天的爨底下十分寒冷,大家喝了酒,气氛很热烈,我印象中参加讨论的除赵琦处长外,有王向荣教授、北京大学俞孔坚教授和我;2005 年 1 月,在北京林业大学张启翔、李雄、王向荣等教授和国务院学位办欧百钢先生等同行的推动下,国务院学位委员会第 21 次会议审批通过《风景园林硕士专业学位设置方案》;同年,中国风景园林学会发表《关于要求恢复风景园林规划与设计学科并将该学科正名为风景园林(Landscape Architecture)学科作为国家工学类一级学科的报告》。这些行动奠定了风景园林晋升一级学科的良好基础。

虽然如此,风景园林学要成功从"三级学科"晋升一级学科,还必须在学科名称和所属门类上取得广泛共识,并需要得到建筑学、林学等相关学科的理解和支持。尽管这在当时来看,似乎是一个不可能完成的任务,但喝茶的几位同事还是决定抱着"尽人事,知天命"的态度努力争取。我们首先将这个想法报告了中国风景园林学会陈晓丽理事长和正在清华附近文津国际酒店开会的住房和城乡建设部赵琦副司长。她们的坚定领导是成功晋升一级学科关键之一。随后,几位"茶友"加上天津大学的曹磊教授,一起前往国务院学位办拜见具体负责此轮学科调整的梁国雄副主任。由于我们事先没有联系,因此中午 1 点多敲开梁主任办公室房门时,梁主任还以为我们是一群想要上访的研究生。梁主任为人亲切,没有一点架子,虽然正在感冒中,他仍然把我们让进办公室,耐心听取了我们的想法和建议,并解释了这轮学科调整的方向和步骤。其后我们一鼓作气,分头工作,很快取得了关键性进展:2009 年 9 月 23 日,全国 41 所建筑学院院长(系主任)包括朱文一、吴长福、王建国、曾坚、何镜堂、张兴国、刘克成、张珊珊等教授签署了《支持增设风景园林学为工学门类一级学科的院校负责人联名信》;10 月 9 日建筑 - 城市规划 - 风景园林领域全部 20 位院士,包括吴良镛、周干峙、齐康、彭一刚、郑时龄、吴硕贤、傅熹年、张锦秋、关肇邺、钟训正、马国馨、戴复东、李道增、孟兆祯、何镜堂、江亿、邹德慈、王瑞珠、程泰宁、王小东等先生签名支持增设风景园林学为工学门类一级学科。

在住房和城乡建设部仇保兴副部长和周干峙院士的关注下,在住房和城乡建设人事司赵琦副司长和中国风景园林学会陈晓丽理事长的成功领导下,2009 年 12 月,我们完成了《增设风景园林学为一级学科论证报告》,参加论证的专家包括(以姓氏笔画为序):王绍增、王浩、叶强、刘晖、刘滨谊、杜春兰、李雄、张大玉、杨锐、高翅、曹磊。我有幸以论证报告召集人和执笔人的身份深度参加了这个历史性事件。林广思参与了资料和数据收集方面的工作。孟兆祯、周干峙、赵琦、陈晓丽、王向荣、高延伟等先生对报告提出了宝贵意见。同期完成的还有《调整"建筑学"一级学科论证报告》和《增设"城乡规划学"为一级学科的论证报告》。同年 12 月 21 日,住房和城乡建设部主持召开"调整建筑学、增设城乡规划学和风景园林学一级学科论证报告评议会",来自住建部、国务院学位办、中国建筑学会、中国城市规划学会、中国风景园林学会、清华大学、中国农业大学、东南大学、同济大学、重庆大学、北京林业大学、南京林业大学、中国城市建设研究院、中国城市规划设计研究院的 24 名专家参加了评议。我代表论证小组汇报了《增设风景园林学为一级学科论证报告》。中国建筑学会秘书长周畅先生、中国城市规划学会秘书长石楠先生、高等学校建筑学专业教学指导委员会主任仲德崑先生、高等学校城市规划专业教学指导委员会副主任赵万民先生、主要用人单位代表王攀岩女士和贾建中先生分别代表各自机构表态支持增设风景园林学为工学门类一级学科。2011 年 5 月国务院学位办正式颁布《学位授予和人才培养学

中国风景园林学会 2009 年会会徽

科目录（2011年）》，风景园林学和城乡规划学一起成为国家110个一级学科之一。2012年5月，赵琦副司长带队，北京林业大学李雄院长、华中农业大学高翅副校长、我和住房和城乡建设部王佰峰同志参加了在北京友谊宾馆举行的有关"普通高等学校本科专业目录论证会。同年10月在教育部颁布的《普通高等学校本科专业目录（2012年）》中，"风景园林"正式成为建筑类目录内专业。

七

对我来说，2010年是不堪回首的一年。10月4日一场突如其来的车祸夺去了我的妻子赵文奇和儿子杨宜轩的生命。我的世界瞬间崩塌了，我坠入从未想象过的深渊，极端的痛苦、悲伤、悔恨、恐惧、愤怒、幻想、迷茫、困惑，所有负面情绪像海啸一样扑来，彻彻底底地淹没了我。我不得不时刻直面"死亡"这个以前避之犹恐不及的问题。2012年11月，我的身心终于不堪重负，抵达了崩溃的边缘，在连续很多天不能入睡后，我觉得我就要死了。我开始给两个姐姐交代后事。可是她们不愿放弃我，无微不至地照料我，就像在我孩童之时。几个月后，我终于被她们又重新拉回这个世界。

经历了近三年的痛苦挣扎和磨练，今天，坐在电脑前，我的内心平复了很多。此时，我最想表达的是感恩之情。感恩我的妻子和儿子。十八年中，他们带给了我一个小家。我们一起度过很多很多快乐的时光，也一起面对过生活中的各种考验和无奈。十八年后，他们更是以一种特别的方式教我触摸死亡的质感、领悟生命的深意。虽然这是一个无比痛苦的旅程，但确也是成长和成熟中最重要的过程。感恩两个姐姐，大姐的担当和魄力，二姐的耐心和细心，帮我走过了人生最艰难的路段；感恩敷杰师陪伴我走过的日日夜夜；感恩三哥、五哥和文恒，在失去亲人的时候，他们对我的理解、宽容和爱护我永远也不会忘记；感恩两个姐夫、侄儿侄女、四姨、三姨全家、小强哥，他们一直在默默地关照我。

感恩同事和朋友们，在我最无助的时候伸出了有力的双手，让我看到那么多善良、美好、伟大的心灵。兄长般的边兰春、党安荣和程建刚老师，大姐般的左小平处长、赵琦副司长，家人一样的同事江权、庄优波、邬东璠和陈阳夫妇、刘海龙、邓卫、郑晓笛、朱育帆、李树华、胡洁、何睿、林广思，中国风景园林学会的领导和同事陈晓丽理事长、金荷仙、杜雪凌、刘晓明、杨忠全，校外同事、同行同济大学的严国泰老师、西安建筑科技大学刘晖、刘克成老师、重庆大学杜春兰老师、湖南大学叶强老师、北京林业大学李雄老师、住房和城乡建设部李如生副司长、世界遗产中心景峰处长、华山风景名胜区吴剑锋主任、衡山风景名胜区李嘉荣主任、朱自煊、赵炳时、郑光中、李道增等前辈先生，研究生同学林涧，大学同学李绘，清华大学规划系的老同事们……你们的一言一行都曾在那些严寒的冬天带给我温暖和力量！感恩伟大的智者、佛陀、庄子、宗萨钦哲仁波切、秋阳创巴仁波切、阿姜查尊者，没有你们无以伦比的智慧指引，我不可能走出那段黑暗崎岖的道路；感恩班迪达尊者、萨萨那禅师、白林禅师；感恩吴姐、梅老师和Theaphu。

八

回顾十年来景观学系的发展，我认为在以下几个方面取得了一些成绩：第一，明确了"新旧合治，东西容通；尺度连贯，知行并举"的教育思想。前半句是景观学系吸收借鉴古、今、中、外各种知识、观点，建设当代风景园林理论体系的决心和态度；后半句是景观学系开展教育实践和社会实践时的基本思路。清华风景园林人才培养的目标是能够深刻理解古今中外风景园林现象，在某一尺度或领域具有深厚理论素养和强劲实践能力的"科学帅才"。第二，建立了富有前瞻性、结构完整的硕士学位课程体系，它是在劳瑞·欧林教授制定的课程体系基础上，结合清华实际情况逐步调整完善的。由4个板块组成，"理论历史"、"自然科学应用"和"技术"等3个外围板块与"规划设计"这一核心板块组成较为完整、紧密的课程结构。第三，形成了以"活力"和"合力"为特征的团队文化。虽然不论从教师规模还是学生规模上看，景观学系都是一个小的团体，但是通过这十年的建设，我们现在大体形成了富有朝气、开放、包容的文化氛围，是一个具有活力、凝聚力和战斗力的团队。这三点，为景观学系的长久发展奠定了基础。除此之外，十年中景观学系也多次鼓起勇气"第一个吃螃蟹"，如"设计型研究生学位培养模式"、"讲席教授组课程本地化"等等，这些尝试中取得的经验和教训成为今后发展的宝贵财富。上述成绩是在学校和学院的领导下，景观学系师生共同奋斗和努力的结果。在此，作为现任系主任，我衷心感谢我的同事们，朱育帆、李树华、党安荣、贾珺、庄优波、刘海龙、邬东璠、何睿等等，感谢劳瑞·欧林讲席教授组的所有成员，感谢吴良镛先生和学院历届主要领导秦佑国、左川、朱文一、边兰春、庄惟敏等诸位先生的支持和指导，同时还要感谢清华同衡规划设计研究院风景旅游数字技术研究所在教育经费方面的贡献。最后，我还要衷心感谢景观学系的学生们，不论已经毕业还是正在就读。他们不仅是教育的接受者，更是景观学系的建设者，"LA Friday"、"系友会"、"系微信微博平台"等诸多活动在同学们一拨一拨接力下有序进行，每每令我惊喜和感动。他们的活力和朝气使我坚信景观学系必定有一个光明灿烂的未来。

不足总是与成绩相伴。回首过去十年，景观学系发展过程中的不足和遗憾还有很多，主要体现在以下4个方面：第一，教师队伍规模跟不上学科发展的需要。虽然结构基本合理，每位老师也都能独当一面，学术上有自己的明确发展方向，同时也能产生"合力"。但毕竟一个一级学科需要规模适当的师资队伍。虽然在过去的十年中，引进校外杰出人才和培养本校优秀人才一直是景观学系的首要任务之一，无奈由于各种原因，这个任务并没有很好地完成。第二，建筑学院是由三个一级学科、两个支撑平台组成的高水平学术共同体，就像一个手掌上的5个手指一样。各学科都有自己的传统优势和新的学科生长点。协同合作有百益而无一害。从学校层面上来讲，清华大学拥有多学科优势，环境学、艺术学等风景园林相关门类学科均处于国内领先地位。风景园林学可以向兄弟学科学习的东西很多很多。但与校内和院内兄弟学科的多层次、多方式有效合作，共同繁荣，共同生长的局面尚未形成。第三风景园林学是一个实践性很强的学科专业。加强与实践单位的联系，包括优秀规划设计师参与教学、实践案例引入、学生创业辅导、职业伦理教育等，对于提高教育质量会有很大帮助。但是过去十年在这一方面的工作是零散的，还没有形成系统的框架和有效的机制。第四，清华大学拥有中国最高水平的本科生培养质量和最优秀的生源。发展清华风景园林本科教育，符合人居环境学科群发展的需要，符合国家环境社会和经济发展的需要。虽然现在看来，外部条件还未成熟，但景观学系将以勇往直前，百折不回的态度持续推动清华风景园林本科教育的设置和发展。

反思为人处事方面的缺点对一个人的成长和成熟是十分重要的。这十年中，我的主要缺点包括抱怨心理、某种程度上的冷漠和急躁。由于自认为是一个对工作有使命感、有激情的人，因此建系之初，我天真地认为只要凭着自己的热情和努力，一切都会顺理成章。抱着初生牛犊不怕虎的态度，十年间吃了很多"螃蟹"。本来吃螃蟹难免碰到阻力、障碍、麻烦，这很正常，可我在当时基本没有心理准备。因此，遇到工作上暂时不能度过的沟沟坎坎时，抱怨心就很容易泛起。抱怨体制、政策，抱怨得不到理解、鼓励……后来渐渐懂得，抱怨是一种很不成熟的情绪，因为它除了损害自己的斗志和理想外，解决不了任何问题，甚至还会造成更大的障碍！现在，虽然抱怨心理发生的频率已经有所降低，持续时间也大大缩短，但仍然会习惯性升起，只是它的影响力和破坏力已经没那么强了。冷漠是另一种不成熟的表现，就是将使命、理想、数字等无生命的、冷冰冰的东西看的比一个个活生生的、有温度的个体还要重要，因此在工作中体现为对同事和学生的个体需要关心不足，对别人的难处体谅不够。我最近已经开始认识到，离开个体生命当下的身心健康和快乐，任何理想都是没有多大意义的。但要改掉这个毛病，可能同样需要长时间的磨练。处事急躁，批评人不留情面是我的另一毛病。许多学生和一些同事可能都在公开或私下场合受到我的批评，有时甚至很严厉，虽然大部分情况下事出有因，内心也没有恶意，大家可能也不会记我的仇，但设身处地的想，不问青红皂白，不讲究方式、方法的批评肯定是会伤人的。在此，我向所有感受到伤害的同事学生诚恳道歉。我还有一个一直以来不愿启齿的毛病，犹豫再三，还是决定坦白出来。我父亲在1957年被打成右派后下放陕北20年，我的童年和少年基本上是在没有父亲庇护的情况下度过的。加上家庭成分不好，在父母两地分居的日子里，母亲、两个姐姐和我受了很多惊，吃了很多苦。那是一段不堪回首的时期，虽然有坚强的母亲和两个姐姐，但"不安全感"总像一个挥之不去的黑色影子跟着我从小到大。由于这个原因，我对强者有一种畏惧心理，有时会不自觉地说一些恭维的话，以求自己"安全"些。事后往往瞧不起自己这种行径，却容易故伎重演。也许这并不是什么害人的毛病，但毕竟也不是成熟的表现。希望能够找到对症的方法，加强修为，最终平等地、不卑不亢地对待一切人和事。

谨以此文纪念我深爱的清华大学建筑学院景观学系成立十周年！愿你拥有最美好的未来！愿人们因你更加健康、快乐和幸福！

2.15 在路上

朱育帆
清华大学建筑学院景观学系教授,副系主任

前一段时间冷不丁被一个学生叫了叔叔,惊艳之余才意识到自己已经熬到了"大叔"的年纪,自 1998 年从北京林业大学博士毕业进入清华,一晃十五载了,看来永远和更加年轻的人在一起实在是做老师的无比的优势,毫不夸张地讲这是我一生中身心动力最足的一段时光,它见证和雕刻了清华风景园林学科的"文艺复兴"。

作为新中国当代风景园林教育源点的清华大学,1952 年按下了引领学科和大发展的暂停键,这一停就是半个世纪,直到 2003 年景观学系的成立。重启的起点是相当高的,清华学校层面施以重金聘请国际讲席教授团重点扶植风景园林学科的发展,劳瑞·欧林成为首任系主任,他无论是设计还是教育都是行家,一手建构了全新的清华景观的教学体系,它的先进性至今仍很显著。然而就像国内俱乐部引进洋教练和外援一样,繁荣可能是短暂的,关键在于本土化的质量,否则一切都将是浮云,离开讲席教授团的日子才是真正的考验,从这个意义上,从清华大学风景园林学科框架调整、教育思想确立到风景园林一级学科成功申请,杨锐老师都居功至伟。

十年回首,成绩足以让我们这些为之不懈奋斗的景观学系教师们感到欣慰和自豪,也庆幸有了建筑学院大平台和吴良镛先生人居环境大学科的支持,清华的风景园林还在路上,一切尚需也唯有努力!

2.16 从国内外两个"三位一体"的学研经历到"三个多样性"学术研究体系的构建

李树华
清华大学建筑学院景观学系教授

从 1981 年 9 月进入北京林学院园林系（现在的北京林业大学园林学院）学习园林以来，到现在为止，我在风景园林学领域学习、研究、实践以及教育将近 32 年，已经超过了工作年限（按照 50 年标准）的半数之上。虽然取得了点滴的成绩，但随着步入"知天命"之年，愈感自己在专业方面的浅薄与不足，正好借本系建立十周年之际，回顾 32 年来的学研经历，展望今后的学研目标。

1. 国内外的两个"三位一体"的学研经历

我 32 年来风景园林专业的学研经历可以分为以下三个阶段：第一个阶段是从 1981 年到 1992 年 3 月为止的 10 年半时间，先在北京林学院园林系学习 7 年，后在北京市园林科学研究所工作 3 年半。第二个阶段是从 1992 年 4 月到 2004 年 3 月的 12 年间，先在日本盆栽协会从事盆景技艺的交流研修 1 年，1993 年 4 月进入京都大学研究生院攻读博士学位，1997 年 7 月获取博士学位后又在京都大学人文科学研究所从事研究 1 年半，1999 年 4 月起任姬路工业大学（现在的兵库县立大学）自然科学研究所景观园艺系副教授，并兼职兵库县立淡路景观园艺学校（现在成为景观园艺专业专职研究生院）的教学共 5 年。第三个阶段是从 2004 年 4 月辞去日本工作回国至今的 9 年半时间，先在中国农业大学观赏园艺与园林系工作 5 年，2009 年 7 月转入清华大学建筑学院景观学系。

概观 32 年，可以粗略的分为国内外的两个"三位一体"的学研经历。在日本阶段的"三位一体"经历：在日本盆栽协会期间掌握了扎实的动手技艺；在京都大学期间经受了严谨自由的治学风气熏陶与奠定了扎实的研究功底；在姬路工业大学与淡路景观园艺学校期间，拓展了知识面与奠定了风景园林学方面的教学基本功。跨越上述两个阶段的国内"三位一体"经历：在北林的本科、硕士研究生期间奠定了扎实的园林知识基础与研究基础；在中国农业大学期间养成了踏实的研究风气；来到清华之后，感受到了深厚的文化基础、博大的胸怀以及严谨务实的学风。

我国现代的风景园林教育起源于清华大学与北京农业大学（现在的中国农业大学），后来调整到北京林业大学，可以说这三所院校与我国风景园林学的发生发展具有不可分割的密切关系。像我一样先后在这三所院校学习工作过的园林工作者并不多见。我先后汲取这三所院校的营养，应该为风景园林学的教学研究做出一些应有的贡献。

2. "三个多样性"学术研究体系构建

自己的学术研究目标在于以下"三个多样性"学术研究体系的构建。

（1）景观（环境）(Landscape-diversity) 多样性研究

包括盆景制作技艺、园林种植设计、植物景观规划设计、乡土植物与潜在植被在植物景观营造与生态修复中的应用、城市绿化技术、生物多样性设计以及多种生态环境的生态修复设计与技术等。

该方面出版的拙著有《中国盆景文化史》（中国林业出版社，2005 年）、《园林种植设计学（理论篇）》（中国农业出版社，2010 年）、翻译《乡土景观设计手法》（中国林业出版社，2009 年）以及《园林植物景观营造手册》（中国建筑工业出版社，2012 年）等。

（2）生活方式 (Lifestyle-diversity) 多样性研究

包括园艺疗法研究以及康复（保健）型景观绿地规划设计研究等。

该方面出版的拙著有《园艺疗法概论》（中国林业出版社，2011.8）等。

（3）文化 (Culture-diversity, Landscape-diversity) 多样性研究

包括盆景文化研究、中日园林对比研究、园林植物文化（景观）史研究以及中外花卉文化史研究等。

该方面出版的拙著有《中国盆景文化史》（中国林业出版社，2005 年）等。

在现在"浮躁"的大环境中，能够坐下来阅读相关书籍，思考一些问题，撰写几本拙著和论文，不断完善上述学术研究体系，并完成自己的教学任务，同时进行一些有益的实践项目，应该算是自己今后的目标吧。

2.17 清华景观学系创建十周年回首

胡洁
清华大学建筑学院景观学系高级工程师,北京清华同衡规划设计研究院副院长、风景园林研究中心主任

转眼间,清华大学景观学系创建已十周年了,对我而言,也恰好是回国十年。回顾当年在做回国决定的时候,一方面因为国内风景园林领域规划设计及建设的迅猛发展而创造的机会,以及参与奥林匹克森林公园规划设计的项目;另一方面,创建清华景观学系的设想及打算也是一个非常重要的因素,因为后者还有一个个人情结:我的父亲(胡允敬)也曾是半个多世纪之前(1947年)清华建筑学系最早的年轻教师之一,而自己能成为清华景观学系的创办人之一,我感到非常的荣幸。

在2003年1月,我接收到杨锐老师的正式邀请,那时我正在波士顿SASAKI公司工作,之后我正式参与了清华景观学系的创建活动,并通过信函与杨锐老师进行创办景观学系的探讨。由于2003年SARS的原因,我回国的旅程被拖延了数月,在这期间,我继续在美国做回国的准备工作,我在费城拜访了之后成为景观学系第一任系主任的劳瑞·欧林,并与他交换了景观学教育以及景观学理论与实践的想法,之后,我有幸为劳瑞·欧林在景观学系成立大会上做即时翻译,在他任职期间,我非常高兴有机会与他一起推动发展景观学系的教育事业,并结下了深厚的友谊。

清华景观学系于2003年9月成立,而我也于同年8月被聘为景观学系的副教授,开始了在景观学系的教学以及研究生的指导工作,与此同时,在清华规划院正式成立了风景园林所,并担任所长。

在十年中,我们招收的第一批6名研究生于2004年入系,我本人也带了其中1名,之后一共带了7名研究生,他们都已毕业,有些论文被评为校级优秀毕业论文,有些研究生赴国外继续深造,有些到高校担任教师,有些在各大设计院担任重要的岗位。

在十年中,我和罗纳德·亨德森共同开设了"景观技术"课。2005年春季,我和美籍教授罗纳德·亨德森共同主持教授的景观技术课正式开课,这是一门关于景观竖向和工程实践的课程,双语教学是我们的特色,中西合璧是这门课的又一大特色,罗纳德·亨德森教授将美国的景观行业标准、生态技术和西方景观设计的先进理念引入中国,我的侧重点更多的是放在带有中国传统特色的园林技术方面,如假山技术等等,这些都在课堂上传授,使景观技术课不同于传统意义上的工程课程,他是一门融汇了中西景观技术和文化并充分体现中西景观技术和文化碰撞的具有鲜明特色的课程,受到了学生们的好评。同时,2005年清华景观学系还开设了许多各具特色的高品质课程,这些课程的核心是景观规划设计studio,我也很有幸成为任课教师之一,参与指导学生设计和最终汇报评图。

在十年中,我将大学生从课堂带入施工工地,如奥林匹克森林公园,把现场工程实践与课堂教学融为一体,将生态、科学、文化、人文、社会等各因素融入设计、融入课堂。

在十年中,我将新的山水城市理念(概念)引入课堂,向学生传授山水城市的理念与项目实践。

时光荏苒,岁月如梭,清华景观学系十周岁了,作为清华景观学系成立阶段首批老师和筹备者,伴随着他的成长,我为能有机会为他的成长有所贡献而感到非常荣幸。也期望清华景观学系将来会发展得更加成熟而有魅力,希望景观学系的教学与科研、理论与实践领域达到国内及国际领先的水平。

清华大学建筑系最早的五位青年教师:胡允敬、吴良镛、汪国瑜、张昌龄、朱畅中(自左至右)

2.18 清华景观八年花絮
——写于清华大学景观学系十周岁之际

刘海龙
清华大学建筑学院景观学系副教授

我2005年9月进入清华大学建筑学院博士后流动站工作。那时清华景观学系刚成立2年，许多方面都还在建设之中，因此一个人需要承担多个方面的工作，而许多事情都会放手给年轻人去做，这让刚加入的我得到充分的锻炼。合作导师杨锐教授安排我进站后主要参与《北京市风景名胜区体系规划》、《国家文化和自然遗产地保护"十一五"规划》等科研课题，而教学上负责组织第一届研究生的"区域景观规划studio"课程，日常事务方面还承担研究生开题、答辩秘书等任务。杨老师对工作认真、严谨，要求很高，但对新人也很宽容。譬如"区域景观规划studio"课程，杨老师让我制定教学计划、编写教学大纲以及进行全程组织，并建议我在课上做专题讲座。我先后对教学计划修改了多稿请杨老师过目，其中一些因不熟悉情况而犯的常识性错误他并没有责备，总是细致地就各方面信息与我商量，包括时间安排、外请讲员、设计地段、学生成果要求等等。我也在课上作了3次讲座："景观规划的数据收集与调研方法"、"景观规划中的分区规划"、"可辩护规划"。当时心里还是比较忐忑，但杨老师非常支持，最后的讲课效果还是很被老师和学生认可，这大大提高了我的自信心。这一教学计划也在之后的教学中被延续下来且不断完善。正是景观学系对年轻人充分信任并委以重任，使我在责任、压力中锻炼与成长，推动了学术研究与组织管理能力的拓展，也开始收获一些成果。2006年，国家开始增加对青年学者的自然科学基金资助力度，我在建筑学院第一批拿到国家自然科学基金青年基金项目资助，在该基金资助下完成了一系列研究并发表了多篇论文，并随后在2011年再次获得面上项目资助。这是与景观学系的开放学术氛围与团队协作精神及杨老师的信任与教导分不开的。

清华景观学系建立之初的教师队伍是由外方讲席教授组与中方教师团队联合组成。刚开始工作竟能立刻接触到一批国际级大师，如劳瑞·欧林、理查德·佛曼、弗雷德里克·斯坦纳等，真是十分荣幸！并且这几位著名学者在生活中都十分亲切、和蔼，所以我从他们身上获益匪浅。我到清华工作后第一次见到劳瑞·欧林教授，他就邀请我共进午餐。面对这位大师，我仍像一位稚嫩的学生，不知该如何对话。他却侃侃而谈，消除了我的紧张之感。随后在studio教学指导中，我也充分感受了大师的直率与幽默风格。理查德·佛曼教授是我从接触景观生态学起就十分景仰的"北美景观生态学之父"。但这么一位学术大师，在课上却是兢兢业业、认真细致、亲力亲为、悉心教学。我在哈佛大学GSD访问期间曾参加了他亲自开车带学生进行的野外实习，他俯拾任何一处景观或要素就能进行深入生动的生态学讲解，并带我们黑夜进入森林观看星空并一起模仿狼嚎以体会真正大自然的魅力，这些都令我对这位年纪已逾80的老人报以深深的敬重与折服。弗雷德里克·斯坦纳教授是景观规划领域的国际权威学者，在生活中却是一位十分亲切、友善的绅士。他对清华的数次访问主要讲授景观规划，由此我与他有较多接触。我们聊的话题也非常广泛，包括美国景观规划、生态规划的发展，美国各个景观学校的特点以及一些与McHarg教授有关的事情。没想到在弗雷德里克·斯坦纳教授回美好几个月之后，我收到他寄来的一个大包裹，拆开一看，竟然是一本英文原著 To Heal the Earth——Selected Writing of Ian L. McHarg。这本书由斯坦纳教授与麦克哈格（McHarg）教授共同编辑、收录了麦克哈格从20世纪50～90年代的多篇著述，论及他的生态规划的核心理念。原来斯坦纳教授通过我们在北京的交流了解到我的兴趣，返美后特意安排秘书寄书赠送。他在书的扉页上写着：I enjoyed our conversations in Beijing. I thought this book might interest you。由此我看到了斯坦纳教授对专业的认真与对年轻学者的提携，令人终生难忘！

在清华工作一段时间之后，我的研究方向有些摇摆，一度比较迷茫，也浪费了不少时间。杨老师切中要害地指出我应明确方向，否则研究工作会空泛而无深度。杨老师的督促与指点令我茅塞顿开，我决心找到自己感兴趣、并与学科发展目标相一致的方向潜心钻研。实际这也是杨老师对清华风景园林学科团队建设的长远规划。还在我做博士后研究期间，有次杨老师在与劳瑞·欧林教授谈话的时候，突然把我和庄优波博士叫到办公室，语重心长地建议我们年轻人要积极主动学习，将讲席教授组的课程体系、内容和经验传承下来，使清华景观学系在高起点的基础上有更长远的发展。这些嘱托深深地印刻在我的脑海里。自2007博士后出站留校，系里将"景观水文"课程教学的任务交给我。在讲席教授组的巴特·约翰逊、高阁特·西勒、布鲁斯·弗格森诸位教授在景观水文方面的教学积累基础上，我认真备课，寻求国际化经验的本土化，结合选课学生特点（多为风景园林、城市规划专业），在连续几年教学中指导学生进行"清华校园雨洪管理与校河研究"课题，使研究生能够结合身边的实际地段与需要，将对水文、水利、环境、文化等领域的理论知识、技术方法的学习，通过一个课程设计来完成学习。这样的教学方式取得了一定成效，几年的教学成果曾给学校做过汇报，还进行了专门展览。并获得学校基建处、房管处、园林科等部门的信任与支持，在百年校庆之际顺利设计并建成了胜因院这一校园首座雨洪管理示范项目，获得了各方面的好评。我们也在这一学习、研究与实践中对"水木清华"的历史景观有了更多了解与热爱。当然，该门课程及研究还在继续完善之中，还有许多空白及增长点有待填补和发掘。尤其面对北京7.21及全国众多城市的严重内涝问题，以及大江南北无数河流遭受污染、洪涝及水文化景观丧失等严峻现实，时不我待，杨老师及系里诸位老师对我的鼓励、鞭策犹在耳边，成为我奋力前行的动力。

在清华工作的8年中，从建筑学院和景观学系的诸位先生、教授以及讲席教授组的各位老师身上，我充分感受到了这些著名学者的学识与人格魅力。也在水木清华的校园中，我完成了从一个青年学生到一名青年教师的转变。在这样的"人、景、情"氛围熏陶之下，我更加深入地了解并更加喜爱这个专业、这一集体。8年中的一些记忆、感悟与心得，谨记于此，也作为对未来的激励与鞭策！

2.19 回忆点滴事

邬东璠
清华大学建筑学院景观学系副教授

2005年冬，景观学系成立后的第3年，天气还不算太冷的时候，由于项目需要，我抱着敬畏的心情，在正式进站之前提前跨入了景观系高高的斑马纹大门。第一个见到的是笑呵呵的行政助理何睿，第一眼印象最深的是系会议室整面墙那么大的推拉门。第一次和合作导师杨锐对话，心里本来是有些忐忑的，之前有人说清华人很傲，眼睛都长在头顶上，不过眼前这位和气而不失威严的杨老师倒没有传说的那种感觉。而低调的朱育帆老师、主动递给我名片的胡洁老师、初次见面热情握手的党安荣老师、与我大学室友是高中同学的刘海龙博士后、谦虚沉静的庄优波博士，这些我未来的同事们都让我感觉很容易接触，景观系这个小家庭人不多但很温暖。

初次加入教学工作，最不适应的是大家叫我"老师"，当了23年的"学生"，突然摇身一变成了"老师"，这个变化不大好适应。搞景观的应该是杂家，对于我这样的建筑系毕业生而言，显然缺少很多专业基础。所以刚到景观系的几年中，我是一边当学生一边当"老师"，清华荒岛、植物园、周口店、国子监、菊儿胡同、CBD，只要不用给学生上课我就会去听课，跟着植物、技术、地质课去调研和实习，感受着精彩纷呈的风景园林世界。密集的讲席教授组讲座、走马灯一样的国内外学者来访，超常规的教学模式带来超常规的速度，只记得那两年的业余时间相当充实，常常没有周末休息日。从一个旁观学习者到教学计划的编辑者，再到对教学有了一定思想认识和建议的教师，这是我八年来参加景观设计studio教学的成长轨迹。朱育帆是我参与studio教学的搭档，事实上也是我的老师，我对当代景观设计的理解应该说主要来自这位性格内敛的景观设计新锐。

我提前到景观系报到是因为当时正在如火如荼开展着的五台山申遗项目。我懵懵懂懂的加入了那个充满激情的队伍，每天的午餐会、晚餐会，大家高高低低的坐在沙发里，围着茶几上的图纸，一边讨论一边吃盒饭，有时讨论会跑题变成海阔天空的神侃。核心的技术性工作完成后大队人马就解散了，我跟着这个项目跑了3年多的马拉松，为了给遗产专家好印象，我们精益求精的排版、校对、打印、装帧，终于以2009年的申遗成功圆满落幕。景观系硕士以研究型设计毕业在当时的建筑学院是"第一个吃螃蟹"，学生的毕业设计要依托实践项目进行，所以我在教学之余积极的投身于合作导师的项目中。从博士后阶段到后来留校任教，我很幸运的接触并负责了《旅游度假区等级划分》GB/T 26358—2010的编制、天坛总体规划和外坛整治修建性详细规划、五大连池旅游镇系列规划，这些项目都是既重要又旷日持久的，十分锻炼人。不过现在回想起来还是有很多遗憾，由于忙于组织而疏于深入研究，也浪费了不少机会。

为了提拔我们这些年轻教师，系主任杨锐花了很多心思，给我们每人分派了主攻发展方向，创造机会让我们向外冲，适时的提醒哪些方面需要用心。跌跌撞撞的几年下来，我终于把副高职称评了下来。接下来要靠自己了，心里很是没有着落，过惯了跟着人走、指哪儿打哪儿的日子，突然要自己选择方向开疆僻壤。希望我能不辜负前辈的期望吧！

时光荏苒，旋即八载，景观学系从学生屈指可数的小家庭，变成了现在近百人的大家族，我自己的小家庭也实现了人口倍增计划。在清华的岗位上必须不辱使命，我时常感觉到肩上的责任，回头看过去，虽然一直是忙忙碌碌的，但总觉得效率还是太低，遗憾还是太多，差距还是太大。我不断提醒自己要努力，希望下一个十年我和我们的系都能更加快速的成长。

2.20 忆景观学系讲席教授组期间的生态课

庄优波
清华大学建筑学院景观学系助理研究员

  系庆十周年，杨锐老师召集大家写回忆录。2003年9月我博士生第一年入学，之后的10月8日成立了景观学系，所以大家都说我是经历景观学系整个十年的"老人"。十年时间从学生到老师，一直忙忙碌碌，没有太多时间回头总结，也觉得资历太浅，所想所记不足以与大众分享。不过我想，自己现在负责生态课的教学，并在建系之初讲席教授组期间担任生态课的助教，对此进行回顾和整理，既可以向大家介绍那个时期的教学，也是自己温故知新的一次机会。于是我选择了这一主题。

  因为本科是建筑学背景，硕士生期间是城市规划风景园林方向，所以没有专门上过生态学的理论课程，当时的知识主要来自于初高中时期的生物课和地理课，以及本硕期间广义建筑学中涉及的生态理念，包括适宜性分析等，但都不是很系统；景观生态学方面，除了斑廊基名词外其他了解不多。所以担任生态课助教，对我来说，是一次非常好的学习机会。

  "景观生态学"第一年的课程安排在2005年的春季学期（2005年3月～5月），由当时的系主任劳瑞·欧林教授和哈佛大学理查德·佛曼共同担任任课老师。林文棋老师和我担任这门课的助教，我主要做一些放幻灯、做海报的"跑腿"工作。因为两位教授德高望重，课程吸引力强，他们的讲座全部安排为建筑学院的公开讲座，地点在1楼的王泽生厅或2楼的报告厅。每次上课都是济济一堂。课程一共分9次课，包括劳瑞·欧林的4次讲座、1次到北京西南郊潭柘寺实地考察（英文为Fieldtrip），以及理查德·佛曼的3次讲座、1次到三山五园地区的实地考察。课程先后顺序大致根据两位教授在北京的时间安排。两位教授在内容安排上有一些分工。Olin的课程主要介绍生态学与景观设计的关系、景观生态学的基本原理，并通过他的实践项目介绍来说明景观设计中对生态学的应用。佛曼的课程主要介绍了景观生态学在不同尺度中的研究和应用，从社区尺度的开放空间规划（以Concord镇的开放空间规划为例）到区域尺度的景观规划（以巴塞罗那区域景观规划为例），并介绍了受景观生态学影响的道路生态学的内容。在这门课上，我第一次接触到了 *Land Mosaics* 和 *Landscape Ecology Principles in Landscape Architecture and Land-Use Planning*（《景观设计学和土地利用规划中的景观生态原理》）这两本书，并深深地被它简单易懂的图示化的原理说明方式吸引和打动。我想只有对这些原理深刻了解的人才能想出这么简洁明了的表达方法，它应该和数学和物理中的"简单即美"是一样的道理。实地调研方面，时间都安排在周末，记忆中都是明媚的春光，以及佛曼对一些我们认为很熟悉的景观现象提出他的观点和问题。我记得佛曼站在香山金刚寺前的平台上，俯瞰远处的玉泉山、颐和园以及更远处重重叠叠的建筑群，问了大家一个问题，如果你是设计师，你希望在北京的什么地方盖你的住宅？大家有些回答在北京城里、有些回答在郊区，也有些回答在香山里面。佛曼大家都说了一轮后，没有评价谁的答案更佳，却谈起了他在景观生态学中的一个观点，也就是"集中与分散相结合"原理，即在一个区域中的最佳景观模式是：既有集中的建设区、也有集中的自然区域、以及零星散布在集中区里面小面积的其它类型的区域。现在看来这个问题也许表达了他对当时北京西北郊区日益城市化、密集化建设趋势的一种反应吧。

第二年的课程安排在2005秋季学期（2005年11月~2006年1月），由美国俄勒冈州立大学的巴特·约翰逊教授担任任课老师，他同时教授生态学和水文学两门课程。生态学方面，一共安排了8周，由于巴特在俄勒冈州立大学的课程要到2005年12月中旬才能结束，他在北京实际教学时间只有4周。于是，他把课程分为4个专题，分别为：生态与设计的结合、规划设计师的景观生态学基础、景观规划原理及应用、城市生态学。前4周每周布置一个专题的阅读作业，请学生提前阅读；后四周每周2次课对各专题进行深入讲解。我当时作为这门课程的助教，在前4周负责组织同学们就阅读作业进行讨论，并将阅读中涉及的问题集中转发给巴特。如果说欧林和佛曼在课程组织上像大师系列讲座，那么，巴特的课程就更像是中规中矩的研究生理论课程。这是我第一次接触这种教学方式，老师在课前提供大量的阅读文献，学生需要提前阅读并提出问题，上课时重点围绕问题展开。我2012年到MIT做访问学者的时候才发现这种方式在美国比较普遍。我记得前四周我们的阅读作业讨论安排在每周固定的一个晚上，大家对这门课都很重视，尽管阅读量很大，每个人都尽量多的阅读，而且讨论起来很激烈。我一般都会尽快把大家的讨论要点总结好及时发给巴特，而巴特也会及时给出他的反馈。例如，有同学提出请巴特补充介绍一下美国和欧洲景观生态学的不同，他就在后来的专题环节专门增加了一节课讲这一方面的内容。巴特主编的 *Design and Ecology* 一书全面收集了生态学和景观设计两个领域关于这两个领域之间关系的观点和研究，是阅读的重要文献。Bart在基础概念介绍方面也花了很大功夫，例如等级、尺度、ecosystem management等概念。这是作为刚入门的我所需要的，也是和前一年不同的地方。他也介绍了他所实践的一些案例，包括 Willamette Valley Basin Alternative Futures Planning 以及 Parks and open space planning for Eugene Oregon。巴特在景观水文方面，也介绍了很多当时国内比较新的概念，如 riparian zone（河岸带）、stormwater management（暴雨管理）等。

第三年的课程安排在2007的春季学期（2007年4月~6月），这次安排的教授较多，共4位，每个教授都有很鲜明的个人特点，各自负责与生态学相关的一个方向介绍，有点象个拼盘。当时的刘海龙博士后和我一起做助教。第一部分"生态学简介"由罗纳德·亨德森负责，为1讲，介绍生态学一些基本概念、景观及景观生态学词语的来源等。第二部分"规划与生态"由德克萨斯大学学奥斯丁分校的弗雷德里克·斯坦纳教授负责，他做了很多讲座，包括：景观建筑学在美国的发展、生命的景观、适宜性分析、伊恩·麦克哈格的生平简介、湾区灾后恢复规划、人类生态学等。斯坦纳被认为是麦克哈格的衣钵传承人，所以他的内容具有麦克哈格时代生态学的特点。之前我已经阅读过斯坦纳的著作《生命的景观——景观规划的生态学途径》，并将它奉为景观规划方法介绍的宝书，能够亲耳聆听这样的大师作者现场介绍书中的观点和案例，感觉真是非常荣幸。第三部分"设计与生态"由罗得岛设计学院的高阁特·西勒（Colgate Searle）教授负责（当时惊奇地发现原来"高露洁"就是这么拼的），他的课程很多与当时的三山五园Studio结合在一起。西勒向我们介绍了D.W. Meinig 的"*The Beholding Eye: Ten Versions of the Same Scene*"这篇著名文献，并组织大家讨论各自眼中的景观是什么样的。之前虽然觉得景观应该是"包罗万象"的，但是这篇文章让我第一次认识到原来还可以这么清晰的把"万象"给整理出来。Searle的实践案例介绍的是他参加的一整条河流的规划设计，还在院里作了展览。第四部分"工程建设和生态"由乔治亚大学的布鲁斯·弗格森负责，他主要负责景观水文，包括暴雨下渗的重要性、可渗透铺装、新技术介绍等。与前两年相比，这一年的课程少了对景观生态学的专注，多了对生态学与规划、设计、工程建设多个方面关系的深入讨论。

三年生态课，三种模式，各自呈现不同特点。这既是讲席教授不稳定的结果，也是对景观学领域内生态学教学模式的一种探讨。通过这些多样化的课程学习，以及向各位老师们请教，我从对生态学的懵懂认知、一知半解到逐渐熟悉。2007年7月毕业后，杨锐老师让我和刘海龙老师一起承担生态课的教学工作，我开始对这一方向进行更加系统和深入的学习和研究。

现在回想起来，讲席教授组的三年期间，学校真是大投入，超级豪华的教授阵容，密集的讲座安排，可谓生态学教学的饕餮大餐。由于自己没有太多积累，听课时往往处于被动接受的过程，对新的知识和观点只能表示惊叹。我有时也会感到遗憾，如果自己当时能够有更多的知识储备和理论思考，这些讲座听起来会更有收获，和大师们交流起来也会更加有目的和针对性。记得曾经读过一个理论，关于接受新知识的规律，你只能理解和你原来认知水平比较接近的部分，而很难接受那些相差较远的部分。即使你有机会近距离聆听院士级别的学者讲课，如果你的认识水平没到，也难以全面理解他的内容。但是，过去时光不可回，我只有督促自己在这快速发展变化的风景园林学新时代中，不断学习，为现在和将来做好准备。

2.21 回忆我在景观学系的点点滴滴

何睿
清华大学建筑学院景观学系行政助理

景观学系即将成立 10 周年，作为其成长发展的参与者，略作如下记录，尽一份景观学人的责任。

我于 2005 年 5 月经首任系主任劳瑞·欧林、杨锐老师和左川老师面试应聘到景观学系，协助系主任开展相关行政工作。初来乍到时，觉得"景观学系"这个名称很是新鲜，因为我读的是教育管理硕士，对系里老师同学都做些什么并不了解。现在想来，我的入职也应算是景观学系筹备的一小部分。当时建系筹备阶段，首任系主任劳瑞·欧林教授组织的外籍教授讲席组频繁到访讲学，我的工作便从外事接待、系内行政管理、教学辅助到财务管理等等，面对的是从建筑学院其他部门的领导老师，到景观学系的各位教师，直至景观学系的所有学生。我记得 2005 年到 2007 年的两年间，景观学系举办的相关讲座和授课就不下百场，相当一部分是外籍教师主讲。也是那段时间，让我认识了像劳瑞·欧林、弗雷德里克·斯坦纳这样的让我身边的师生们敬仰的学术"大牛"，我对他们的学术造诣了解并不深入，但却能在他们的日常交流中感受到他们和蔼可亲、平易近人的一面，也能从他们与景观学系的师生的交谈中，感受到他们对这个新建立的景观学系抱有的满腔热情，当然，在各种繁复的外籍教师的文件管理和财务管理中，也不难感受到建系之初，学校、学院对景观学系的巨大投入和相当高的期望。

也是在那段时间，我开始和景观学系的诸位老师成为同事，并自那之后一直感受着他们严谨、认真的态度。系主任杨锐教授对系里工作有着很高的标准，他也一直用自己的勤奋和热情激励着每一个人。每年年末我在整理和总结系里的工作和取得的成绩的时候，总会有很多奖状、发表的论文、著作、获奖的项目等被罗列出来，我会为我能身处这个集体而感到骄傲。在他们的勤奋和认真态度的感召下，我也逐渐习惯于在纷繁复杂的行政工作中尽量用更高的标准要求自己，以服务于人才培养和科研创新为己任。这些年来，在与院领导、系领导和同事们的交流和不断学习中，在与外籍教师的频繁接触和锻炼中，我的行政工作的能力、沟通协调的能力也有所提高，我想我是在和景观学系一起成长。

作为系里唯一的行政人员，我还有另外一个职责就是组织系内的各种活动，不但有学术论坛、会议这样的学术活动，还有很多生活、娱乐的活动，如 2010 年我们组织了首次系友会的大聚会，2012 年组织了"景观好声音"联欢活动，还有每年教师节、中秋节等等或大或小的活动。虽然每次组织这样的活动都会筋疲力尽，但看到老师同学们都会积极的出谋划策，群策群力把活动办得精彩纷呈，每个人都真心的为景观学系的事出力、每个人都会开心的参与活动，我的心里就会十分满足。

一晃八年过去了，我在景观学系收获了爱情、亲情、友情，和同事们、同学们成为了好朋友，见证着景观学系一点一滴的发展，也督促着自己要一点一滴的进步。很感谢我的领导和同事在工作中给予我的帮助，在生活中给予我的关怀，从他们身上我学到了很多，无论做人还是做事。真的很为自己能够进入这样一个集体而感到自豪和荣幸，我也会在将来的工作中继续为景观学系的发展尽我的绵薄之力。真心祝福景观学系能够越来越好。

2.22 回忆清华景观系二三事

王劲韬
北京林业大学园林学院副教授
清华大学建筑学院景观学系 2006 级博士生

我不是传统意义上的"三清",求学的历程也相对复杂,夹杂着那么一点点艰辛,所以我对清华,对我们景观系的视点视角,可能在一开始就显得有些与众不同。我在清华园的日子不算久,满满三年,而且,大部分时间都穿梭于清华、国图、故宫和各大园林之间,在校园里的时间真正不多,但清华园里遇到的那些人和事,却深刻地改变了我。

来清华读博之前,我25岁到35岁的设计生涯,几乎都是在摸索中渡过。年复一年,在孤单、苦读中修炼,十年"枪手"(我们这一行的职业代画者)的经历,使我有着异乎寻常的对景观、环境的敏感和领悟,有着近乎随心所欲的图纸表达能力,所以我对这行充满了自信与自负,傲骨与傲气。在踏入清华之前,我对快图技术大有一种睥睨一切、独孤求败的狂躁之气。而如今,当许多学生真的把手绘大师的光环套在我头上时,我会真心惶恐、推辞,真心认为前途漫漫,人外有人。倒不是因为我心虚,更不是因为缺少担此重任的自信,而且,我自信当年的傲气虽减,但傲骨犹存。我想,如果不是因为我的清华之旅中遇到了我的老师杨锐,欧林,孟兆祯,亨德森,如果没有他们的鼓励、支持、批评,我也许会沿着过去的"枪手之路"一直走下去。也许这技艺会更加炉火纯青,中国或许会多出一个技艺纯熟的工匠,但一定会少掉一个古典园林文化的研究者、朝圣者。我也决不会如今天这般,将景观园林视为一项事业,而很有可能,仅仅这技艺停留在谋生手段或是技艺炫耀的阶段。可以说清华园中的池岸金柳、细雨和风滋润、塑造了我今日的性格。从这个意义上说,我非"三清",但却是一个不折不扣的清华人。而今日我对清华景观系的回忆,也必然是从他们开始。我对他们的认识,一如我今天对景观学教师这一职位的理解,亦师亦友,厚德载物。

一

我对清华景观系的记忆从报考清华开始。大体上每个想报考清华的景观师,都或多或少报着一种试试看的态度,或许心中很是向往,但往往不敢认真。2005年的那个冬天,我就是抱着这种想法来的。在蓝旗营对面的一家地下室旅馆住下,就兴冲冲一口气跑进建筑馆三楼。首先见到的是当时还是个学生妹模样的何睿(如今她已是成熟的、幸福的母亲,也是从她开始,我的名字,从江南求学时期的"老大",改成了"老王"。一字之差,足足让我适应了半年!)第一个信息很不好,我所景仰、专程拜访的欧林先生,只能在两天以后的某一时段见我,会面谈话的时间不能超过15分钟!在地下室转着圈等了两天,终于如约与心中的大师会面,当时的我怎么也不会想到,那次会面会如此愉悦,时间居然从原定的15分钟一直谈到中午。而且是我这个晚辈先提出该是饭点了。我记得,那天劳瑞·欧林的兴致一直高涨,仿佛回到了青年时代,谈到了他的画作、速写、《跨越开阔地》(*Across the Open Field, Essays down on the English Landscape.*),谈到了日本园林、中国园林……欧林给人的印象永远是那么气质儒雅,风度翩翩，景观系后来的同学也大都会如此评价他，却很少有人会提及其绅士风度以外的观感。我现在的记忆中留下最深刻的印象是他的胡子和手。修剪得体的灰白胡须，一双突出的修长的大手。一双属于大地园师的大手，修长却不乏力量。好几年以后，我写了一篇小文——园林师的手，提到布朗先生举起马鞭，宣称"此地可为"的大手；提到孟兆祯先生那拿烙铁烫样假山的粗糙大手；当然，也有欧林先生这双修长的，属于艺术家和造园师的大手。

我与欧林先生接触的时间很短，数月后他就任职期满回国，但与他的短暂接触坚定了我以前很多的想法。如坚持草图与设计并行、坚持中日对照研究古典园林等；也改变了许多，比如我今天十分强调的设计手图的快速特征，意向性特征。很大程度上是由欧林草图获取的灵感。多年以后，当我的画册、作品集被千里迢迢送到欧林手中（由亨德森代转），他仍然会饶有兴趣地要求翻译过来，作为他们美国学生的教材。这种为着一个理想——一个将景观技术与艺术结合的伟大理想——代代相承的情形，直至今天，当我在学生们的环绕之下，为之作示范，手把手与他们切磋的过程中，我的脑海里，仍然能够时时浮现这种代代相承的美妙感觉。而当年，劳瑞·欧林千里寄言，言传身教的情形至今都是那样令人动容！

来清华的欧林讲席教授组的专家几乎都有自己的一门绝活，但共同一点是手头功夫引人注目。其课上、课下的许多设计草图至今看来仍是那么丰富随性潇洒，切题乘意。后来与我接触较多的讲席组亨德森教授，在此方面给我的感受则更加深刻。他们的言传身教，在相当程度上奠定了我今日之设计逻辑和工作方法，这种影响的持久性是我当时未曾想过的。

二

我在景观系三年间接触最多的是我的导师杨锐教授。入校不久，杨老师便问及我的研究方向，并直言建议我加入正在进行的天坛文物保护研究。我当时本着一种初生牛犊的干劲，一心要在中国古典园林研究上做出建树，所以直陈胸臆，几乎是直接否定了杨老师的建议，表述希望能用着宝贵的博士研究机会，更多地进行古典中国园林纯理论研究。现在想来，我与杨锐老师初次相识并不算愉快，直到今天我仍然很好奇，在我拒绝他的建议后，老师是怎么想的。虽然我们在研究方向上出现差异，而且在未来的数年中，我的主要工作都是相对独立于景观系研究框架之外，但我至今仍觉得，在清华读博期间，对我影响最大的是我的老师杨锐。

我在清华读博最初的半年可谓倍尝坎坷，完全没有了当初报考清华时那种技压群芳，独占鳌头的霸气。事实上，来自老家的压力，先是孩子无人照料，然后母亲食物中毒，危在旦夕……一系列的打击使我精疲力竭。我几乎是在开学的前半年内，就数次提出休学或退学请求。是杨老师的耐心劝导，默默支持，帮助我留了下来。尤其令人感动的是，在我状态最差、最颓废的时候，杨老师始终鼓励我，使我相信，我仍有过人之处，仍是可造之材。这种鼓励、提携，是我能最终选择面对困难，完成学业的重要动力。

在我博士研究最关键的第二年，我谢绝了一切设计任务，也失去了所有可能的经济来源。在那段极为清苦的日子里，杨老师会不时的把我叫到办公室，然后塞给我一个信封，说是项目组的奖金，而那时我已经很久没有参与过项目。我深感受之有愧，老师只是淡淡地说："钱不多，是大家的心意，好好研究。"……这是我那些零零落落的清华片段中，唯一记忆深刻的事件，静静的如光影滑过，朦胧中带着温情、幸福。研究生活周而复始，平淡重复，正是这些朦胧的温情伴我度过一季又一季的故纸堆里的枯燥生活，而我对清华人的记忆和定位，很大程度上来自于我的老师杨锐，来自于那些淡淡的温馨和默默的注视。

三

亨德森与我算是个亦师亦友的人物。团队中的孩子们都习惯称他"老韩"，他头发不多，目光炯炯，他对老韩这名字也似乎非常受用。总之，在我印象中，他差不多是个快乐睿智，而且十分健谈的老头，虽然他与我团队的其它成员，与孩子们的交流大多仅仅限于手势和几个简单的词汇，但这丝毫不会影响他传授技艺，表达其独特艺术观点的热情，所以，不仅是清华的学生喜欢他，职业化的团队中，他仍然有作为青年组领袖的潜质。

在清华的日子，我与他相处不多，只知道他是欧林讲席教授组成员，美国景观生态学家。直到我毕业后，一个偶然的机会，使他成为我所带领的设计团队的顾问，我对一个美国景观师的深入了解也由此开始。学校里的亨德森很健谈，工作中的Ron很勤快，尤其引人注目的是他那小号的速写本，小得几乎可以扣在他的手心里。他因此可以边走边画，边说边画，他也很乐意如此。我记得每一次长途旅行，在船上，火车上，他都会画很多速写。画上的内容"半真半假"，有写实的风景，也有他的想象和添加所谓"细节"，以及用他那美国式的思维，为这种"人化"景观做一番诠释（我记得，两百年前，德国建筑美术大师辛克尔曾经这么做过）。

有一次，在规划唐山湾三岛的游客码头时，他居然在他的"速写设计"里加上一个颐和园的水门，多么古老的形式，古董级的思想，居然出现在一个美国景观生态学家的设计中！他津津有味地在速写本上写道：八点四十分，我们穿过水门（他臆想的）之后，船行至一个狭窄的水道，这个水门使我想起了古代园林中迎接慈禧太后上岸的码头上那高大优雅的水门更为相似……。这种"添加式"设计在与亨德森共事的一年中，我亲眼目睹过好多，每每为这种艺术家的气质感染。在唐山南湖、曹妃甸、乐亭等多个项目中，奇思妙想的杰作更是层出不穷，当然，有时也免不了天马行空，这些作品后来都被我写进了书里，称之综合利用了渲染、速写、照片乃至 google 影像等多种手段形式帮助表达设计师心中的形象和气质，这种独特的艺术家的表达方式，现在俨然成了新一代学生做规划时的仿效样板。

现在大多数园林专业的学生都习惯于在电脑前摆弄模型，几乎懒于动手作草图推敲。后来几年，在我大力推广景观师草图的日子里，我常常会想起这位与我朝夕相处，一起讨论，争论，有时吵得面红耳赤的朋友、师长。如果不是因为他荣任宾州大学规划系主任，我想，我还是会继续邀请他领导我们的设计师，帮助我推广景观建筑师手绘。如今我经常习惯性地拿出欧林、斯坦纳和亨德森等人的草图，去激发北林的青年学子，亲口告诉他们，这些人原本都是景观生态、技术领域的大师，这些人并不是真正意义上的艺术绘画专才，但他们的作品所体现的表现力尚且如此，我们新一代的景观学子又该如何直追前贤。这种教学习惯，很大程度上与亨德森在我们团队中的言传身教有关。

四

最后，我要提到的清华记忆是我的老师孟兆祯先生。孟先生一生执教于北林，他也是一个六十年来，一直默默关心清华景观系成长的园林老人。孟先生在清华景观系成长的过程中，始终是一个厚德长者，学术先驱。我在清华读博的全部过程，几乎都贯穿了老人的慈祥与厚爱，推介与提携。我的博士论文从开题，到框架拟定、史料甄别、行文结构，到预审、答辩，孟先生参与了全过程，这种关爱，一如他曾经对清华景观系成长的关爱与帮助。

我在北林任教后，亲历了北林和清华学子日益频繁的交流，并有机会参与其中，相似的情境，每每能让我回想起当年孟先生对我这个清华学子的教诲与帮助。我今天在课堂越来越多地接待母校来的学生，给他们改图纸，改论文，与他们一起准备考研，这种情怀，恰如当年孟先生对我们的清华学子的关怀和指导。

如今，已作为孟先生助手的我，与先生交流日益频繁，乃至于朝夕相处。先生在持续六十年的教育生涯中，又曾提携帮助过多少像我这样的清华学子，每每想到这些，我就禁不住为自己能学在清华，教在北林而自豪。郑板桥说：新竹高于旧竹板，总凭老干为扶持，来年洗看新生者，十丈龙孙绕凤池。孟先生执着于中国园林景观教育的 60 年实践，是对师者传道、授业、解惑这一千古事业的最全面的诠释。

结语

我从一个上世纪 90 年代初起步的景观设计"枪手"，转变为今日中国古典园林忠实的研究者，我心中的园林梦未曾有一刻淡去。但这梦想实现的每一步，几乎都饱含了清华、北林师长、前辈们的鼓励帮助，没有杨老师在我最消沉的时候给予的援手，我无法完成学业；没有孟先生在我博士阶段悉心的指导，我不可能高速度、高质量地的完成研究。如果说今天我能对那些热爱园林理论、酷爱景观手绘的同学有所助益，能不厌其烦地为他改图、改文，手把手与他们切磋，那也完全是循着杨老师、孟先生的教导，继续我的景观传道授业生涯，这也算是母校清华厚德载物传统的一种延续吧。

仅以此祝贺清华景观学系十周年庆！

2.23 成长·我与清华景观的缘分

郑晓笛
清华大学建筑学院景观学系 2009 级博士

祝贺清华大学建筑学院景观学系成立 10 周年！

《借古开今——清华大学风景园林学科发展（1953·2003·2013）》的编写组成员让我写一篇"回忆录"，抒发一下对于清华景观的感情。"回忆录"这个词重了，但认真坐下来，梳理思绪，发现这感情如此深厚，说是融入在我的血液里，应该不为过吧，因为它始于我的父亲——郑光中教授。

1. 结缘：涉世之初

我出生的时候，父亲早已从清华大学建筑学院毕业，留校任教很多年了。现在我家客厅的墙上，挂着我出生那年父亲在清华荒岛写生的水彩画。每每看到这幅画，我就想：我就要来到这个世界的时候，清华的景观是这样子的呀。我小学的时候，父亲开始参与北京什刹海地区的保护规划研究，周末也经常带着我和姐姐来这里玩耍，夏天游泳，冬天滑冰。这应该是我关于城市公共景观空间的最早记忆了，一个完全为公众所免费享有的景观空间。

缘分：那时我不会想到，20 多年后这里会是我大学本科毕业设计的场地。

我初中的时候，父亲接受了海南三亚亚龙湾的规划项目，于是我幸运的在亚龙湾迷人海滩的简易工棚内完成了我的暑假作业。碧蓝的海水，白色的沙滩，这应该是我第一次完全沉浸在"大自然"的怀抱中。但也在那时，我知道了城市的发展建设需要与对大自然的保护相协调。这么美的风景是自然无私的馈赠，然而我们不能仅仅一味的索取。后来我大些了，父亲利用寒暑假带我游历祖国的大好河山，更多地向我讲解规划、建筑与园林的专业知识。三峡、九寨沟、五台山……，有些以自然风光取胜，有些以历史古迹闻名，然而更多的是自然与人文的交融，从现在的观点来看，应该属于"文化景观"的考察吧。

1996 年 我顺利考入清华大学建筑学院，学号居然幸运的是 960001。清华建院对我的教育也正式从家教过渡到 5 年严谨的建筑本科教育。大五的专业方向我选择了城市规划。

2000 年夏 北京 25 片历史文化保护区的调研与规划工作启动了，我被分到的小组负责的地区就是什刹海。我们挨家挨户奔走在什刹海的胡同里调研访谈。对于这片熟悉的老城区，我有了更为深入的了解和思考。古城风貌保护与居民生活质量改善到底是什么关系？这一年，我决定本科毕业后出国留学。那时杨锐老师刚从哈佛大学设计学院（GSD）做了一年的访问学者回清华不久，他在那里的导师是景观建筑系的 Carl Steinitz 教授。父亲请杨老师到家里来和我聊聊他在那里的所见所闻以及对于哈佛 3 个专业的看法。

缘分：那时我不会想到，我想杨老师应该也不会想到，他正在为他 9 年后的博士生指点迷津。

2. 在哈佛：张眼看世界

2001年夏 我到了美国，这是我生命的一个转折点。没有想到的是，这个秋天对于美国而言，也是一个转折点。我永远也忘不了到哈佛大学设计学院正式报到的第一天，2001年9月11日。

由于"911事件"，美国后来要求所有联邦政府的重要建筑都要针对反恐的需要调整建筑周边的景观空间设计。那时我不会想到，4年后的盛夏，我带着安全帽，顶着烈日，工地靴上粘满了泥巴，在美国首都华盛顿纪念碑景观改造项目的工地上认真的检查ha-ha矮墙的花岗岩石材施工效果，而这个项目最重要的设计要求就是阻止满载炸药的卡车接近纪念碑。

在GSD风景园林专业的学习紧张而充实，可以说极大的改变和拓宽了我原先对于风景园林的理解和认识。让我最难忘的经历可能是真正的"亲近"自然。Richard Forman教授(著名的景观生态学教授)带着我们在酸果蔓地(cranberry field)上打滚儿；在哈佛森林野外实习时，为了尝试与狼群互动而半夜围坐在林中空地跟着Forman教授学狼叫，这些经历都令我感触至深。

那时我不会想到，我想Forman教授应该也不会想到，4年以后他会在京郊带着清华景观学系的师生进行同样妙趣横生的野外实习。

在哈佛，我第一次接触到了"棕地"的概念。一入学就赶上学术会议"棕地灰水——修复过程与设计实践"，第2学期的设计课题目是一处滨海棕地的再生，第3学期选修了Niall Kirkwood教授开设的课程"重建废置土地"。

缘分：那时我不会想到，我想Kirkwood教授应该也不会想到，7年后他会成为我在清华攻读博士学位的联合指导教师，我的研究方向就是棕地再生。

3. 在美国的中国景观人：景贯中西

2003年夏 我从哈佛毕业了，取得了风景园林硕士学位(MLA)。在时任哈佛大学设计学院景观建筑系主任的Kirkwood教授推荐下，经过两次面试，我顺利入职位于费城的欧林设计事务所(OLIN)。我的风景园林实践正式开始了。

这个夏天，清华大学建筑学院景观学系成立了。

缘分：得到offer的时候，我还完全不知道劳瑞·欧林先生（Laurie Olin）将成为清华大学景观学系的首任系主任，而他之前访问清华的时候居然还见过我的父亲。

Laurie要在清华进行一系列的讲座，很多老幻灯片需要扫描做成PPT放映文件，我荣幸而顺理成章地承担了这项任务。那段时间，扫描幻灯片、旋转、调色、编号命名，成了我每天下班后的业余生活。每扫一组幻灯片以前，Laurie都会向我讲解他这一讲的主要内容和授课思路，大致的过一遍每张幻灯片的内容和顺序。

缘分：尽管我身在费城的办公室，不过感觉似乎也有幸参与并受益于清华景观学系的创系课程。

2005年 我顺利通过职业资格考试，成为了一名美国注册风景园林师(RLA)。从接触甲方到概念设计、到扩初、到施工图、到施工监理，在欧林事务所的职业训练是全方位的，加班无数，但也收获巨大。令我印象深刻的时刻之一是在华盛顿纪念碑景观改造项目竣工后的一个周末，我恰巧路过那里，远远就看见好多人，放风筝的、带着孩子来玩的、散步的、旅游的，老人、儿童、情侣、夫妇、一家子、团队，好不热闹。一瞬间，我真的心潮澎湃，差点热泪盈眶。施工时的辛苦、奔波、加班、纠结与抗争似乎在这一瞬间都得到了回报，第一次这么强烈的感受到作为风景园林师的职业自豪感。

这年的秋天我第一次回国探亲，杨锐老师请我去系里和景观学系的同学们座谈，分享我在美国留学与工作的感受和经验。我第一次意识到，原来很多专业词汇我只知英文，不知中文，例如"grading"，不得不向杨老师求援，才知道原来叫"竖向设计"。同在这一年，Richard Forman 教授作为 Olin 讲席教授组的成员来清华授课并带领野外实习。

2006 年春 美国宾夕法尼亚大学建筑系的 Tony Atkin 教授与景观建筑系的 Laurie Olin 教授合带一门研究生的设计课程，场地选在中国承德。我因此有幸全程参与了这次教学工作。想到这曾是梁思成先生与林徽因先生学习奋斗过的学校，我心情就无比激动。很庆幸我的第一次教学是跟着 Laurie，他旁征博引的知识传授、认真负责的教学态度、对上进同学的耐心讲解与亲笔示范、对不努力同学的严厉批评、对优秀设计的敏锐和赞赏，都给我留下了太深的印象。指导学生的过程也是我学习提高的过程，站在评图人的角度，我对设计也有了新的理解。

这一年，欧林事务所获得了该年度美国风景园林师协会 (ASLA) 年度设计公司大奖，我参与了施工监理工作的纽约哥伦布环岛项目同时喜获 ASLA 设计优秀奖，我因此和同事们一起赴美国明尼阿波利斯市参加 2006ASLA 的年会并荣幸的两次登台领奖。

缘分：在这次大会中，我遇到了从中国专程来参会的周干峙院士、杨锐老师、胡洁老师、刘晓明老师、俞孔坚老师和很多国内的同行们，了解到中国风景园林行业蓬勃的发展。

此次 ASLA 年会与第 43 届国际风景园林师联合会 (IFLA) 大会共同举办，是中国风景园林学会 2005 年加入国际风景园林师联合会以后第一次正式派团参加 IFLA 的大会，意义重大。

2007 年 为了有机会参与到中国的景观项目中，我加入了 SWA 设计集团的旧金山公司。因工作需要，我到北京出差。

杨锐老师邀请我参加了清华景观学系研究生设计课程的期中评图，题目是首钢二通更新改造的景观规划。第一次参与中国的设计课评图，清华老师及校外专家的点评令我受益良多；中国学生与美国学生在设计思路与提交成果中的差异也引发我思考。

2008 年 希望全身心投入到中国风景园林的设计实践中，我作为美国 ZNA 公司的设计总监回到北京工作，深刻的体会了"中国的速度"。似乎项目机会很多，可是没有一个项目给你足够的思考时间，更不用说提交满意的设计。"快题设计"原来不只是中国设计院校和设计院的入门考试，而是实际的项目完成状态。

我有幸更加广泛地参加到清华景观学系和建筑学院国际班的教学中，LA Friday 讲座、本科生及研究生设计课的各种评图、本科生景观入门课程的讲座，分享与传授知识的过程，也是我自己回顾、检验与学习的过程。

4. 又入清华：再续前缘

2009 年 我又一次在清华大学入学了，开始攻读建筑学院风景园林学的博士学位，研究方向是棕地再生，博士指导教师是杨锐老师和哈佛大学的 Niall Kirkwood 教授。两个母校汇聚了。

清华景观学系规模不大，但也正因为此，系里老师同学间很亲密，有充分的机会互相交流，干起事来也齐心协力。老师的指导、同学间的讨论、精彩的学术报告、博士沙龙中的交流与辩论，都有力的促进了研究的推进。一入学，我就参与了于清华大学举办的 2009 中国风景园林学会年会的会务筹备工作，并有幸在大会的分论坛中发言，还喜获了论文竞赛的三等奖。后来先后在 ASLA、IFLA 和 CELA（欧美风景园林教育理事会）年会上的发言，让我得以在国际平台上检验成果、获取营养。

重回清华，我更加全面的参与到景观学系的教学工作中，全程参加指导了系里全部 3 个设计系列课程，包括本科大三景观设计课、研究生景观规划课和研究生景观设计课，也继续以讲座的形式参加理论课的教学，并有机会参与了部分建筑系和国际班的设计课评图。设计课中学生的追问使我不断的思考"设计到底是什么"的问题，不同的场地，不同的挑战，不同的学生，不同的设计策略，总是会有新的感悟与收获。我总是全神贯注的听学生讲图，发现闪光点，也希望提出有建设性的意见，每每看到他们的方案进步时，心里就会感到很开心。清华景观学系的课程体系是在 Laurie 的指导下建立的，与美国的课程体系很接轨。不同于以硕士论文和导师指导为主的教育，清华更强调设计课的学习。深入的场地调研与资料收集、多方案的比较研究、小组讨论与合作，只是遗憾学生们没有固定的专教，要不然组间交流应该可以更充分。

借助于自己的国际背景，我义不容辞的参与了清华建筑学院和景观学系的多次外事接待与国际联合设计课的联络与教学，在中国风景园林学会、中国花卉园艺与园林绿化行业协会、北京大学和北京林业大学的相关学术报告中担任翻译，协助了 2010 年 IFLA 学生竞赛国际专家组的评审工作以及 2012 年 IFLA 亚太区理事会的会务工作等。坦白讲，现场报告翻译还是挺累的，需要精神的高度集中，有时脑子里多想一下用哪个词翻译更好，可能就漏听了下一句。不过我很感激这些机会，让我得以向很多优秀的外国专家与学者请教学习，包括德国风景园林师 Peter Latz 教授、美国风景园林师 Peter Walker 教授等。在国际交流方面，现在清华的学生条件实在是太好了，应接不暇的大师讲座、与外国名校合作的国际联合设计课、在清华任教的外籍教师的授课与指导、国际交换学生项目以及国际双学位等。清华景观学系也已经与多所学校建立了较为稳定的合作关系，包括西班牙加泰罗尼亚理工大学、日本千叶大学和香港大学等。

这几年，中国的风景园林专业发展迅速。2009 年已有 300 多个风景园林学科和专业点。2011 年"风景园林学"在中国正式成为一级学科。与国内同行的交流总是让我在共鸣中收获多多，在参与清华美术学院、中国美术学院和南京大学的设计课评图中，在赴华南理工大学讲座中，在专业组织的年会、沙龙与会议中，大家怀着共同的理想，面临着共同的困境，有着共同的执着和投入，无私的分享着自己的经验与教训。

5. 展望：下一个十年

景观都市主义、生态都市主义、绿色基础设施……这些近年来在国际上被热捧的理念令风景园林专业受到极高的关注。暂不论关于这些"主义"的学术争论，也不计较是不是风景园林师提出的概念，它们确实将风景园林行业推到了城市建设的最前沿。在中国量大而高速的建设背景下，风景园林师更需要团结起来，增强行业共享与保护，共面挑战。

就我个人而言，棕地再生研究略见眉目。我越来越感觉到，除了针对具体研究对象的思考，这个研究也是对于人与自然关系的终极追问，是对于风景园林师职业道德与责任的追问，是对于中国现状问题根源的追问。之前一直认为博士研究就是针对一个学术问题进行的全面且深入的创新性学术研究，现在才明白原来不止如此，博士研究的过程是自我革新的过程，是价值观的再认识，是在挑战自我过程中努力实现的自我超越。

风景园林学强调系统观和动态观，在协调人与自然的关系中各种组成部分既独立又联合的发挥着不同的作用。生活似乎也正如此这般，在动态发展中没有预谋的环环相扣。2003 年至 2013 年，是中国风景园林学成长的 10 年，是清华大学建筑学院景观学系成长的 10 年，更是我个人成长的 10 年。这 10 年中，我 5 年在美国，5 年在中国；6 年实践探索，4 年学术研究；想想干干，干干再想想。中与西，思与行，在这交叉、撞击与沉淀中，我成长了。感谢风景园林学这片成长的沃土，感谢清华大学建筑学院景观学系这个成长的平台，感谢所有在我的成长历程中教导、帮助、激励、批评和挑战过我的家人、师长、同学、同事、同行、甲方、朋友和学生。

2012 年　风景园林学全国高校学科评估中，清华大学景观学系取得第二名（与同济大学和东南大学并列）的好成绩。系里的老师同学们都很高兴，也很振奋，但同时也感到压力巨大，必须更加努力。

2013 年　清华大学建筑学院景观学系 10 岁啦！真心的为清华景观已经取得的成绩而欣喜和骄傲。回顾过往，只为继续勇往直前！希望下一个十年，我和清华景观，能够共同超越，今天的自己！

2.24 大处着眼，小处着手
——忆清华景观学系学习感悟，贺清华景观学系十年华诞

阚镇清
清华大学建筑学院景观学系 2004 级硕士研究生

2003 年秋天，建筑馆王泽生厅的一场学术报告让我与清华景观学系结了缘。这个学术报告便是清华景观学系的成立大会，清华大学建筑学院大力引进美国两院院士、前哈佛大学景观学系主任、景观设计大师劳瑞·欧林教授担纲首任系主任开始组建清华大学景观学系。学界名流大腕齐聚一堂，那天的王泽生厅多了一种特别的学术气氛，空气中仿佛弥漫着一个新的天地中百草发芽，蓄势滋长的气息。学术报告中，我果断决定了转考清华大学景观学系的景观设计学研究生。经过三个月奋斗，我如愿成为清华景观系统招的两个硕士生之一（第一届学生一共有 6 名，其中 4 名为各校保送生）。

在清华景观学系学习的第一个领悟是设计源于观察，劳瑞·欧林教授给我们讲授设计以人为本，为人服务，与生活息息相关的道理，因此训练设计思维的第一课便是随时随地的观察。正是基于这一理念，当时的景观学系课程框架里面设置了一项课外作业：即每学期几个大测绘以及每周的两个小测绘。这个项目让我接触到他们的视角，让我体会到西方的设计师是如何进行设计观察和设计研究的。大测绘老是教授们在北京发现的好角落，比如颐和园一个颇具现代性的长廊、夫子庙成贤街、潭柘寺等等。教授们关注的主要不是轴线、借景、对比等等学院教育式常谈，他们更多的是让我们关注这些角落的尺度、材质、空间、人们使用的动态，让我们分析这些角落为什么让人觉得舒服，推测这些角落可能的演变过程和原因，让我们更加的关注细节。当时对我震动最大的是颐和园长廊的测绘项目。在这之前，颐和园我去过不下十次，我从来没有注意过这个小巷子。我的脑子里面装满了园林史上的理论，每次去无外乎是按书本学习所得现场印证一遍，实际上几乎没有用自己的眼睛去观察，没有用自己的思维去思考过颐和园。教授们选择这个角落，首先让我感觉到他们的观察视角和我们不同。测绘过程中，教授们指出的很多细节更是把我们的视觉焦点引向了建造，也正是那次测绘经历让我猛然认识到我国古典园林另一个层面的精妙之处，认识到什么才叫藏巧于拙。每周的小测绘项目更多的是让我关注身边的建筑细节，从校园里的一阶一石，到北京的大街小巷，这个作业给我翻开的，更多的是设计的失败与建造的失败，或者说让我认识到现实有太多的可以讨论、可以改进。设计师应该是一个对现实不满足的人，他永远在批判在改进，在尝试着更好的建造方法。如果一个景观设计师走在北京的大路上，觉得视觉愉悦而心情大爽，这个设计师基本可以判"死缓"了。

卡尔·斯坦尼兹教授曾经在课堂上给我们说过一个观点，大概意思是这样的：一流的学校和学生探讨哲理，帮助他们形成价值观，二流的学校教学生理论，让学生学会系统的认识和思考世界，三流的学校教给学生做事的方法，让他们掌握一系列工具，末流的学校仅仅传授知识。清华大学景观学系从创立开始就把培养景观设计学的领导人才作为教育目标，我们经常受到的鼓舞是我们要成为行业的领跑人，要敢于创新，要去改变这个世界。劳瑞·欧林教授多次用自己的经历给我们讲授景观设计师的使命，常挂在嘴上的是我们要做将来的行业 leader；理查德·佛曼教授希望我们用景观生态学和景观设计学去改变这个世界，让世界更美丽；罗纳得·亨德森送给我们的礼物上面刻着：to lead not to follow；弗雷德里克·斯坦纳教授教我们规划中的社会责任和社会理想；我的导师杨锐教授常常喜欢把景观设计师比喻成树，景观设计师就应该像树一样让自己的成长去美化环境，美化世界，这是景观设计师的社会责任。这些导师们耳提面命的教诲像发动机一样推动着我们不顾一切地熬夜，推动着我们如饥似渴地努力学习，推动着我们像更高更远的目标前进。

借用杨锐教授的比喻，一个景观设计师就是一棵树，要想长成参天大树，一方面树根要扎得深，扎得广，才能吸收更多的微量元素作为养料，另一方面树枝要伸得高，伸得远，方可绿荫覆盖更广大的土地。以上清华景观学系两年学习经历给我的启发多年来支持着我的学习和工作，归纳起来可为：大处着眼，小处着手。值清华大学景观学系成立 10 周年之际，忆往开来，一为纪念过去的岁月，二为祝贺清华大学景观学系 10 年华诞，三为祝愿清华景观学系越办越好，早日成为参天大树，早日成为浩瀚森林！

2013 年 9 月 10 日于北京

2.25 八年来，我是如此幸运

赵智聪
清华大学建筑学院景观学系博士后，2005级硕士研究生

2005年秋，我来到了清华大学景观学系，开始了硕士阶段的学习。从那时开始，我认识了景观学系的老师们，也认识了从景观学系第一届硕士生开始的一年又一年的同学，直到2012年博士毕业，又继续着在景观学系的博士后工作。弹指间，虽是不到十年的经历，大概会在我的人生中占据很重要的一段。若不是系庆，我想我也无暇回忆在景观学系成长的这些年，思绪回环，我发现我是那么幸运。

初来乍到的时候，似乎还来不及揣摩自己对所学专业的憧憬和喜爱，也来不及表达伴随着跻身这座学府而来的兴奋与压力，就开始了紧张的学习生活。用紧张来形容是毫不夸张的，面对一位接着一位的大师级人物，面对时常是评图老师多于学生的豪华阵容，面对着一大堆用英文表达的新鲜知识，面对每一位都充满个性又绝顶聪明的同学，一切都是压力，一切又都很令人兴奋。佛曼教授的景观生态学课程、斯坦纳先生的系列讲座和studio指导，给欧林教授面对面的汇报与交流，巴特长达两个月的远程指导加现场教学，那些场景至今依然历历在目，再加上系里老师的授课和studio教学，那时候的我们每天都忙得不可开交。现在想来，那时候学到了哪些知识倒还是次要的，最重要的是这些特点鲜明的老师们各不相同的教学方式和他们带来的极大的信息量着实开放了我的眼界，好像就在那一年，我的面前突然打开了一扇门，扑面而来的风景异常丰富而又绚烂夺目得让人应接不暇，让我知道了景观也好、园林也罢，我可以施展的领域是那么广阔，我应该或者可以去探索的领域是那么丰富。大概，作为一个个体，我的幸运在于赶上了景观学系建系之初的那几年，"豪华阵容"带给一个学生的震撼、兢兢业业的老师们带给一个学生的感动、巨大负荷带给一个学生的快速成长，深深影响至今。

第二个幸运之处，大概来自我的导师杨锐教授。多年相处，虽不似初识时会为导师的一句表扬而喜不自胜、为导师话语间的一丝愠怒而不待扬鞭自奋蹄，却一直怀着敬意希望自己也能像他一样勤勉。他自始至终为对景观学系发展的殚精竭虑和对风景园林的深沉挚爱让我为之动容和鼓舞，但其实我想我所见的也不过是他付出的十中之一。在我看来，在他的努力下，景观学系真的形成了那种大家都甘愿付出的氛围，景观学系取得的成绩也让大家觉得付出是值得的。更为重要的是，杨老师师门之下始终保持着极为活跃的学术探索、保持着十分严谨的研究态度。

于我而言，几年来经历了天坛公园、五台山、华山、五大连池、九寨沟等规划项目，总是能在旁人听我讲述这些经历时艳羡的目光中意识到自己的幸运，也在这些经历中真切的感受着杨老师的高屋建瓴、思虑周全和求真务实。其实，在众多规划项目的进行过程中，杨老师给了学生们十分平等的交流机会，我们可以和他一样，有机会站在全局的角度考虑规划的整个布局、总体思路，可以十分平等的产生思想的交流和观点的碰撞。这对于一个接触景观规划不久、对风景区规划充满渴望的学生来说，

是十分难得的机会。面对这样的机会时，我才一点点知道了还有好多问题应该考虑，还有好多知识需要学习，还有好多书需要读，还有好多地方应该去看一看。

几年来，有幸在杨老师的指导下完成了几篇论文，虽然杨老师总是用赞赏的口吻说我的文字表达不错，可我自知这其中的鼓励居多。从中获益的，是我知道了每篇论文背后必然是大量的文献整理和学习，是长期不懈的思索，是对每一句话的严谨推敲。

如果真的细数我在景观学系的幸运经历，于我而言系里的庄优波、刘海龙、邬东璠、何睿四位年轻老师扮演了十分特殊的角色，比导师多了一份亲切和随意，比师兄师姐多了一份威严和表率，与这样的老师们朝夕相处，压力与辛苦之下却总有些欢声笑语和恬淡的温暖，简单而美好。

景观学系有很多同学一路伴我走过，不仅和2004级、2005级的同学一起学习、一起做studio，和师门的师兄师姐师弟师妹一起做项目、一起做研究、一起为论文发愁苦恼，还和已经记不清哪些级的同学们一起办了"景观与旅游论坛"、一起做风景园林学会2009年会的志愿者，一起举办景观学系的第一次系友会聚会，一起在我们的"景观好声音"中高歌，还有，一起筹办这次十周年的系庆。记得第一次系友会聚会的时候，景观学系第一次聚起了那么多在景观学系学习着、学习过的人，我们策划了很有意思、很温馨的各种活动，当时朱文一院长致辞的时候说，"景观学系真是又小，又好"，那个时候，不用想起景观学系的老师们有多少科研、实践获奖，也不用想起从景观学系走出了多少博士硕士，只是看着每个人脸上洋溢的骄傲的微笑，就知道身为其中的一份子，我该有多少自豪。

在景观学系走过的这八年时光，有师恩、有友情，也有如亲情一般的温暖柔和，有过彷徨、苦恼，却从未觉得无助或失望。这个团体，从一开始就背负着那么多责任与荣耀，也会承载着越来越多的祝福前行。身为这个团体中的一员，我想我是幸运的。

2.26 人生驿站

郑光霞
清华大学建筑学院景观学系 2008 级硕士研究生

儿时父亲的言语依然浮在耳边，"爸爸文化水平不高，就知道有个清华大学，孩子你好好学习，长大了考上那个大学"。大学毕业六年后，我坚持不断的边工作边学习，终于踏入了清华大学的校门，更有幸进入景观学系大家庭学习，让我在漂泊的职业生涯中，感觉踏实，因为不管身居何处，心在那儿。

对于我这个工作多年重返校园的学子来讲，此次学习机会来之不易。我旁修了比别人多一倍的课程，而且要求自己一定准时上课，必须按时完成作业。回顾那段上学时光，我的收获不是看了多少书上了多少课，而是透过各专业老师的精心准备的课程，看到了整个专业体系、扩展了自己的眼界，明确了自己的奋斗目标；当然也让我看到自己的不足，同时找到一群互相激励、共同奋进的学业战友。

时至今日，我依然记得 studio 课程，一群小伙伴在那儿唇枪舌战，为了完成课程作业，大家闷在那个会议室挥汗如雨；常常半夜回家，突然胃里难受才想起今天吃了一天的方便面，嫣然一笑，安慰自己明天再改善生活吧。即使是不同年级偶然在某地碰到，都会亲如家人。随行同伴非常奇怪问，你们不是一级的，怎么关系也这么好。原因很简单，我们都是"死丢丢"过的，感同深受，感情至深。系友专业背景多元，地域五湖四海，但相聚在那个南 300 教室，有欢乐、有泪水、有争吵，但更多的有友爱……

当然，我的成长离不开系里的各位老师，他们特色鲜明，在校期间我印象最深的是：杨锐老师启发式提问让人感觉亲切又倍感压力，偶尔再结合同学名字取个别名让大家更加深印象，比如庄永文为庄子等等；课程讨论间隙，还乐呵呵问我和郑光中先生是不是有亲戚，唉，别说亲戚我要是能跟着他老先生学习也是三生有幸呀！值得一提的是那朱育帆老师，长发配细长的胡须，活脱脱艺术家的范儿，低沉的声音娓娓道来西方园林史，每课一瓶可乐伴他完成一堂堂教学，很想对他说可乐对他身体不好，能否换成一瓶绿茶？可爱的刘海龙老师讲景观水文，放课程 ppt 教学课件时，洪亮的声音、啪啪的按键时刻提醒同学，听课要注意力集中吆！党安荣老师教学认真细致，每课给同学必备课堂讲义减少记录时间，更多是课堂互动。他一口气上完课却一口水不喝，真是底气十足。教学实习爬山，我们累的气喘吁吁，他却跑到前面为我们拍下精彩瞬间，他的精神和体力真让我们佩服的五体投地呀！每每向他讨教为什么精力这么充沛，他总是说小时候吃西北小米和土豆长大的，砍柴干活锻炼的；看来我们和他的差距太大了！还有孙老师、胡老师、庄优波老师、邬东璠老师等等，这些老师体力超强，精神强大；要求严格却没有恶语批评，教学尽职尽责，兢兢业业；我们半夜提交的作业却在一大早能收到批改回复的邮件，感动之情顿然于胸、热泪充盈于眶。难忘的是负责系里行政工作的何睿老师，她笑声爽朗，每每活动繁重任务都被她一一化解；在她的调配下，大家齐心协力分工合作，各种活动的顺利举办，系里生活变得更加丰富多彩！

之前谈的是各位老师，而我们学生中最最最让人佩服的是博士赵智聪，她勤奋又聪明，智慧又多才艺，既有学术女性的秀美又有东北女孩的爽快，学术会、演唱会、同学聚会都有她重彩篇章！难忘的是我们年级的崔崔（崔庆伟），他除了勤勤恳恳服务大家，而留给大家更多的却是难忘的憨憨微笑。系里还有很多同学，我们怀着共同的梦想，有缘相聚、相识走到一起。抛开单纯的学习，我们又是至亲至爱的一家人，同心协力举办 2010 年主题为"礼物"的系友聚会，擂台 pk 激烈却又欢声笑语；还有休闲放松的香山春游、植物园的杀人游戏，每次辛苦后犒劳自己的同学小聚，迷茫时的同学交流；景观学系 QQ 群热闹非凡，个人好消息分享、问题求助，学术信息发布，就业信息交流，逢年过节祝福问候，让人感觉离校却不离系友群。

如果说人生是一个长途旅行的话，那么景观学系就像个青年旅舍，朴实无华能让追求梦想之人在这里驻足、交流。剥去世俗繁华剩下的就是精神的碰撞火花，带着年轻与梦想起飞，多年后蓦然回首，那时那刻才是人生的重要华章。

2013 年 8 月 26 日周一于北京清华东

3 附录

■ 附录A：2003年~2013年清华大学风景园林方向教师名单

景观学系现任教师

杨 锐	1991~
朱育帆	1999~
胡 洁	2003~
刘海龙	2005~
邬东璠	2006~
庄优波	2007~
李树华	2009~
何 睿（行政助理）	2005~

（以下博士后）

赵亚洲	2010~
张 安	2011~
赵智聪	2012~
邵丹锦	2012~
沈 洁	2012~
杨冬冬	2012~
郭 湧	2013~
袁 琳	2013~

风景园林方向其他现任教师及风景园林硕士导师

党安荣
贾 珺
伊娃·卡斯特罗 (Eva Castro)
王丽方
边兰春
吕 舟
刘 畅
刘 健
张 杰
张 悦
周燕珉
谭纵波

联合指导教师

尤根·瓦丁格（Juergen Weidinger）
尼尔·科克伍德（Niall Gordon Kirkwood）
木下刚
木下勇
三谷徹
池边 KONOMI

风景园林方向曾任教师

劳瑞·欧林（Laurie Olin）2003~2006
罗纳德·亨德森（Ron Henderson）2003~2012
理查德·佛曼（Richard T.T. Forman）2003~2006
彼得·雅各布（Peter. Jacobs）2003~2006
巴特·约翰逊（Bart .Johnson）2003~2006
科林·弗兰克林 Colin. Franklin 2003~2006
弗雷德里克·斯坦纳（Frederick R. Steiner）
2003~2006
布鲁斯·弗格森（Bruce. Ferguson）2003~2006
高阁特·西勒（Colgate Searle）2003~2006

孙凤岐 1965 ~ 2007
章俊华 1998.06~2005.12
包志毅 2005~2006
陈弘志 2009.06~2009.09
琳达·珠（Linda Jewel）2011.09~2011.10
伊丽莎·帕拉佐（Elisa Palazzo）2013.02~2013.08

兰思仁 2008~2010
林广思 2009~2011
刘 剑 2010~2012
高 杰 2010~2012
潘剑彬 2011~2013

附录B：2003年~2013年清华大学景观学系历届学生名单

硕士

2004 级
阙镇清　栾景亮　虢丽霞　陆　晗
何　苗　赵菲菲

2005 级
刘　雯　赵智聪　郭　湧　范　超
吴　竑　李文玺　马琦伟　史舒琳

2006 级
张振威　冯纾苨　吕　琪　张思元
张　杨　王　鹏　周旭灿　章　莉
范　烨　邹裕波　赵　静　张初夏

2007 级
薛　飞　梁　琼　王应临　杨　觅
王　川　崔庆伟

2008 级
黄　越　程冠华　许晓青　季婉婧
沈　雪　魏　方　张靖妮　孟　瑶
彭　琳　梁尚宇　许庭云　游　淙
王亚楠　潘侃侃　孙少婧　孔松岩
郑杰春　曹　然　张　璐　李润楠
韩　捷　郑光霞　万　军

2009 级
于　洋　杨　希　张隽岑　彭　飞
徐点点　赵　茜　孙天正　孙　姗
王　朵　王　丹　邵宗博　赵　珉
张小宇　陈　杨　贾　晶　庄永文
张　艳　李　颇　赵　梦　刘　欢
官　涛　郭建梅　刘耀东　张　华
刘　彦　闫勤玲　胡大勇　刘　畅
朱　林　刘文佼

2010 级
贾崇俊　高　飞　许　愿　莫　珊
蒙宇婧　倪小猗　龙　璇　杨　曦
梁大庆　刘化楠　汪丹青　安国涛
曹　玥　陈琳琳　陈　昕　侯珈瑜

蒋伟荣　李金晨　林晓璇　刘碧莉
刘岩彬　权　莹　任玉洁　孙　宁
孙宵茗　王　栋　王　飞　王　娟
王清兆　王　欣　王彦喆　王　晔
吴克征　徐东海　徐　伟　杨　亮
张承斌　张　健　张　磊　张　艳
赵　蕾

2011 级
韩　丽　李文玲　申丝丝　王如昀
周　琳　王晨雨　丁　佳　马　珂
徐　杨　翟薇薇　姜　滢　夏　康
郭　畅　王超颖　张守全　罗翠翠
丁　伟　李万霞　赵思达　陈　臻
张　斌　韩　芳　侯春薇　朱志华
陈之曦　李云鹏　李　雪　杨远浪
刘　博　秦　宁　王程程　杨　洋

2012 级
武　鑫　朱一君　马欣然　廖凌云
边思敏　迪丽娜·努拉力　吕　回
慕晓东　刘　畅　张　硕　项　颉
梁斯佳　崔　琳　胡　玥　李思思
冯　阳　李宏丽　马双枝　祁晓序
童　牧　解陈娟　王建菊　谢　庆
孙媛娜　吴　纯　赵惟佳　罗　茜
赵婷婷　高志红　陆　璐　牛　振
杨永亮　孙艳艳

2013 级
关学国　秦　越　王笑时　张倩玉
曹　木　李芸芸　李雪飞　荣　南
何　茜　陈美霞　盖若玫　张益章
黄　澄　姚亚男　CHAN HONG
李　凯　赵佳萌　张艳杰　华　锐
王　慧　张晓亚　王晓雨　赵　慧
周泽林　刘苡辰　王聪伟　梁亚南
王　磊　刘永欢　鲁禹言　张　冬
樊　宸　林　婷　赵冬梅　李颖睿
唐琳砚　盘　琴　马严彦　杨　帆

博士

2004 级
黄昕珮　王彬汕

2005 级
胡一可

2006 级
王劲韬　陈英瑾

2007 级
赵智聪　郭　湧　贾丽奇

2008 级
张振威

2009 级
郑晓笛　崔庆伟

2010 级
王应临　梁尚宇　黄　越　许晓青
刘博新　林添财　蔡凌豪　程冠华

2011 级
彭　琳　曹凯中

2012 级
薛　飞　许　愿　杨　希

附录C：2003年~2013年清华大学景观学系师生获奖一览

2003年
北京奥林匹克森林公园规划设计（胡洁主持设计）
——2003年11月获北京奥林匹克森林公园及中心区景观设计方案国际招标优秀奖

2005年
福州大学新校区园林规划设计（胡洁主持设计）
——2005年荣获美国风景园林师协会－罗德岛分会优秀设计奖

西海子公园规划设计（胡洁主持设计）
——2005年荣获美国风景园林师协会－罗德岛分会优秀设计奖

常熟图书馆（朱育帆主持设计）
——荣获2005年度建设部部级城乡优秀勘察设计评选中获得二等奖

何苗、李文玺、郭湧作品"舞动·北京"（指导老师：朱育帆）
——荣获奥林匹克地标设计竞赛入围奖

2007年
北京奥林匹克森林公园规划设计（胡洁主持设计）
——2007年3月获意大利托萨罗伦佐国际风景园林奖城市绿色空间类奖项一等奖
——2007年12月荣获北京市第十三届优秀工程设计奖规划类一等奖
——荣获2007年度全国优秀城乡规划设计项目城市规划类一等奖

铁岭市凡河新区莲花湖国家湿地公园核心区风景园林设计（胡洁主持设计）
——荣获2007年度全国优秀城乡规划设计项目城市规划类三等奖

胡洁荣获北京市人民政府2007年度外国专家"长城友谊奖"

劳瑞·欧林荣获北京市人民政府2007年度外国专家"长城友谊奖"

南通博物苑（朱育帆主持设计）
——荣获北京市第十三届优秀工程设计评选三等奖

清华大学核能与新能源技术研究景观设计（朱育帆主持设计）
——荣获北京市第十三届优秀工程设计评选 三等奖
——荣获北京园林优秀设计一等奖

"香山81号院"住宅区景观设计（朱育帆主持设计）
——荣获北京市第十三届优秀工程设计评选 二等奖
——荣获北京园林优秀设计三等奖

阚镇清作品"从排污沟渠到绿色廊道：清河肖家河段滨河景观改造"（指导老师：杨锐）
——荣获2007年度美国景观建筑师协会（ASLA）举办的大学生竞赛综合设计类荣誉奖

郭湧、张杨作品"见证垃圾山重归乐园的7张不同面孔——寻找自然、城市和人共生的伊甸"（指导老师：朱育帆）
——荣获2007年度国际风景师联合会（IFLA）和联合国科教文组织（UNESCO）联合举办的第44届年度国际大学生风景园林规划设计竞赛评委会奖

论文《初论中国风景名胜区制度初创期的特点与历史局限》（赵智聪）
——荣获清华大学第165期博士生论坛（建筑学）优秀论文

2008年
北京奥林匹克森林公园规划设计（胡洁主持设计）
——2008年2月荣获国际风景园林师联合会亚太地区风景园林规划类主席奖（一等奖）
——2008年12月荣获北京市奥运工程规划勘查设计与测绘行业综合成果奖、先进集体奖、优秀团队奖

铁岭新城核心区景观规划设计（胡洁主持设计）
——2008年2月荣获辽宁省优秀工程勘察设计一等奖

铁岭市凡河新区莲花湖国家湿地公园核心区风景园林设计（胡洁主持设计）
——2008年2月荣获辽宁省优秀工程勘察设计二等奖

唐山南湖生态城核心区综合规划设计（胡洁主持设计）
——荣获2008年度河北省优秀城乡规划编制成果三等奖

胡洁荣获2008年科学中国人（第七届）年度人物

北京中心城地区湿地系统规划研究（清华大学）
——荣获2008年度"中国建筑设计研究院CADG杯"华夏建设科学技术二等奖

杨锐2008年3月荣获得清华大学"良师益友"称号

"香山81号院"住宅区景观设计（朱育帆主持设计）
——美国景观建筑师协会ASLA住区奖
——2008年度全国优秀工程勘察设计行业奖评选市政公用工程三等奖

朱育帆荣获北京市奥运工程规划勘察设计与测绘行业优秀人才

张振威、杨觅作品"泥沙与毒品的对话——基于萨尔温江之变的佤邦地区政治与景观mosaic之乌托邦式重构"（指导老师：朱育帆）
——荣获第45届IFLA国际大学生设计竞赛评委会奖

王川、崔庆伟、苏怡作品"宁波植物园景观规划设计"（指导老师：朱育帆、李雄）
——荣获中日韩大学生风景园林国际设计竞赛三等奖

2009 年

北京奥林匹克森林公园规划设计（胡洁主持设计）
——2009 年 2 月荣获北京市奥运工程落实三大理念优秀勘察设计奖
——2009 年 3 月"北京奥林匹克森林公园建筑废物处理及资源化利用研究项目"荣获北京市奥运工程科技创新特别奖
——2009 年 3 月"北京奥林匹克森林公园景观水系水质保障综合技术与示范项目"荣获北京市奥运工程科技创新特别奖
——2009 年 3 月荣获北京市奥运工程落实"绿色奥运、科技奥运、人文奥运"理念突出贡献奖
——2009 年 3 月荣获北京市奥运工程绿荫奖一等奖
——2009 年 3 月荣获北京市奥运工程优秀规划设计奖
——2009 年 8 月荣获国际风景园林师联合会亚太地区风景园林设计类主席奖（一等奖）
——2009 年 9 月荣获美国风景园林师协会综合设计类荣誉奖

铁岭市凡河新区莲花湖国家湿地公园核心区风景园林设计（胡洁主持设计）
——2009 年 4 月荣获意大利托萨罗伦佐国际园林奖地域改造景观设计类二等奖

北京奥林匹克公园中心区下沉花园 2 号院（清华大学建筑设计研究院）
——荣获 2009 年度教育部优秀风景园林设计一等奖

瀛洲公园（罗纳德·亨德森主持设计）
——荣获美国景观建筑师协会 ASLA 罗德岛荣誉奖

北京 CBD 现代艺术中心公园景观设计（朱育帆主持设计）
——荣获英国景观行会（BALI）2009 年度英国国家景观奖（国际类）（National Landscape Awards）
——2009 年度全国优秀工程勘察设计行业奖市政公用工程三等奖

王川、崔庆伟、许晓青、庄永文作品"化家为家—阻止沙漠蔓延的绿色基础设施"（指导老师：朱育帆）
——荣获国际风景园林师联合会（IFLA）和联合国教科文组织（UNESCO）联合举办的年度国际大学生风景园林规划设计竞赛第二名

胡一可、郭湧、王应临、赵智聪作品"流绿·留绿借车融绿、化站为园"（指导老师：杨锐、朱育帆）
——荣获 2009 中国风景园林学会大学生设计竞赛二等奖

论文《从中美三个实例看风景园林专业棕地设计课教学》（郑晓笛）
——中国风景园林学会 2009 年会优秀论文三等奖

论文《削足适履抑或量体裁衣》（赵智聪）
——中国风景园林学会 2009 年会优秀论文佳作奖

论文《美国国家公园界外管理研究及借鉴》（庄优波）
——中国风景园林学会 2009 年会优秀论文佳作奖

论文《关于规划设计主导的风景园林教学评述》（林广思）
——中国风景园林学会 2009 年会优秀论文佳作奖

王川、完颜笑如作品"成长的痕迹"
——荣获赈灾四川学校概念设计国际竞赛产品设计组推荐奖（该组别中的唯一奖项，该竞赛为职业设计师竞赛）

王川、完颜笑如作品"教室空间"
——荣获天作建筑设计竞赛二等奖

2010 年
宁夏贺兰塞上风情园风景园林规划设计（胡洁主持设计）
——2010 年 5 月荣获国际风景园林师联合会亚太地区风景园林设计类荣誉奖

锡林浩特市植物园景观修建性详细规划（胡洁主持设计）
——2010 年 2 月荣获内蒙古自治区优秀城市规划编制二等奖

青海原子城国家级爱国主义教育基地（朱育帆主持设计）
——荣获英国景观行会（BALI）2010 年度英国国家景观奖（国际类）（National Landscape Awards）

万科东莞塘厦樾景观设计（朱育帆主持设计）
——荣获深圳市第十四届优秀工程勘察设计评选（风景园林设计）一等奖

郑晓笛荣获"教育部博士生学术新人奖"以及"清华大学博士生科研创新基金"

论文 *Two Sides of A Coin: Brownfields Redevelopment and Industrial Heritage Conservation – Saving the Relevant Past & Creating the Desired Future*（郑晓笛）
——在世界人类聚居学会年会首次组织的国际论文竞赛上获得并列二等奖（一等奖空缺）

论文《以棕地再开发为关注点的城市主义——城市化的再思考》（郑晓笛）
——荣获清华大学第 258 期博士生论坛（建筑学）优秀论文

论文《文心雕龙》（梁尚宇、张静妮、彭林）
——荣获首届"园冶杯"风景园林（毕业作品、论文）国际竞赛设计作品组二等奖

2011 年
铁岭市凡河新区莲花湖国家湿地公园核心区风景园林设计（胡洁主持设计）
——2011 年 1 月荣获国际风景园林师联合会亚太地区风景园林设计类主席奖

唐山南湖生态城核心区综合规划设计（胡洁主持设计）
——2011 年 1 月荣获国际风景园林师联合会亚太地区风景园林规划类杰出奖

大连旅顺临港新城核心区园林规划（胡洁主持设计）
——2011 年 1 月荣获国际风景园林师联合会亚太地区风景园林规划类优秀奖

——2011年8月荣获北京市优秀城乡规划设计评选三等奖

唐山南湖生态城中央公园规划设计（胡洁主持设计）
——2011年5月荣获意大利托萨罗伦佐国际风景园林奖地域改造景观设计类一等奖
——2011年12月荣获英国景观行业协会国家景观奖国际项目金奖

北京奥林匹克森林公园规划设计（胡洁主持设计）
——2011年6月荣获欧洲建筑艺术中心绿色优秀设计奖
——2011年10月荣获中国风景园林协会首届优秀规划设计奖一等奖

阜新玉龙新城段核心区风景园林规划设计（胡洁主持设计）
——2011年10月荣获辽宁省优秀城市规划设计三等奖

葫芦岛市龙湾中央商务区风景园林设计（胡洁主持设计）
——2011年10月荣获辽宁省优秀城市规划设计二等奖

鄂尔多斯青铜器广场设计（胡洁主持设计）
——2011年11月荣获内蒙古自治区优秀城市规划编制二等奖

鄂尔多斯诃额伦母亲公园设计（胡洁主持设计）
——2011年11月荣获内蒙古自治区优秀城市规划编制二等奖

上海辰山植物园矿坑花园（朱育帆主持设计）
——荣获英国景观行会（BALI）2011年度英国国家景观奖（国际类）

青海省原子城国家级爱国主义教育示范基地景观设计（朱育帆主持设计）
——荣获2011年度第一届优秀风景园林规划设计奖一等奖

大明湖风景名胜区扩建改造工程设计（张杰主持设计）
——荣获2011年度第一届优秀风景园林规划设计奖一等奖

三江并流风景名胜区梅里雪山景区总体规划（2002-2020）（杨锐、党安荣主持设计）
——荣获2011年度第一届中国风景园林学会优秀风景园林规划设计奖一等奖

杨曦、蒙宇婧、杨希、梁大庆、龙璇、汪丹青、倪小漪与日本千叶大学3名学生的联合设计作品"Nissan Technology Center Forest Revitalization Planning and Design"（指导教师：章俊华、郑晓笛）
——获得日本造园学会学生设计竞赛佳作奖

许愿、蒙宇婧作品"回诚——玉树新寨嘛呢石经城的震后复兴"
——荣获2011中国风景园林学会"北林苑"杯大学生设计竞赛研究生组二等奖

2012年
三江并流风景名胜区梅里雪山景区总体规划（2002-2020）（杨锐、党安荣主持设计）
——华夏建设科学技术奖一等奖

乡村生态旅游景观的三维实时仿真技术研究开发（杨锐主持）
——华夏建设科学技术奖三等奖

铁岭市凡河新区莲花湖国家湿地公园核心区风景园林设计（胡洁主持设计）
——2012 年 6 月荣获美国风景园林师协会分析与规划类荣誉奖

唐山南湖生态城中央公园规划设计（胡洁主持设计）
——2012 年 6 月荣获欧洲建筑艺术中心绿色优秀设计奖
——2012 年 12 月荣获华夏建设科学技术奖市政工程类三等奖

鄂尔多斯青铜器广场设计（胡洁主持设计）
——2012 年 6 月荣获全国优秀城乡规划设计三等奖

阜新玉龙新城段核心区风景园林规划设计（胡洁主持设计）
——2012 年 10 月荣获国际风景园林师联合会亚太地区风景园林规划类主席奖

开原市滨河新区河道景观规划设计（胡洁主持设计）
——2012 年 10 月荣获国际风景园林师联合会亚太地区风景园林规划类优秀奖

鄂尔多斯河额伦母亲公园设计（胡洁主持设计）
——2012 年 10 月荣获中国国际景观规划设计大赛艾景奖金奖

山东省沂南县诸葛亮文化纪念广场设计（胡洁主持设计）
——2012 年 10 月荣获中国国际景观规划设计大赛艾景奖银奖

唐山丰南西城区景观规划设计（胡洁主持设计）
——2012 年 12 月荣获英国景观行业协会国家景观奖国际项目金奖
——2012 年 12 月荣获北京市第十六届优秀工程设计一等奖

上海辰山植物园矿坑花园（朱育帆主持设计）
——荣获 2012 年度美国风景园林师协会（ASLA）综合设计类（General Design Category）荣誉奖（Honor Award）

2013 年

酒泉市北大河生态景观治理工程综合规划设计（胡洁主持设计）
——2013 年 4 月荣获国际风景园林师联合会亚太地区风景园林规划类主席奖

辽宁省辽阳衍秀公园景观设计（胡洁主持设计）
——2013 年 4 月荣获国际风景园林师联合会亚太地区风景园林设计类主席奖

北京未来科技城整体绿化系统及滨水森林公园景观规划设计（胡洁主持设计）
——2013 年 4 月荣获国际风景园林师联合会亚太地区风景园林规划类荣誉奖

附录D: 2003年~2013年清华大学景观学系讲座一览

讲座时间	讲座题目	主讲人
2005年03月14日	劳瑞·欧林系列讲座1: Collaborative Projects Between Frank O. Gehry, Architect, and Laurie D. Olin, Landscape Architect in Spain, Germany and The U.S.	劳瑞·欧林
2005年3月15日	劳瑞·欧林系列讲座2: Design with Ecology ——Some Recent Examples From The U.S. and Mexico	劳瑞·欧林
2005年3月18日	劳瑞·欧林系列讲座3: Landscape & Memorials——Design by Olin Partnership in Washington D. C., USA, Tirga, Jiu, Romonia, and Berlin, Germany	劳瑞·欧林
2005年9月20日	弗雷德里克·斯坦纳景观学术双周1: The Green Heart of Texas: Lessons From Envision Central Texas	弗雷德里克·斯坦纳
2005年9月21日	弗雷德里克·斯坦纳景观学术双周2: The Living Landscape: Concept, Process and Contents of Landscape Planning	弗雷德里克·斯坦纳
2005年9月22日	弗雷德里克·斯坦纳景观学术双周3: Design in the Planning Process	弗雷德里克·斯坦纳
2005年9月22日	弗雷德里克·斯坦纳景观学术双周4: Ecological Design and Planning: Community, Landscape and Region	弗雷德里克·斯坦纳
2005年9月25日	弗雷德里克·斯坦纳景观学术双周5: Human Ecology: How to Introduce Natural Factor and Natural Process to Landscape Planning and Design	弗雷德里克·斯坦纳
2005年9月26日	弗雷德里克·斯坦纳景观学术双周6: Suitability Analysis	弗雷德里克·斯坦纳
2006年3月13日	劳瑞·欧林景观学术讲座1: 街道	劳瑞·欧林
2006年3月14日	劳瑞·欧林景观学术讲座2: 从古希腊到早期文艺复兴的欧洲园林1	劳瑞·欧林
2006年3月15日	劳瑞·欧林景观学术讲座3: 从古希腊到早期文艺复兴的欧洲园林2	劳瑞·欧林
2006年3月16日	劳瑞·欧林景观学术讲座4: 从古希腊到早期文艺复兴的欧洲园林3	劳瑞·欧林
2006年4月13日	Sustainable Tourism Planning and Management	大卫·杰勒德·西蒙斯
2006年5月10日	平地起蓬瀛,城市而林壑——古都北京的水系与城市规划	王其亨

讲座时间	讲座题目	主讲人
2006年5月12日	The Space of Landscape Surface	罗纳德·亨德森
2006年5月24日	Tourism Planning and Environmental Capacity of Heritage Sites	Stephen F. McCool
2006年6月26日	弗雷德里克·斯坦纳系列讲座1：The Italian Landscape 1	弗雷德里克·斯坦纳
2006年6月27日	弗雷德里克·斯坦纳系列讲座2：The Italian Landscape 2	弗雷德里克·斯坦纳
2006年6月28日	弗雷德里克·斯坦纳系列讲座3：Memory Trail: Reflections on Being a Flight 93 National Memorial Finalist	弗雷德里克·斯坦纳
2006年6月29日	弗雷德里克·斯坦纳系列讲座4：A Restoration Planning Process for the Gulf Coast	弗雷德里克·斯坦纳
2006年12月21日	生态文化、生态伦理与和谐社会	周鸿
2007年4月3日	Global Challenge to American Architecture	Jack Davis
2007年4月3日	Fighting a National Health Epidemic Through Design: Design for Active Living	Patrick A. Miller
2007年5月28日	The Life & Contributions of Ian McHarg	弗雷德里克·斯坦纳
2007年6月8日	造景材料——香草在世界上的前景	赵泰东（韩）
2007年6月28日	The One River Project	高阁特·西勒
2007年6月29日	The Importance of New Technologies	布鲁斯·弗格森
2007年9月19日	工业遗产地改造	Peter Latz
2007年9月20日	台湾的景观专业发展与教育前瞻	郭琼莹
2007年10月18日	Stephen F. McCool系列讲座1：Evolving Concepts of National Parks: Challenges for 21st Century Societies	Stephen F. McCool
2007年10月19日	Stephen F. McCool系列讲座2：Frameworks for Managing Nature-based Recreation and Tourism in a Messy World	Stephen F. McCool
2007年10月22日	Stephen F. McCool系列讲座3：Tourism and Protected Areas: Great Expectations, New Horizons and Promising Pathways for the 21st Century	Stephen F. McCool
2008年5月26日	Making Territories	弗雷德里克·斯坦纳

讲座时间	讲座题目	主讲人
2008年5月28日	Public Open Space & Park System	Kimberlee Myers
2008年10月27日	Finnish Pavilion, Expo 2000, Hannover Germany, Architects: Sarlotta Narjus and Antti-Matti Siikala	Jack Ahern
2009年4月17日	Small, Middle, Large	Peter Walker
2009年6月3日	The next city: landscape as infrastructure for all	Martha Schwartz
2009年9月25日	Towards a Green Infrastructure for Cities	Colin Franklin
2009年10月19日	What are the World Heritage Cultural Landscape	Dr. Bernd. von Droste
2009年11月2日	Measuring Landscape Sustainability	弗雷德里克·斯坦纳
2009年11月2日	Planning, Ecology and the Emergence of Landscape	Charles Waldheim
2010年6月3日	Rethinking Urban Regions Worldwide: Landscape Ecology for Shaping the Future of Both Natural Systems and Us	理查德·佛曼
2010年6月4日	表现自然美、精神美的日本传统庭院造园技法	井上刚宏
2010年7月6日	旅游规划设计学的本质特征与发展趋势	石培华
2010年11月3日	康复大地——景观设计与社会生态艺术	Johannes Matthiessen
2010年12月22日	自然外之自然艺术	吴欣
2011年3月17日	日本千叶大学讲座交流1：千叶大学园艺学研究科绿地环境学科	赤坂信
2011年3月17日	日本千叶大学讲座交流2："Time & Space" in Urban Renewal Project for Sustainable Development——Slow, Participation, and Identity	木下勇
2011年3月17日	日本千叶大学讲座交流3：Landscape新作品介绍及考察	三谷彻
2011年3月17日	日本千叶大学讲座交流4：设计师的追求与反思	章俊华
2011年4月13日	An Introduction to Landscape Architecture in Canada	John Macleod
2011年4月13日	Reflections on the Time We are Living In	约翰·麦克劳德（John Macleod）

讲座时间	讲座题目	主讲人
2011年5月10日	Vernacular Architecture and Culture Landscape	迈克尔·特纳（Michael Turner）
2011年5月10日	Reframe Landscape	高伊策（Adriaan Geuze）
2011年10月11日	Linda Jewell 系列讲座 1：Subtle inspirations: The Influence of Japanese Gardens on American Modernists	Linda Jewell
2011年10月12日	Linda Jewell 系列讲座 2：Gathering on the Ground: Experiencing Landscape in American Outdoor Theaters	Linda Jewell
2011年10月18日	Linda Jewell 系列讲座 3：On-sight Insight: The Merits of Incremental Design Decisions in the Field	Linda Jewell
2011年10月19日	Linda Jewell 系列讲座 4：Methods of Teaching Design Implementation through On-sight Insight	Linda Jewell
2011年10月20日	Linda Jewell 系列讲座 5：Design in Detail: Materiality and Scale in the Designed Landscape	Linda Jewell
2011年10月25日	Linda Jewell 系列讲座 6：U.S. Landscape Architecture during the Depression Era of the 1930s	Linda Jewell
2011年10月24日	The History of Asian Gardens in North America	Ken Brown
2011年10月26日	21世纪都市景观设计	小林治人
2011年10月27日	Low Carbon Footprints with Ecological Waterscapes-site-responsive Intervention of Urban Hydrology	Herbert Dreiseitl
2012年6月5日	Planning for Landscape	Peter Ogden
2012年6月6日	Garden Urbanism: Research and Projects	罗纳德·亨德森
2012年6月25日	Landscaping SMART 地理信息系统和数字化技术等在场地设计尺度中的应用	Peter Petschek
2013年3月4日	Emerging Issues of Globalizing and Urbanizing World and Landscape Approach	Jusuck Koh
2013年3月19日	Groundwork: Integrating Landscape and Architecture	Joel Sanders
2013年3月21日	日本千叶大学访问演讲 1：日本庭园的发展与中国文化的影响	藤井英二郎
2013年3月21日	日本千叶大学访问演讲 2：日本庭园概史	赤坂信
2013年3月21日	日本千叶大学访问演讲 3：从近作引发的对庭园与都市的思考	三谷彻
2013年3月21日	日本千叶大学访问演讲 4：愉悦中的纯粹	章俊华

附录E：劳瑞·欧林起草景观学系研究生项目培养方案及课程设置

LANDSCAPE ARCHITECTURE MLA Program

Proposed Curriculum & Course Outline for Masters Degree in Landscape ArchitectureFor students with prior professional degree in Architecture or Landscape Architecture

The discipline of Landscape Architecture

Landscape architecture is a professional discipline which has as its objective the planning and physical design of land for human needs, which includes the need to reconcile human purposes with the natural world, its processes and needs. The field as it has evolved internationally in the 20c~en tury is a broad and diverse one, with activities ranging from regional resource management planning, through large scale development and land planning to the design of parks ranging in scale from nature preserves and national parks, leisure and recreational facilities, to urban districts and infrastructure, parks, plazas, and gardens. This work includes new institutional and commercial development, brown-field reclamation and transformation, as well as cultural heritage and historic preservation, and restoration planning and design.

To work successfully landscape architects must possess knowledge regarding engineering, natural systems and ecology, cultural and social needs, art, architectural, and landscape heritage, methods, and some of their issues, and physical design and -construction methods. In practice landscape architects frequently work in close collaboration with other fields, particularly architects, engineers, and city and regional planners and to a degree all of their activities overlap somewhat, yet each has a core activity not adequately dealt with by the others. This is discussedin more detail below.As in Architecture and engineering, few professionals engage the full potential or range of the field, often developing expertise in several aspects and a general ability and knowledge regarding the rest. It is incumbent upon educational institutions, therefore to expose potential future practitioners and teachers to the full range of the field in their study while also enabling them to begin to move toward those aspects that are of greater intellectual interest to them and appropriate for their skills and abilities.

In formulating a curriculum and hiring instructors, therefore, it is necessary to consider what do Landscape Architects need to know that is different from or is an addition to that. which is known and considered to be important for Architects, Engineers, and Urban Planners.

Skills and technical knowledge which Landscape Architects share with other fields:

Like Architects they must be familiar with the needs of society and the history of design and art. They must have a firm grounding in basic design and a familiarity with the fundamentals of natural science – namely of mathematics, physics, chemistry, and biology. This is usually obtained in undergraduate studies, but if absent must be acquired prior to admission. Also like architects, they must have a firm grounding in traditional and contemporary construction and materials – masonry, concrete, wood, various metals and synthetics. Unlike Architects, they needn't be trained in large or indeterminate structures, but they do need to have training in statics and simple and minor structures, especially regarding walls (of all sorts), paving, roadways, steps, ramps, stairs, simple bridges, pavilions, and drainage structures. Like architects, the need an introduction to the principles and an understanding of lighting, electrical and plumbing systems.

Like Engineers, Landscape Architects need to be accomplished in the layout, design and construction of roads and parking areas, drainage and storm water management facilities, and any or all earth or terrain-based structures of moderate scale – including swales, dams, channels, basins, ponds, lakes, docks, bulkheads, culverts, and minor bridges. Landscape architects must be capable of executing the shaping and grading of landforms.

Like Urban Planners and Architects, Landscape Architects must be capable of siting and orienting buildings and structures, whether singly or in groups, with regard to natural and social needs and constraints. Also like Planners and Engineers, Landscape Architects should be familiar with and capable of giving direction, contributing guidance, and in many instances designing aspects of urban infrastructure such as streets, roads, utilities, transportation facilities, bikeways, pedestrian trails, schools, parks and public open space (the design of which they should lead, see below), drainage courses and floodways – often as members of design teams.

Skills Landscape Architects must possess, not necessarily shared by other design and planning professionals:

Landscape architects must have a broad and well-informed knowledge of natural systems and their processes. Unique among design professionals, landscape architects advocate for natural phenomena in the creation of human environments, whether they are in cities or the countryside. Landscape Architects, therefore, must be familiar with the natural sciences to the degree that they know when to involve experts from the sciences, and when they possess enough knowledge themselves to advise fellow professionals (architects, engineers, planners, preservationists) or clients regarding ecological issues raised in a plan or design. Landscape Architects must have a good if general understandng of geology, geomorphology, soils science, plant and animal ecology, climate, and hydrology. In addition to basic and somewhat more advanced (applied) ecology, Landscape Architects must know horticultural practices and planting design, as well ad contemporary and emerging techniques of habitat and water quality management. No other member of the design community has this training, so it is incumbent upon Landscape Architects to be knowledgeable regardless of their subsequent scale of activity or specialty (if any) in professional practice.

Landscape Architects must also be familiar with and responsible for issues regarding cultural heritage and landscapes of historic or cultural importance. These can range from small historic gardens to Urban districts of unique or historic value, to rural or agricultural landscapes of great beauty or unique historic development and integrity, and natural areas of ecological or historic importance. To be able to participate in such study and consideration Landscape Architects should also receive instruction regarding cultural and artistic history and cultural geography in addition to natural science and ecology.
**

The curriculum for Landscape Architecture at the graduate Masters degree level in recent decades has consisted of a minimum of two academic years for students with a prior professional degree in Architecture or Landscape Architecture, and at least another year or more for those with a background in the arts, sciences, humanities or engineering. In the initial years of the new MLA program at Tsinghua it is proposed to use the two-year format, partly because it is anticipated that the initial degree candidates will possess a prior first professional degree in Architecture or Landscape Architecture.

The curriculum will consist of lecture courses and seminars introducing the subjects and topics required as a knowledge base, i.e. relevant natural sciences, technology, history and theory, a series of workshops, and design and planning studios in which students gain practice in applying this material to actual sites and real situations. The scale and location of the sites and problems varies during the course of the student's progress through the program, generally progressing from smaller and simpler to larger and more complex. It is possible in the second year, and especially the last semester for students to do independent work under the direction of a faculty member on a topic selected by the student (and approved by a faculty committee) involving a design or research interest of the student. Applied professional work on an intern basis for credit may also be undertaken within the Landscape Institute of the School with faculty permission and oversight when deemed appropriate for the level of a student's development.

Courses and Sequence

YEAR 1
Fall   Course units
Studio I   2
Natural Science 1 (Geology, Soils)   1
Workshop 1 (Grading, earthworks, roadways) J   1
History of Landscape Architecture (Asia)   1
Elective (if any of the above are waived due to prior education or experience)**

Spring
Studio II   2
Natural Science 2 (Principles of Ecology)   1
Workshop 2 (construction, materials, landscape structures)   1
History of Landscape Architecture (Europe aid America)   1
Elective (if any of the above are waived due to prior education or experience)**

YEAR 2
Fall
Studio III (or Independent Study/ResearcMnternship)**   2
Natural Science 3 (Hydrology, fluvial systems & quality)   1
Workshop 3 (Planting design/ horticultural practices)   1
Elective* -- suggested topics include:
GIS; or Topics in Landscape Theory; or Landscape Preservation   1
Elective (if any of the above are waived due to prior education or experience)**

Spring
Studio IV (or Independent S tudy/ResearcMnternship**   2
Workshop 4 (Advanced digital media for Landscape)   1
Elective*: suggested topics include:
More natural science (climate, more biology, plants, lirnnology)   1
Elective *: suggested topics include:
Regional planning history or theory; Urban design; a Social Science;
Art history, GIs; Landscape Preservation
Or
Independent project   1
Total credits   20

** Substitution of Independent Study, Research Project or Intern work in Landscape Institute for required Studio to be approved only upon submission of written proposal from student and approval of Landscape Architecture Faculty. Student must obtain a Faculty Supervisor for such projects.

· Electives to be submitted and approved prior to term by student's Faculty Advisor

Note: This outline will allow the school to offer studios with a variety of emphasis in landscape practice, namely from large regional studios to urban development sites, or even historic conservation and preservation, depending upon the faculty resources, funding, and interest on the part of the students.

I note for instance that Professor Yang has experience and interest in Large scale landscape planning, Tourism and Recreation planning, Resource Management, and Heritage Conservation. Also I see that there currently appear to be courses in Ancient Chinese Gardening, and the landscape and gardens of the' Beijing Region. Further discussion will probably reveal that several of the course I suggest either exist in some part or form within the existing curriculum, or could be offered by some of the current faculty.

On the other hand the natural science offerings will undoubtedly be more difficult to figure out. This has been true at every Landscape Architecture department I know for the past twenty-five years, including Berkley, Harvard, Penn, and Virginia. The problem is simply how to find scientists who can deliver the science we need in a limited amount of time, to students who are not science majors. We have experimented with sending our students to Biology and Geology departments to take some of their introduction courses, which rarely works. We have tied to hire natural scientists to teach in design schools but they rarely wish or dare to leave their colleagues, labs, and career track, plus they take up a whole faculty position, an expense we can rarely afford. On some occasions we have been fortunate and made joint appointments, or purchased a portion of their time from their home department. The positions we had at Penn were funded with research and grant money for projects. This worked for the duration of the projects, but was vulnerable to changes in government funding. At Harvard I had money from a Rockefeller Grant and was lucky enough to-find an established Ecologist, who, unusually enough, was interested in disturbed, inhabited, cultural landscapes. But for other aspects of natural science we either did without or again hired people on 'soft' research money and grants which have now dried up. At Penn at the moment our Ecology and Hydrological courses are taught by several part time lecturers who are superb, but as soon as they are offered decent permanent jobs elsewhere we will be in trouble again.

One aspect of several programs (Harvard, Penn, Virginia) that I am most familiar with currently is a summer program for incoming students. A common aspect is that they all have a field ecology aspect which gives an overview, introduces the students to field methods, is a lot of fun, and shapes them into a cohesive class, giving them a sense of each other and camaraderie. In the past one of the ways we dealt with the problem of natural science in the Landscape cumculum at Penn was to have the students spend part of the summer between the first and second years at a field ecology workshop lasting at least a month. We staffed this with faculty from Yale University's Forestry school and Penn's Geology Department, plus one of the Landscape faculty. This was also a great amount of fun, and pedagogically very effective. It does, however, require faculty to give up a few weeks of their summer, and reduces the amount of time for the students to work professionally and/or earn money to help with their expenses for the next academic year. Nevertheless, we continue to have our students take ecology courses in their first year, which we follow with a summer field ecology session. This takes place during the first two weeks after commencement in late May and early June, allowing them to have the rest of the summer for professional work, travel or summer classes which begin later.

While I have lined up some superb visitors who can come and help with portions of this, we will need to determine who in China and Beijing can help us with the natural sciences and horticulture for the bulk of their instruction. I am very interested in the thoughts you, Dean Qin and the other faculty members will have on this and the other topics above.

附录F: 劳瑞·欧林手稿——清华大学景观学系欧林讲谈会
主题：当代景观设计的趋势，以Olin事务所的设计项目为例

-1-

LO talk. Tsinghua University. Dept. of Landscape Architecture School of Architecture

Topics: Tendencies in Contemporary Landscape Architecture as exemplified by work of Olin Partnership. — mostly recent...

1) Commercial Development in Urban Areas.   client can be private or govt.

for: Office / commercial
  Retail / commercial   } master plan
  Research & Development   + elements and projects
  Hotel   for Individual companies
                                 and parts.

  Residential · public
               private

|19|

• OP Experience :
  ○ Canary Wharf · Bishopsgate · Ludgate · Kings Cross
  ○ Battery Park City   · Queensway Bay
  ○ Playa Vista   · Kuwait
  ○ Mission Bay   · San Diego Santa Fe Depot
※ current ＊● West India Cross, Caymans Islands   DCM
  ○ Windsor
  ○ New Albany   · Los Angeles Down Town
  ○ Goldstein   Plan ..
  ○ Villa Olympica
• Residential Development   ＊● Greenwich St. · Manhattan NY   LO
  Beverly Hills (Condominiums) ＊● Atlantic Yards · Brooklyn NY   LO

Long term projects ·   always a team w/ Landscape Architects.

                       Architects   Geotech. consultants
BPC. 1979 - present / ongoing   Planners.   Legal consultants
Playa V. 1984 - present / ongoing   Civil Engineers   Cost Estimators
Canary W. 1985 - present / ongoing MEP Engineers   Construction / Mgrs.
Mission B. 1996 - ongoing
etc

— In the West. Once They start take years to complete due to
      Economic cycles · amount of work · to do well also
— This is why Western Designers excited to work in China ·
      Big Rush. however. serious questions about Result
      of such haste and speed re. Quality and character

- 2 -

2) <u>Cultural Institutions</u> - usually in Urban Areas also

for: Universities · Campus planning (new/old)
              + elements · individual projects
       Schools · public / private for children
       Museums · Settings · Sculpture gardens · Development · gardens
       Libraries · Gardens · Terraces · etc.
       Botanic Gardens / Zoos
       Performance grounds. (usually in Parks · but ... not always)

· OP Experience: Campuses · Harvard   · Cornell   Schools:
                          · Yale   OSU   Sadie School
· = Active now   ○ MIT   U.W.   · Episcopal
                            ○ UCLA   UCLA   Pingry
                            ○ Penn   USC
                              UCSF   Dickinson
                            · UVa   etc   (St. Mary's)
                              CCM.@

24   Museums: National Gallery Art   · Getty Center
                             Toledo Museum of Art   LACMA
                             Chicago Art Institute
                             Kansas City M. Art
                             Wichita Museum
                         · Phila. Museum of Art
                         · Palace Museum · Taiwan
                         · Bronx B.G. (X4186) · Brooklyn Bot. G.
           Botanic Gardens: · Ft. Worth Children's garden.
           Zoo's -   · Philadelphia Zoo
                            (Seattle Zoo)

           Performance Spaces: · Bethel.

Again these are often done in teams · at least Campus work.

        Penn: Faculty Team · Then OP / AOLB   Plans take 1 year ·
               1976   2000 -   or more MIT · Yale · Penn
        Yale: CRP · OP + Consultants · 2000   all took 2.
               OP · + C. Pelli 2004
        Stanford: PCF + OP + Consult.   Harvard hopes 1 but
        UCSF: M/S · OP · Gordon Cheng + consultants prob. longer.
        MIT: OP + consultants.   Museums · usually ± 3 yrs
        UVa: OP + (DS. + MS) + Consultants   per project.

- 3 -

3) <u>Parks, Plazas, Squares (Urban) · Civic Streets. Memorials</u>
   come in all sizes. Client usually public · Agency
   govt.
   or
   Public/private partnerships.

OP Experience:
- Bryant Park (1980-1992) 12 years
- Hermann Park — 1998 - present (12 years)
  Pershing Square · off and on over 10 yrs.
  Hancock Park
- Fountain Square · new · in schematics
- Cadwalader Park · finishing design
  • = active
- Wagner Park 5 years on · 2 off · 3 yrs on again
  Rincon Park
- Independence National Historic Park · 1998 - present · ± 3 more to go
                                                  6 yrs sooner
- Greenwich St. (New Amsterdam Park)
  Midway Plaisance - Chicago
  All in or ⎫ • Columbus Circle
  finishing ⎬ • Washington Monument
  construction ⎭ • Memorial to the Murdered Jews of Europe
              • Brancusi ensemble · Memorial to the Fallen Heros of Targu Jiu.

On all of these projects · Landscape Architect is the Prime Consultant ·
leads · usually collects a team of consultants.
              Engineering · struct · mech · electrical · plumbing · civil
              soils · geotech.
              lighting design
[12]   cost / estimating
              + an architect if need some arch/bldg · design ·
                as @ Bryant Park : cafes + pavilions · toilets
                                   u. ground library stacks
                Wagner : pavilions · cafe · restrooms (toilet)
                         service storage for park maint.
                Fountain Square : garage structure below
                                  Cafe & shop redesign

These projects can take a long time: often 10-12 years or more
  partly due to govt agencies · review + public process - partly due to incremental
         funding and construction. (Think of Central Park · 1858 - 1870s, 80s, and today)
The Planning usually takes a year · (design 6-9 mos of that) but const. many.
  Hermann Park plan took 2 years · Have worked on parts for past 8 · and see another 5-6 at lea

· 4 ·

Public works / Infrastructure
Highways, Airports, Harbors, Water Treatment facilities, Streetscape.

OP Experience:
- o. Denver Transit / Mall
- • Benjamin Franklin Parkway
- • Shuts @ Canary Wharf   • WIC
  - Bishopsgate
  - Playa Vista
  - New Albany
  - BPC
  - Mission Bay
- • Boulevard / By Pass. West India Club
- o. Patsouras Plaza / Terminal / multi modal fac.
- • Metro · Trolley Bus Corridor Study
- • Glenwood Highway · I-70 · Colorado

[11]

(SeaTac Airport · Seattle Harbor · Cargo Terminal · Shilshoal Bay Marina)
- • Queensway Bay Marina · Long Beach
- • JFK airport · redesign central area · roads · pkg · etc.

These are often undertaken as part of a team or as a sub-consultant
    to an Engineering or Architectural firm.
These can be quick studies, or go on for years.
    (Consider Heather Sporer · 12 years on West Side Highway in Manhattan.
    (o · 1 week consult on Glenwood · Ed Hoag 1 summer)
        but project took years.

Some of my friends do a lot of this ... highway layout · design (Jones + Jones)
    Beautiful ones.
    others — .... or streetscape. — usually not much fun and
                                                    fury.
These can be difficult. long - controversial projects due to
    Public Process · hearings, approvals · interference from leaders.
        But are very important · have huge sums of money attached
            to the execution (cities, nation)   often pay well.
    our work a smaller percentage of the total cost and not
        a problem us funds if projects go forward.

—5—

6) Government Clients - projects ...   Various seperate agencies } (plan &
                                        State Department   } (build
                                                                     (things

O.P. Experience:
- U.S. Embassy, Berlin
- Federal Reserve Bank, Kansas City
- Boston Federal Court House
- Washington Monument } Security Design
- NCPC
- Columbus Circle
- INHP

|11|

Here one is rarely the lead design firm or design firm (except
for the National Park Service) so we try not to do too many.
   Also, we find the U.S. Federal, State, and Municipal governments
not to be very good clients. Terrible bureaucracy,
inefficiency - dishonesty - struggles over control and money.
We have been discouraged, but do projects from time to time
because they are: 1) Important and we feel a duty to do them and
                     to try to make them turn out well for the citizens
                     of the city, country, whoever.

                  2) Sometimes a friend (usually an architect) will
                     ask us to help. (Berlin, Boston, KC.)

These projects also take a long time and a lot of effort - and often do not pay
very well - at least for us - because we spend so much time on them.
   (Most people who do gov't work make a lot of money because they
   don't spend much time or thought on them - which is a crime I think.)

Current projects Wash Mon and INHP driving us/us nuts - but
   one at least will be beautiful and a triumph - the
   other if we ever get it done it will also be very nice - but ....

-5-

5) <u>Private Gardens and Estates</u> — from small to large.

O.P. experience:
- Richmond Residence, Va.
- Hobe Sound · Richman Res. Florida
- Pirie Townhouse garden · Greenwich Village NYC
- Wexner Family — Abigail House, New Albany, Ohio
  - Abigail Plantation, Albany, Georgia
  - ● Two Shoes Ranch, Aspen, Colorado
  - Black Dog Farm, New Albany, Ohio
- Kesler Residence — The Rotunda, New Albany
  - Bottomly Crescent, New Albany
- Drexler Residence · Pacific Heights, San Francisco
- Residence · Fort Meyers, Fla. (w/ R. Meier)
- Epstein Res. Palm Beach
- Zoro Ranch, New Mexico
- ○ Residence · New Jersey
- Residence, Napa Valley Calif.
(· T. Atkin garden)

[7]

These projects range in size and scope from small to very large.
They can be very difficult because so personal and intense.
or very rewarding because of development of friendship
with owner over time. and when working for the
wealthy they can be rewarding financially (or not —
some rich people are stingy. some generous — some a
delight and some mean & awful... you never know for sure
before beginning.

several clients we have worked for for years — continuing to
work on their property... for 6 – 8 – 10 – 12 years

"my wife's experience the same.

So these are to be done for either a) fun — rgmt your staff or b) money, or c) both
They require as much attention · personally · as major · major · urban/civic work
— Also remember. that often these properties devolve to public/institutions. and these pieces become the however

—7—

<u>Heritage</u> - Conservation, preservation, restoration, adaptive re-use
you have heard my reservations about landscape 'Restoration' - on the other
hand. Many historic sites of interest and importance - Also I personal
am deeply interested in cultural landscapes. have written
articles and a lengthy book on the topic. and currently am readying for
publication The final draft of another book on a very important correctly
historic garden and estate in America. to:

Topics are: Historic places, houses, gardens, parks, landscapes,
cemeteries, farms, etc...

O.P. experience:
- John West House - New Town Square, Pa
- Frick Estate - House Museum, Pittsburgh, Pa.
- The Woodlands - House and Cemetery - Philadelphia
- Belmont - Hist. House & grounds, museum - Phila, c/Sweden
- Rodin Museum grounds, Philadelphia, Pa
- Brancusi Ensemble settings - Tirgu Jiu, Romania
- Emperor Qian Leong's Retirement Garden, Forbidden City, Beijing
- Marsh Botanic Garden & Residence, New Haven, Conn
- Frederic Church Res. Olana - grounds - visitor center
- American Academy in Rome -

[6]

● Active
○ Fund Raising - on hold for now

These are projects where we take the lead, but orchestrate various
experts - Historians, conservation experts & specialists - Engineers.

- They are start / stop - fussy, but can be fun - for the people & the learning
  and that they are important to / for the cultures, nation etc.

- Don't pay very well as they accept on fund raising for everything -
  we help them by preparing materials and going out to fund raise,
  but often by frequently donating funds / a gift of part or all of
  our fees.

- 8 -

<u>Leisure · Entertainment · Resorts · Theme parks · Sports · Recreation</u>

We haven't done much of this but it is a large industry and often quite well paying. Some of it we just flat-out don't like and don't want to be involved. (Turn down a couple large offers a year.)

But we've done some:

OP Experience:
- New Albany Country Club (w/J. Nicklaus golf course)
- New Albany Bath & Tennis Club
- Windsor Polo Grounds · Vero Beach, Florida
- Windsor Beach Club
- Windsor town plan (retrofit of open space + village center)
- Chateau St Jean Winery · Napa Valley
- Beringer Winery Tourist Village · " "
- • West India Club Marina, Resort, Condominium Grand Cayman Island (w/ canals, marina, nature preserve, etc.)
- Black Dog Farm Sporting Clays (skeet) course
- • Brooklyn Nets Arena (Ratner project)

Have turned down:
- Disney · several times — at Anaheim, Orlando and Asia
- MGM · studio entertainment
- LA sports center (Lakers + Coliseum — etc — plenty from him)
- 6 Flags · Calif.
- various beach stuff in S. Calif.
- various Florida stuff —

We don't make Fake Stuff. We are concerned about Authenticity, Quality of Life — so most of the work we've done of this sort has been for friends whom we'd already worked for or people who we decided were making something worthwhile of quality that we could appreciate and enjoy.

You have to follow your heart and your interests. I'd rather work with museum curators, artists, scientists and thinkers than sports figures — but that's only me — not everyone.

-9-

Urban Green - Sustainability Strategies - regardless of the project type. One of the students came up to me after one of the lectures and said that he thought it was very difficult - too difficult to introduce ecological values and thinking into the heart of a city - that they were made mostly of pavement and buildings - and what can you do? I admit I once considered that to be possibly true, but now I know it's NOT SO. It is possible and desirable - it's all in thinking before starting - in planning w/ the attitude to have it - to put natural processes into the project from the start. It's hard to add later - one can't (or probably I shouldn't say) to pour nature over a city, like a sauce, to make it taste better — even though Ian dan that too.

The types are:
green Architecture
water system.
capture, clean,
reuse.
green streets,
park systems,
greenways,
etc.

So let's look at some examples from recent OP experience:

- LVS.
• State Center - water. Green roofs. Solar.
• Yale FES
- Playa Vista / Mission Bay - Park System from Start
· Villa Olimpica.
· Miami World Trade Center
· Canary Wharf. green streets. landscape over structure
· Gap roof garden / terrace.
◯ U. Va
- Greenwich St. Park over highway. Sports + recreation. Bus garage
• Brooklyn Atlantic Yards. Park over Railway yard + parking garage garden and park on top of Basketball arena -
• Commerce Square. Green + Fountain over garage between bldgs / key arrangement of buildings.
• VFMA sculpture garden

— 10 —

Regional and Large Scale landscape Planning & Controls & design

Topics: Plans for — Development, Roads, towns, industry, recreation
— Tourism
— National Parks, Recreation, Heritage and Ecological Areas and Conservation
— Forest, river corridor, wildlife management

This a major area of work where landscape architects usually can lead if trained well. Extremely important. It also requires great knowledge, patience, time, and human relations skills due to political nature of the work (regardless of country or system of government).

A person can't do everything — at least not well, so I have tended to work at the scale I've been showing. However, many of my best friends and colleagues work on these projects regularly and for years at a time —

Some papers from:
   Jones & Jones — Seattle
   Johnson Johnson & Roy — Ann Arbor
   EDAW — Calif. Asia Europe
   SWA — Texas, Calif, etc.
   Sasaki Associates, Watertown, Mass
   WRT (Wallace Roberts Todd, Philadelphia)
   Design workshops — Denver

But a lot of this work is done directly by government agencies in U.S., Canada, Europe. often very well.

. Leslie Kerr w/ Fish & Wildlife developed resource mgt. plans for entire Bering Sea and Arctic Slope in Alaska (1/5 size of rest of U.S.)

. NPS does so. Forestry service. etc.

Also a lot of this gets done by Academic Research groups on grants funded by government (State, Regional, National)

   Fritz Steiner & others @ Ariz. State did entire Rio Grande watershed mgt. plan for N.M., Arizona, part of Colorado, part of Calif. and Nevada, Mexico.

   David Hulse & others did plan for entire Willamette River Valley (over 1/3 state of Oregon) at the U. of Oregon etc.

<u>Suburban Development</u> — Industrial Parks / offices
This is a big and very lucrative field for   Shopping Centers - malls.
landscape architects in the West today — BUT: Residential Development

After a few early experiences with corporate offices on the edge of cities or in countryside

                    Johnson & Johnson Baby Products HQ - Skillman NJ (near Princeton)
                    Arco Research & Development Center - "The Meadows" Newtown Sq. Pa
1976 - 1988   Pitney Bowes World HQ. Stamford, Connecticut
(12 years)   Else Nestlé American Hq. (now IBM) Purchase, NY.
                    IBM world HQ., White Plains, NY.
                    IBM R+D + offices - Summers, NY.
                    IBM plant - Manassas, Va
                    IBM development facility, Raleigh, N.C.
                    ATT. facility - Reading, Pa
                    World Trade Zone - Netcong, N.J.
                    Carnegie Center - Princeton N.J.
                    Insurance Company of N America (INA) offices, Pennsylvania

we have stopped doing work outside of cities.
we have never done suburban housing or commercial centers - and prob. never will. We don't like the work, or the people who develop them. We believe that most of it shouldn't be built — especially on farm land or in rural or forested land. We believe in preserving the countryside, and making strong, vital healthy cities... While acknowledging that cities probably need and will grow — we believe they should do so much better than is done in America today and deplore the idea that developers in China are following this wasteful, inexcusable example. I was horrified on a drive from on flight in to Beijing and by Shanghai to Suzhou last March by what I saw and hope to help stop and change such practices by working with people here.

   SO   Thats what I know from personal experience of tendencies in the field today.

                    LO. Beijing — 5 December 2004

附录G：讲席教授组及访问教授留言手稿

What good fortune for me to be able to join Yang Rui and other impressive faculty members and students to launch the graduate program in landscape architecture at Tsinghua University! It is a great honor to be invited to participate in this historic occasion.

From the warm welcome by Professor Chair, Laurie Olin and many colleagues in the School of Architecture to the richly rewarding field trips exploring the urban region, this event has been memorable. Perhaps most stimulating of all has been the extended discussions with very bright students over the past week. The high quality of the landscape planning reports is also quite noteworthy.

The hospitality and the intellectual stimulation have both been quite exceptional, and my wife, Barbara L. Forman and I are enormously appreciative. May your happy landscape architecture program enjoy unending success!

With warm wishes,
Richard T. T. Forman
Harvard University
Graduate School of Design
Cambridge, Mass., USA

May 14–21, 2005

I am deeply honored to have been able to help Tsinghua University and its famous School of Architecture create a Department of Landscape Architecture.

This is enormously important for China, as the need for well trained and brilliant Landscape Architects exists throughout the nation. There is so much to do to preserve the heritage and ecology, to plan and to design healthy and humane environments for all of the people of this great land as it undergoes the greatest urban and economic growth and transformation in world history. It is a great moment, and the University has risen to the challenge to help direct this energy to the benefit of all.

It has been a wonderful year of beginning. I deeply admire my colleagues and fellow faculty members — young and old — for their wisdom, patience, help, and generosity to me and our students. Our students have my heartfelt thanks and praise for their enormous energy, optimism, hard work, intellectual and artistic growth this year. They are the future leaders of the profession, and the fate of the nation and its precious land and vibrant cities is in their hands.

The Landscape Architecture Department of Tsinghua is now alive. Long may it live, grow, evolve, and prosper to aid the Nation and the Earth.

With my thanks and warmest wishes,

Laurie Olin
25 May 2005

Without a doubt, China will play a central role in this first urban century. That role might well be one of enlightened leadership. To be a leader in this first urban century, any nation or person will need to help the world understand how to preserve our natural capital, to enhance our social capital, and to expand our economic capital. Landscape architecture and landscape planning provide the knowledge capital for creating a world that is more equitable, just, healthy, and beautiful. Landscape architecture and landscape planning can help us preserve our cultural and natural heritages, restore the planet by healing the wounds on the land from the past, and develop new living landscapes for the future.

The establishment of a new graduate degree in landscape architecture is an exciting and worthwhile endeavor. You have created a strong bedrock of faculty and students, augmented by an international cast of visitors, led by Professor Laurie Olin. The seeds have been planted for success.

I'm honored to be a part of the process.

With the warmest regards and the best wishes.

Fritz Steiner

22 September 2005

Best wishes & warmest regards to all at Tsinghua School of Landscape Architecture

Not only was it an honor to be able to teach at Tsinghua, but it was also a deeply satisfying personal experience, meeting the faculty, visiting scholars and students.

I believe that Landscape Architects have a unique role in preserving our global environment, since they can bring together the worlds of science, culture and arts as can no other single profession.

The Landscape profession, and in particular, the schools, such as Tsinghua, play a role that has far greater impact than its small numbers would suggest.

*May it, like our natural forests, grow and prosper.

Carol Franklin
Landscape Architect
Andropogon Associates
Philadelphia
April 2006.

Leaf.

Flower

* Tulip Poplar –
Liriodendron tulipifera
Close cousin to the Chinese tree Liriodendron chinensis.

I am happy to accept the following post-graduate degrees from the Tsinghua Landscape Architecture Department: Landscape Ecology, Chinese Landscape History, Education Policy, Design with People (the accompanying degree to Design with Nature), Hydrology, and Forest Ecology. I am sure I have missed several, if not many, categories. The point is — I must have learned more than I taught.

Working with colleagues and students at Tsinghua has been an enriching and educational experience for me and I can only anticipate the impact this group of faculty and students will have on the design, planning, and education in China and elsewhere for a very long time. Our waters, our cities, our mountains and our spirits — will benefit greatly from the efforts of Tsinghua Landscape Architecture.

Professors Olin, Yang, Zhu, and Hu have been gracious and generous with their thoughts and collegial acts of friendship and collaboration. That is true not only with me but with other faculty and especially with our students.

I will forever be a friend of Tsinghua and I greatly anticipate seeing our students emerge from here as leaders in the profession of Landscape Architecture. Their work will propel landscape planning and design forward as being important for an elegantly designed, socially just, and balanced ecological world.

[signature] 05/07/06

I am very grateful to be given the opportunity to visit China at a time of significant change. Coming to Tsinghua University and its Landscape Architecture program make me understand the important contribution your graduates will make to the quality of live in cities. A number of students have shared their work with me. I am impressed by their integrated approach to problem solving, their seriousness towards ecological concerns, commitment towards social and cultural traditions.

I understand that your program is at an important phase in its history; it is growing in importance under the leadership of Prof. Rui Jang. Prof. Zhu Yufan came to visit me at Berkeley. I am impressed by his talent as a designer and I am grateful to him for showing me Ming14. I felt very much honored to meet again Prof. Woo, and old friend of my University. Together with the faculty of Tsinghua University we will bring life to an important collaboration

Peter Bosselmann
May 29, 2006

I am very greatful to have had the opportunity to learn and teach a Tsinghua University, Department of Landscape Architecture. The faculty, staff, and students have assisted in every way to make my stay comfortable and very productive.

It has been an honor to teach, and offer advice to this new and important Master of Landscape Architecture program. The programs balance between landscape planning and design is a new approach to landscape education in China, one that I firmly believe in.

I have also appreciated participating at the final thesis defence, and the 3 Hills 5 Gardens planning studio critique. The student work was excellent, and very advanced in concept and thinking. The program has made great progress in just three short years! I feel honored to be part of that continuing effort.

Best Regards

Colgato Searle
06/30/07

I am grateful for the privilege of visiting China (home of an ancient civilization), associating with this distinguished university, and contributing to what is going to be a world-class landscape architectural program.

 I am awe-struck by the magnitude of China's cultural heritage.

 But the best part of my visit has been the students: alert and concentrated in their learning, full of joy and laughter even while bearing heavy work requirements, and generously hospitable.

 China needs good landscape architecture, as does every developed society — so keep up the good hard work. It will bring Tsinghua much success, and the world will benefit from it.

—Bruce Ferguson
July 2, 2007

It is my great honour to be here as a visiting professor at this most prestigious university in China. Through my visiting experience, I feel priviledged to know many learned scholars here... Prof. Yang, Prof. Zhu, Dr. Wu, Dr. Lin... Their energy and dedication to education certainly impressed me; but their friendliness also gave me the assurance that they are not merely great colleagues, but good and long lasting friends.

I am also 'captivated' by the excellent, diligent, and talented students, they have all the qualities to be some of the best future landscape architects not only in China, but perhaps in the World. Your students inspire and motivate me to deliver my critiques, lectures, and tutorials perhaps more effectively than in other places. And I do hope that the inspiration and motivation have been a mutual experience. I have no doubt that Tsinghua will be a most important player in China and in the world on landscape architectural education & research. I wish the department every success; and I am looking forward to the exciting continuing collaboration and exchange between our two universities.

With warmest wishes,
Leslie Chen
Division of Landscape Architecture
The University of Hong Kong
Sept 16, 2009.

图书在版编目（CIP）数据

借古开今——清华大学风景园林学科发展史料集（1951·2003·2013）/
（清华大学建筑学院景观学系十周年纪念丛书）
清华大学建筑学院景观学系 主编.
—北京：中国建筑工业出版社，2013.9
ISBN 978-7-112-15929-1

Ⅰ.①借… Ⅱ.①清… Ⅲ.①清华大学—园林设计—学科发展—概况 Ⅳ.①TU986.2-4

中国版本图书馆CIP数据核字（2013）第229284号

责任编辑：徐晓飞　张　明

清华大学建筑学院景观学系十周年纪念丛书
借古开今—清华大学风景园林学科发展史料集（1951·2003·2013）
清华大学建筑学院景观学系 主编

*

中国建筑工业出版社出版、发行（北京西郊百万庄）
各地新华书店、建筑书店经销
北京雅昌彩色印刷有限公司制版
北京雅昌彩色印刷有限公司印刷

*

开本：787×1092毫米　1/16　印张：18 3/4　字数：375千字
2013年9月第一版　2013年9月第一次印刷
定价：180.00元
ISBN 978-7-112-15929-1
（24719）

版权所有　翻印必究
如有印装质量问题，可寄本社退换
（邮政编码100037）